Projektmanagement

Praxis – Theorie – Werkzeuge

Dietmar Kilian
Peter Mirski
Martin Hauser
Markus Weigl

Bibliografische Information Der Deutschen Bibliothek

Die Deutsche Bibliothek verzeichnet diese Publikation in der Deutschen National-
bibliografie; detaillierte bibliografische Daten sind im Internet über http://dnb.ddb.de
abrufbar.

ISBN-978-3-7093-0194-4

Umschlag: buero8
Satz: Hannes Strobl, Satz·Grafik·Design, 2620 Neunkirchen
© LINDE VERLAG WIEN Ges.m.b.H., Wien 2008
1210 Wien, Scheydgasse 24, Tel.: +43/1/24 630
www.lindeverlag.at
Druck: Hans Jentzsch & Co. GmbH., 1210 Wien, Scheydgasse 31

Inhaltsverzeichnis

Einleitung

In den letzten Jahren haben sich die Publikationen zum Thema Projektmanagement explosionsartig vervielfacht. Als daher die Idee entstand, die Erfahrungen und Erkenntnisse des Autorenteams in einem Buch zu bündeln, war die erste Frage, die wir uns stellten: „Welchen neuen Beitrag können wir mit einer weiteren Veröffentlichung zum Thema Projektmanagement leisten?"

Der Schwerpunkt der bisher veröffentlichten Fachliteratur liegt entweder auf der allgemeinen Beschreibung und Zusammenfassung des Projektmanagements oder auf der reinen Darstellung von Fallbeispielen. Ebenfalls finden sich Grundlagen des Projektmanagements für die eigene Seminargestaltung von Trainingsanbietern. Der Überblick über das Projektmanagement in Verbindung mit Werkzeugen und entsprechenden Reflexionen aus Fallbeispielen kommt dabei unserer Meinung nach zu kurz.

Diese Lücke schließen wir mit dem vorliegenden Buch und stellen unseren Leserinnen und Lesern in einer übersichtlichen Form das Projektmanagement vor, ergänzt um praxiserprobte Werkzeuge und erweitert um aktuelle, spannende Themenfelder. Die Fallbeispiele behandeln unterschiedliche Branchen und Unternehmensgrößen.

Projektmanagement als Beitrag zur Umsetzung von Ideen

Projektmanagement wird wahrscheinlich betrieben, seit es Menschen gibt, die größere Vorhaben gemeinsam planen, steuern und durchführen wollen.

Die Errichtung von Kirchen und Burgen oder die Eroberung von neuen Ländern sowohl in der Vergangenheit als auch in der Gegenwart wurde und wird geprägt durch die Planung einzelner Arbeitsschritte, komplexer Arbeitspakete und die Herausforderung, diese zu koordinieren und aufeinander abzustimmen. Ohne dass die Verantwortlichen diese Projekte detailliert geplant hätten, wären viele Projekte nicht durchführbar gewesen.

Lange Zeit geschah dies jedoch formlos. Erfahrungen und Kenntnisse der Projektleiter und Teammitglieder dienten als Grundlage für die Planung. Erst mit der Zeit wurden diese Erkenntnisse zusammengetragen, systematisiert und in die Form gebracht, in der heute Projektmanagement betrieben wird.

Bei der gleichzeitigen Durchführung mehrerer solcher, teilweise durchaus komplexen Projekte wird sehr schnell deutlich, in welche Schwierigkeiten ein Unternehmen gerät, das keine effiziente Steuerung hat, um diese vielen Projekte effizient zu führen. Häufig gibt es Rollen-, Ressourcen- und Interessenkonflikte, die Prioritäten der Projekte untereinander sind unklar, und es fehlen Standards, Regeln sowie Instrumente, um diese Probleme und Konflikte bereits im Vorfeld zu vermeiden.

Um zu verhindern, dass Projekte aufgrund derartiger Probleme scheitern, benötigen projektorientierte Unternehmen, die viele Projekte durchführen, ein gut funktionierendes, möglichst effektives und an den Anforderungen der Organisation orientiertes Projektmanagement. Sie erhöhen damit die Flexibilität und behalten gleichzeitig den Überblick über die aktuellen Projekte. Projektmanagementwerkzeuge und Kollaborationssysteme helfen, dieser Komplexität Herr zu werden.

In den letzten Jahrzehnten haben sich die Grundlagen und Methoden des Projektmanagements weiterentwickelt und bilden heute die Basis für die Abwicklung von einzelnen Projekten oder die gleichzeitige Durchführung von mehreren verbundenen Projekten. Die Methoden bieten Unterstützung bei komplexen Entwicklungsaufgaben, Bauvorhaben, der Planung von Veranstaltungen bzw. organisationalen Veränderungen in Unternehmen, um nur einige Bereiche anzuführen.

An wen richtet sich dieses Buch?

Das vorliegende Buch „Projektmanagement – Praxis, Theorie, Werkzeuge" richtet sich in erster Linie an Menschen, die mit konkreten Projektplanungen und Projektumsetzungen zu tun haben. Bei dieser Zielgruppe sehen wir zwei verschiedene Situationen, in denen dieses Werk Hilfestellung bieten kann:

*   Einstieg in die Materie Projektmanagement
    Die unterschiedlichen Teile des Buches ergeben zusammen einen übersichtlichen Einblick in die Thematik. Die wichtigsten Begriffe werden

definiert, Trends und Rahmenbedingungen für erfolgreiches Projektmanagement vorgestellt und die geläufigsten Instrumente beschrieben. Weiters werden vertiefend Themen wie Change Management und Multiprojektmanagement beschrieben, und Fallbeispiele aus unterschiedlichen Aufgabenbereichen runden das Thema ab. In diesem Sinne möchten wir das Buch auch an Studierende adressieren, die sich erstmals mit diesem Fachgebiet auseinandersetzen. Geboten werden Entscheidungshilfen, beispielsweise für oder gegen eine Projektart, für oder gegen den Einsatz eines Werkzeuges.

- Nachschlagewerk für Erfahrene
  Vor allem das zweite, dritte und vierte Kapitel, die Beschreibung der vertiefenden Themenfelder, die Werkzeug-Übersicht und die Fallbeispiele machen dieses Buch zu einem kompakten Nachschlagewerk für Kenner. Im Planungsstadium von Projekten findet man hier neue Anregungen bzw. Alternativen zu bereits bekannten Werkzeugen.

Wie arbeite ich mit diesem Buch?

Bei der Konzeption dieses Buches haben wir intensive Überlegungen darüber angestellt, wie wir die Arbeit mit diesem Buch für den Leser möglichst unkompliziert gestalten können. Das Ergebnis war eine Gliederung in vier Teile:

Im ersten Teil werden das Konzept Projektmanagement, dessen Implementierung sowie die wichtigsten begleitenden Maßnahmen vorgestellt. Dieser Teil ist als herkömmlicher Fließtext, der von einigen erklärenden Grafiken unterbrochen wird, gestaltet.

Im zweiten Teil werden wichtige vertiefende Zusatzthemen wie Team, Führung, Change Management und Multiprojektmanagement, die das klassische Projektmanagement abrunden bzw. ergänzen, beschrieben.

Im dritten Teil werden die geläufigsten Werkzeuge dargestellt. Für den Leser bedeutet die übersichtliche und den Prozessschritten eines Projektes angepasste Gestaltung der Werkzeuge, dass die Werkzeuge selbst sehr schnell verstanden und angewandt werden können.

Im vierten Teil werden Fallbeispiele in Form von zusammenfassenden

Interviews beschrieben. Diese Fallbeispiele liefern einen Überblick über Projekterfahrungen verschiedener Branchen wie Non-Profit- oder Industrieunternehmen, sie beschreiben weiters unterschiedliche Projektarten (Veränderungs-/Realisierungsprojekte) und wurden von Firmen unterschiedlicher Größe umgesetzt (Klein- bis Großunternehmen).

Einsteigern empfehlen wir, sich zunächst einen Überblick über den Themenbereich zu verschaffen und den ersten Teil durchzulesen. Eine isolierte Anwendung von Projektmanagement-Werkzeugen ohne vorherige Auseinandersetzung mit dem Themenbereich und dessen Bedeutung beurteilen wir als wenig aussichtsreich.

Kenner haben den entsprechenden Überblick über das Projektmanagement und dessen Umsetzung. Es schadet allerdings nicht, eigene Zielsetzungen und Konzepte gelegentlich zu überdenken und zu überprüfen.

Zusammenfassung

- Dieses Buch bietet einen Überblick über den Themenbereich Projektmanagement, die wichtigsten ergänzenden Themenfelder sowie die Projektmanagement-Werkzeuge in deren Kontext.

- Insbesondere soll Praktikern die situationsbezogene Auswahl von Tools erleichtert und bestehendes Wissen mit Erkenntnissen von Fallbeispielen reflektierbar gemacht werden.

- Das Buch kann sowohl für den Einstieg in das Thema als auch als kompaktes Nachschlagewerk herangezogen werden.

- Je nach Wissensstand empfehlen wir, zuerst den allgemeinen Teil zu studieren oder direkt in den Werkzeugbereich oder die Fallbeispiele einzusteigen.

1. Teil: Projektmanagement – ein Überblick

Dietmar Kilian, Peter J. Mirski – mit Beiträgen von
Alexander Spescha und Josef Wick

1.1 Grundlagen des Projektmanagements

Der Grundgedanke des „neuen" Projektmanagements ist auf die Planung
und Durchführung von militärischen Aktivitäten im Zweiten Weltkrieg
zurückzuführen und mündete in der Nachkriegszeit in die Entwicklung
von standardisierten Vorgehensmodellen wie der PERT-Methode (Programm Evaluation and Review-Technique). Bereits in den 80er-Jahren
veröffentlichte das PMI (Project Management Institute) ein Handbuch
für die Abwicklung von Projekten. Heute sind das PMI und die IPMA
(International Project Management Association) in vielen Ländern der
Erde vertreten. Diese beiden Organisationen vertreten und unterstützen
zum einen die Projektleiter und die Weiterentwicklung des Projektmanagements, zum anderen bieten sie die Möglichkeit der Zertifizierung
zum Projektmanager in unterschiedlichen Bereichen an.[1]

Was jedoch ist ein Projekt? Mit dieser Frage beschäftigt sich unter anderem
Prof. Gareis in seinem Buch „Happy Projects" und beschreibt dies wie
folgt:

> „Projekte und Programme sind temporäre Organisationen, die von
> Unternehmen zur Durchführung umfangreicher, relativ einma-
> liger Geschäftsprozesse eingesetzt werden. Ziele des Einsatzes von
> Projekten und Programmen sind die Schaffung von organisatori-
> scher Flexibilität im Unternehmen, die Sicherung der Qualität der
> Geschäftsprozessergebnisse und damit die Schaffung von Wettbe-
> werbsvorteilen. Die Definition eines Projektes bedingt den Einsatz
> von Projektmanagement. Ein Projekt sichert Managementaufmerk-
> samkeit, bedingt das Designen einer adäquaten Projektorganisation,
> das Erstellen und Controlen von Projektplänen und die Gestaltung
> von Projekt-Umwelt-Beziehungen."[2]

Eine andere Beschreibung des Projektmanagementbegriffs findet sich in
der DIN 69901:

„Ein Projekt ist ein Vorhaben, das großteils durch die Einmaligkeit der Bedingungen in ihrer Gesamtheit gekennzeichnet ist, wie Zielvorgabe, zeitliche, finanzielle, personelle und andere Begrenzungen, Abgrenzungen gegenüber anderen Vorhaben und projektspezifische Organisation."

Schon die Definition in der DIN-Norm zeigt, dass es für den Begriff Projekt klar definierte Merkmale gibt. Eine andere Definition der Eigenschaften, die ein Projekt bestimmen, erfasst die folgende Aufzählung:

- Bedeutung
  Projekte müssen einen Einfluss auf die Erreichung der Unternehmensziele und eine gewisse Gewichtigkeit haben.

- Komplexität
  Einfache Aufgaben sind keine Projekte.

- Umfang
  Projekte sind von erheblichem Umfang gekennzeichnet, der am Arbeitsvolumen oder an der Projektdauer gemessen werden kann – keine „Eintagesprojekte".

- Interdisziplinarität
  Mitarbeiter aus den unterschiedlichsten Fachabteilungen sind zur Durchführung der Aufgabe notwendig.

- Einmaligkeit
  In der durchgeführten Form kommt ein Projekt nicht wieder vor.

- Endlichkeit
  Ein Projekt hat immer einen definierten Start- und Endtermin und ist somit zeitlich begrenzt.

- Risiko
  Die Erreichung der Projektziele ist mit einer gewissen Unsicherheit verbunden.[3]

In der Praxis ist die Definition der Einmaligkeit meist schwierig. Auf den ersten Blick könnte angenommen werden, dass es sich bei manchen Projekten um immer wiederkehrende Aufgaben handelt. Tatsächlich ist es so, dass es eine „echte Einmaligkeit" eigentlich nicht gibt, denn Projekte beinhalten häufig Vorgänge und Aktivitäten, die sich wiederholen.

Projekte können wie Prozesse betrachtet werden; sie beginnen mit einer Prä-Projektphase, wechseln in die Start-Phase, gehen über die Realisierung in die Abschlussphase und enden mit der Post-Projektphase.

Die folgende Grafik (Abb. 1) von P. Mirski stellt das Projekt als einen in sich geschlossenen Prozess, welcher von ergänzenden Maßnahmen begleitet wird, dar. In dieser Betrachtung des Projektes wird der „Prozess der Projektabwicklung mit Prozessaufgaben" in den Vordergrund gestellt. Die wesentlichen Prozessaufgaben bei Projekten sind die Ideengenerierung, die Auftragserstellung, die Planung, die Organisation, die Umsetzung und die Abnahme. Die Aufgaben der Projektleitung finden sich im unteren Teil der Grafik und beschreiben die wichtigsten Phasen, die während des Projektes zu durchlaufen sind. Sie geben ebenfalls Aufschluss über die Werkzeuge und Tools, die in den jeweiligen Abschnitten verwendet werden sollten: Techniken der Kreativität, der Unterstützung der Formalisierungsphase, der Abstimmung und schließlich der Dokumentation von Wissen im Sinne eines Beitrags zur Innovation. Zentrale Aufgaben stellen dann das Projektcontrolling, die Auswahl des Teams und dessen Unterstützung (Staf-

Das Gesamtmodell des Projektmanagements

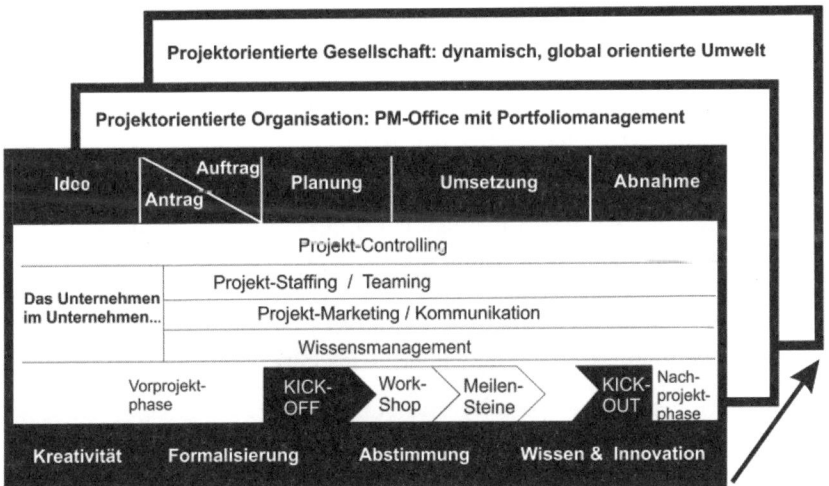

Abb.1: Das PM-Gesamtmodell
Quelle: Mirski, P. (2005)

fing und Teaming), das Projektmarketing mit der Projektkommunikation sowie das Wissensmanagement dar. In einer zweiten Dimension wird die Notwendigkeit angerissen, einzelne Projekte in ein Gesamtbild einzubringen (Projektportfolio und Programmmanagement) und das Risiko zu analysieren. In einer dritten Dimension wird auch noch das Projekt in einer projektorientierten Organisation bzw. Gesellschaft betrachtet.

Auf das PM-Gesamtmodell, im Speziellen auf die Projektphasen, wird weiter unten näher eingegangen, vorerst werden die Vorteile und der Nutzen des Projektmanagements beschrieben.

Vorteile und Nutzen des Projektmanagements

Die Umsetzung von Projekten sichert die Innovationskraft von Unternehmen bzw. deren Überleben in einem sich ständig verändernden Markt. Nur durch die Entwicklung und den Bau neuer Modelle, Motoren usw. können beispielsweise Unternehmen der Automobilbranche langfristig überleben. Die Umsetzung von Innovationen in einem globalen Weltmarkt ist jedoch nicht genug – die Unternehmen müssen auch wirtschaftlich mit Mitbewerbern und Ländern vergleichbar arbeiten und produzieren. Damit ist auch die laufende Verbesserung der Unternehmensprozesse im Sinne von Effektivität und Effizienz ein notwendiges Unternehmensziel.

Veränderungen und Entwicklungen der beschriebenen Art sind durch ihre Komplexität nur mehr mittels Einsatz von Projektmanagementmethoden umsetzbar. Aus dieser Sicht ergeben sich folgende Vorteile durch den Einsatz von PM-Methoden:

- Ganzheitliche Planung von Aufgaben, Ressourcen und Zeit
- Umsetzung im Planungsrahmen (Zeit und Kosten)
- Verbesserung der Qualität des Ergebnisses
- Klare Dokumentation entsprechend den internationalen Standards
- Strukturierter Umgang mit Veränderungen
- Uvm.

Damit Projekte auch tatsächlich den beabsichtigten Nutzen bringen, ist es notwendig, dass sie Teil der Unternehmensstrategie werden, wie im Folgenden erklärt wird.

Projektmanagement als Teil der Unternehmensstrategie

In zahlreichen Büchern zum strategischen Management wird von der Ableitung von strategischen Zielen auf Basis der Unternehmensmission und dem Leitbild gesprochen. Die Umsetzung strategischer Unternehmensziele erfolgt generell in Form von Projekten. Aus dieser Sicht ist die Projektmanagementstrategie unbedingter Teil der Unternehmensstrategie und die Art der Projektabwicklung Teil der Unternehmenskultur.

Projekte sollten als Maßnahmen zur Umsetzung der Unternehmensstrategie konzipiert werden. Wie dies schrittweise in einem Unternehmen erfolgen soll, veranschaulicht Abbildung 2. Die „Mission-Vision" kann als Leitstern der Unternehmensstrategie bezeichnet werden. Davon wird die Abteilungs- bzw. Bereichsstrategie abgeleitet. Die entwickelten Strategien werden in der Folge über Projekte zur Umsetzung geführt.

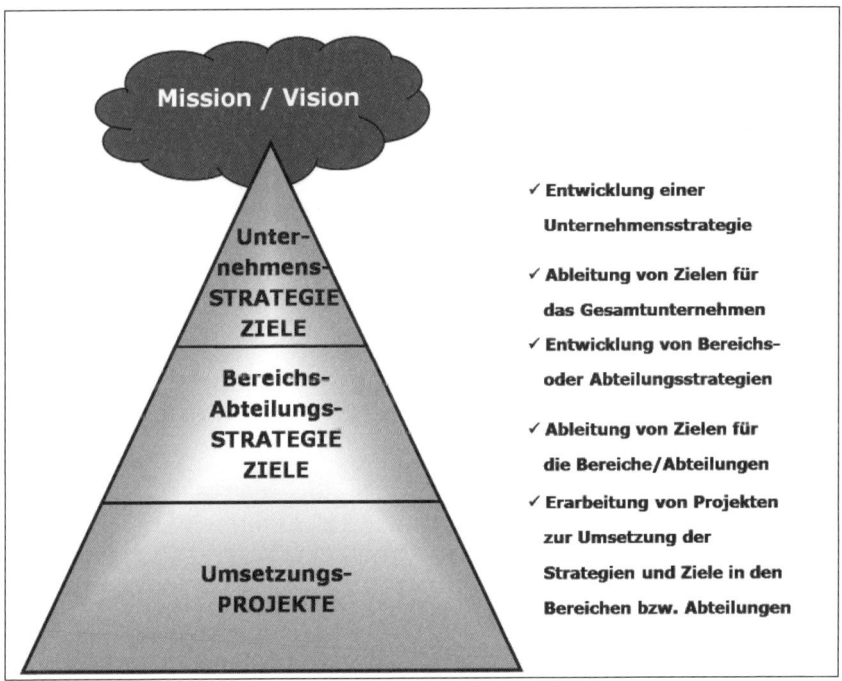

Abb. 2: Projekte als Beitrag zur Umsetzung der Unternehmensstrategie
Quelle: modifiziert nach Hinterhuber, H. (1996), S. 40

Projektmanagement lässt sich in allgemein gültige Managementfunktionen einteilen. Diese Funktionen sind Planung, Organisation, Kommunikation, Teamführung und Controlling. Um diese Funktionen bestmöglich über die verschiedenen Hierarchieebenen hinaus ausüben zu können, bedienen sich Unternehmen der Projektmanagementwerkzeuge. Typische Tools, um diese Managementfunktionen bestmöglich zu unterstützen, sind:

- Planung
- Aufgaben- und Projektablaufplanung (Projektstrukturplan)
- Terminplanung
- Ressourcen- und Kapazitätsplanung
- Kosten- und Finanzierungsplanung
- Projektüberwachung- und Projektsteuerung
- Darstellung von Projektfortschritten, Kostenentwicklungen usw.
- Soll-Ist-Vergleiche, Prognosen
- Dokumentation
- Berichtswesen
- Grafische Ausgabe
- Kommunikation
- Präsentationen und Unterlagen
- Workshops und Meetings
- Einsatz neuer Medien
- Teamführung[4]

Neben dem Einsatz von Tools, welche die Managementfunktionen unterstützen, ist es ebenso hilfreich, die Art des Projektes klar zu definieren.

Arten von Projekten

Die Unterscheidung zwischen verschiedenen Projektarten ermöglicht es vor allem, Gemeinsamkeiten für ein wirtschaftliches Projektmanagement zu nutzen und dort Schwerpunkte zu setzen. Da die Art der zu untersuchenden Projekte bereits klar vorgegeben ist, hat die Unterscheidung keinen großen Einfluss auf diese Arbeit. Der Vollständigkeit halber seien hier aber einige Unterscheidungsmöglichkeiten genannt.

Nach DIN 69901 gibt es drei konkrete Projektarten:

- Forschungs- und Entwicklungsprojekte (F&E-Projekte)
- Organisationsprojekte
- Investitionsprojekte

Die Unterscheidung nach der DIN-Norm ist aber sehr eingeschränkt. Einen wesentlich größeren Überblick über mögliche Projektarten bietet die Tabelle 1, welche zum einen Projektmerkmale und zum anderen Beispiele dazu beschreibt.

Gliederungskriterium	Beispiele
Projektinhalt	– Unternehmensgründungs- und Unternehmenskaufprojekte – Unternehmensbeteiligungsprojekte – Marketingprojekte, Strategieprojekte – Akquisitionsprojekte, Angebote – Forschungsprojekte – Entwicklungsprojekte – Investitionsprojekte – Einführungsprojekte (z.B. EDV-Einführung)
Stellung des Kunden bzw. Auftraggebers	– externer Kunde – externe Projekte – interner Kunde – interne Projekte
Grad der Wiederholung	– einmalige Projekte (Pionierprojekte) – ähnlich wiederkehrende Projekte (Standard- bzw. Routineprojekte)
Beteiligte Organisationseinheiten	– abteilungsinterne Projekte – abteilungsübergreifende Projekte – abteilungsübergreifende und externe Organisationen beinhaltende Projekte

Tab. 1: Gliederungskriterien für die Einteilung in Projektarten
Quelle: modifiziert nach Patzak, G./Rattay, G. (2004), S. 6f

Nach der Einführung in die Grundlagen wird im Folgenden auf die Projektphasen im Speziellen eingegangen.

1.2 Ablauf in Projekten

Komplexe Aufgaben in Unternehmen oder im privaten Umfeld erfordern den Einsatz eines methodischen Vorgehens zur Erarbeitung des Abwicklungsprozesses und zur Umsetzung selbst. Diese Vorhaben, welche als Projekte umgesetzt werden, sind in drei bzw. vier Phasen zu gliedern. Die erste Phase ist die Startphase, die zweite die Umsetzungs- oder Realisierungsphase und die dritte die Abschluss- und Nachbetreuungsphase. Die vierte Phase kommt dann zum Tragen, wenn das Vorprojekt als Phase umgesetzt wird. Bevor ein Projekt gestartet wird, sind meist diverse Aktivitäten erforderlich. Diese sind in einer Vorprojektphase oder in einem eigenen Vorprojekt zusammengefasst.

Von der Idee zum Projekt

Komplexe Ideen oder Umsetzungsanforderungen werden meist in Projektform abgewickelt. Ideen entstehen in den Herzen und Köpfen von Mitarbeitern und Führungskräften, haben daher unterschiedlichste Voraussetzungen. Führungskräfte lassen aufgrund ihrer Entscheidungskompetenz entweder ihre Idee prüfen oder definieren ein Vorprojekt, um das Vorhaben zu konkretisieren. In einigen Fällen wird sofort ein Realisierungsprojekt aufgesetzt. Mitarbeiter müssen für ihre Ideen zuerst „Sponsoren" (Unterstützer) in der Organisation finden, um diese in einem Projekt umsetzen zu können. Es sind jedoch für die Umsetzung in dieser Phase der Konkretisierung einige Schritte durchzuführen, die nachfolgend näher erläutert werden.

Es ist wichtig, Vorhaben, bevor sie zum eigentlichen Projekt werden, tiefer zu analysieren und für alle Beteiligten greifbarer zu machen, das heißt, dass in der Vorprojektphase die ursprüngliche Idee genau beleuchtet wird, bevor sie zur Umsetzung geführt werden kann. Wesentliche Aktivitäten dabei sind:

- Umfeldanalyse des Projektes
- Machbarkeit und Szenarien
- Grobe Planung (Inhalt, Ressourcen, Zeit usw.)
- Verantwortlichkeiten usw.

Im Prinzip sind diese Schritte im Projekt ein eigenes Projekt und werden vom Auftraggeber oder Sponsor als solches definiert. In diesen Fällen wird für das Vorprojekt ein Projektantrag oder -auftrag erstellt, der die Aufgaben und den Umfang des Vorhabens zusammenfasst. Die Schritte in einem Vorprojekt sind ähnlich wie in einem konkreten Umsetzungsfall, jedoch kürzer und weniger komplex in der Ausführung. Bei anderen Projekten wird dieser Zeitraum als erste Projektphase beschrieben und fällt so in den Projektstart, der im folgenden Abschnitt behandelt wird.

Projektstart

In der Startphase werden die Grundlagen, die in der Vorphase bzw. bei der Konkretisierung des Projektes erarbeitet wurden, nochmals analysiert und im Detail definiert. Es wird der Projektauftrag mit den neu gewonnenen Erkenntnissen aus der Umfeldanalyse und Planungsphase gemeinsam im Projektteam konkretisiert. Der tatsächliche Projektauftrag für das Projekt inklusive der Ziele wird mit dem Auftraggeber abgestimmt und bildet die Basis für das zu realisierende Vorhaben.

Die wichtigsten Schritte in der Startphase, die im Projekt zu bearbeiten sind, werden nachstehend beschrieben.

Auswahl des Projektleiters

Eine der wichtigsten Aufgaben in dieser ersten Phase des Projektes ist die Auswahl des jeweiligen Projektleiters, der in der Lage sein muss, Menschen, Aufgaben und Beziehungen zu managen. Dies zeigt bereits die Komplexität der Aufgabe, denn es erscheint relativ einfach, anhand von Softwaretools ein Projekt zu planen und zu leiten, jedoch ist es der Faktor Mensch, der die größte Herausforderung an einen Projektleiter stellt. Neben der Fachkompetenz ist es vor allem die Führung, die den Erfolg eines Projektteams bestimmt.[5]

Die unterschiedlichen Aufgaben und Anforderungen an einen Projektleiter lassen sich nur schwer generalisieren, sie sind je nach Projektart, -größe und -komplexität verschieden. Um diese zu ermitteln, empfiehlt es sich, die Projektleiterrolle aus unterschiedlichen Dimensionen zu betrachten, welche in der Abbildung 3 (S. 20) dargestellt werden.

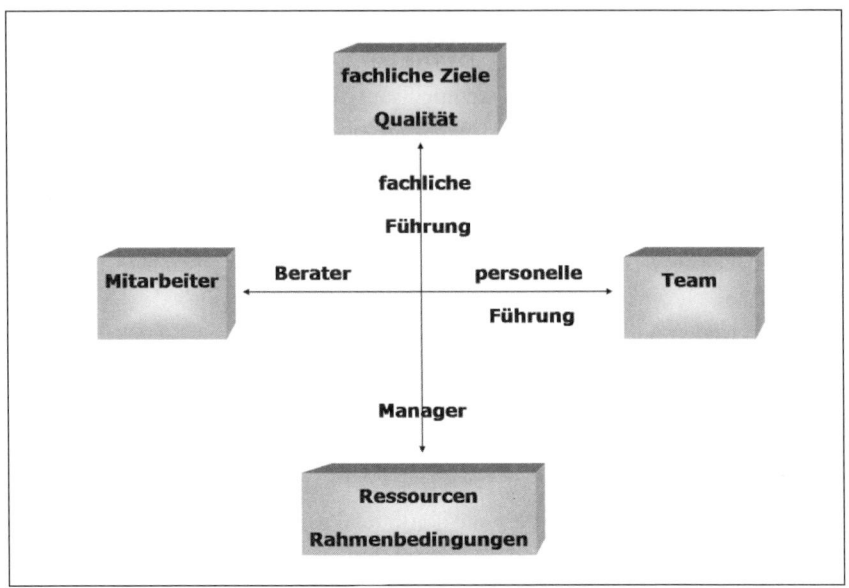

Abb. 3: Die vier Dimensionen der Projektleiterrolle
Quelle: modifiziert nach Hansel, J./Lomnitz, G. (2000), S. 149

Ausgehend von dieser mehrdimensionalen Betrachtung ergeben sich folgende mögliche Aufgaben für einen Projektleiter:

* Klärung von Zielvorgaben und Rahmenbedingungen eines Projektes
Die Projektleitung beurteilt die Realisierbarkeit der Projektziele anhand der gegebenen Umstände, weswegen dieser Schritt bereits im Zuge des Zielfindungsprozesses erfolgen muss.

* Auswahl von Projektmitarbeitern
In Zusammenarbeit mit den Linienvorgesetzten werden die Einsatzmöglichkeiten der aufgrund des Anforderungsprofils benötigten Mitarbeiter abgewogen. Als Grundlage dafür dienen zu diesem Zeitpunkt bereits Schätzungen des Arbeitsaufwands. Bei Unstimmigkeiten sollten von der Projektleitung sowie den jeweiligen Vorgesetzten Lösungsvorschläge erarbeitet werden, aufgrund derer das Management Entscheidungen treffen kann.

- Leitung des Projektteams
  Hier kommt die Führungsqualifikation der Projektleitung zum Tragen, wenn es darum geht, die jeweiligen Aufgaben so zu verteilen, dass das Projektziel zum vereinbarten Endtermin erreicht werden kann. Auch die Schaffung eines angemessenen Arbeitsklimas obliegt hierbei der Projektleitung, um damit eine Basis für Motivation und Innovation zu schaffen.

- Planung und Durchführung der Informationspolitik des Projektes
  Die Projektleitung hat hier zwei Sichtweisen zu berücksichtigen. Es gilt nicht nur, den Informationsfluss innerhalb des jeweiligen Projektteams zu strukturieren, sondern es geht auch darum, wie die notwendigen Informationen nach außen getragen werden, um eine höchstmögliche Akzeptanz des Projektes und dessen Ergebnisse zu erreichen.

- Projektplanung
  In einem gemeinsamen Prozess mit den Projektmitarbeitern und anderen Betroffenen gilt es hier, die Abläufe und gegebenenfalls die Qualitätsziele zu planen.

- Systematische Projektsteuerung und -kontrolle
  Dieser Aufgabenbereich ist sehr stark abhängig von der Größe des Projektes, da es sich dabei um Aufgaben des Projektcontrollings handelt, die auch vom jeweiligen Projektcontroller übernommen werden könnten. Hierzu zählen vor allem die Kontrolle der erreichten Teilergebnisse, die Termineinhaltung und die Budgetsituation.

- Informieren des Auftraggebers und gegebenenfalls des Lenkungsausschusses über den Projektverlauf
  Zu festgelegten Zeitpunkten oder im Anlassfall werden die jeweiligen Betroffenen über den bisherigen Projektverlauf informiert.

- Konfliktmanagement
  Konflikte und Widerstände innerhalb des Teams und im Projektumfeld gilt es zu erkennen, zu vermeiden oder zu lösen.

- Durchführung der Projektabschlussreflexion
  Sowohl positive als auch negative Erfahrungen in einem Projekt stellen für ein Unternehmen Lernchancen dar. Diese gilt es zu erkennen und im Sinne des kontinuierlichen Verbesserungsprozesses den zuständigen Informationsträgern zu vermitteln.

- Beendung des Projektes
  Nach erfolgter Abnahme des Projektes durch die Auftraggeber ist es
  Aufgabe der Projektleitung, die Mitarbeiter von ihren Projektverpflich-
  tungen zu entbinden.

Die Fülle der hier angeführten Aufgaben zeigt, dass mit der Projektleitung
eine sehr große Verantwortung verbunden ist. Gleichzeitig ergibt sich daraus, dass der Erfolg eines Projektes mit der für die Leitung ausgewählten
Person eng verbunden ist. Auch für die hier betrachteten Softwareeinfüh-
rungsprojekte spielt die richtige Auswahl und die Zuordnung der notwendigen Aufgaben eine wichtige Rolle. Um die Auswahl des Projektleiters
strukturiert zu gestalten, sollte ein projektspezifisches Anforderungsprofil
erstellt werden.

Die Abbildung 4 zeigt einen möglichen Ansatz zur Auswahl von Projektleitern auf Basis einer Entscheidungsmatrix, wobei hier auch der Quali-
fikationsunterschied zwischen großen und kleinen Projekten transparent
wird.

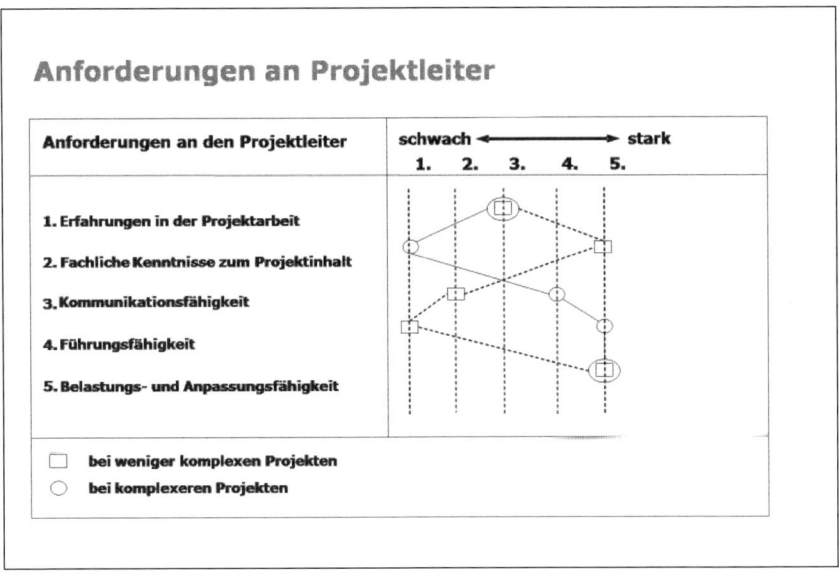

Abb. 4: Entscheidungsmatrix zur Auswahl eines Projektleiters
Quelle: Patzak, G./Rattay, G. (2004), S. 131

Neben der richtigen Wahl des Projektleiters ist es wichtig, den Projektauftrag genau zu definieren.

Projektauftrag

Der Projektauftrag (PA) ist für den Start des Projektes ein wichtiges Hilfsmittel, um alle für das Projekt relevanten Informationen komprimiert zusammenzufassen. Der PA dient sowohl dem Auftraggeber als auch dem Projektleiter als Grundlagen- bzw. Steuerungsinstrument im Falle von Veränderungen. Wichtige Informationen im PA sind:

- Projektname: Der Name des Projektes kann eindeutig oder verschlüsselt sein (z.B. Hausbau oder C123).

- Auftraggeber: Wer hat das Projekt beauftragt und trägt so die Hauptverantwortung?

- Projektstart: Welches Ereignis und welcher Zeitpunkt lösen den Start des Projektes aus?

- Projektleitung: Wer leitet das Projekt?

- Projektteam: Wer arbeitet im Projekt mit und wer hat welche Aufgaben?

- Inhalt: Wird in Überschriften der Inhalt des Projektes beschrieben?

- Kosten: Welche Kosten bzw. Ressourcen werden für die Realisierung benötigt?

- Meilensteine: Sie drücken den Zeitablauf, aber auch wichtige Zeitpunkte aus.

- Ziele: Welche wichtigen messbaren Zwecke soll das Projekt unterstützen?

- Unterschrift: Es müssen zumindest der Auftraggeber und der Projektleiter den Auftrag unterzeichnen, um eine gemeinsame Vereinbarung zu schließen.

Die nachstehende Vorlage eines Projektauftrages beinhaltet alle wesentlichen Informationen, die zur Beauftragung eines Projektes notwendig sind (Abb. 5).

Schriftliche Vorlage Projektauftrag

Hauptaufgaben:		
Geplante Termine für Hauptmeilensteine:		
Meilensteine:		Datum:
Projektleiter	Projektauftraggeber	
Version:	Datum:	Ersteller:

Abb. 5: Schriftlicher Projektauftrag 1 und 2
Quelle: eigene Darstellung

Definition der Projektziele

Ein besonders wichtiger Punkt in der Auftragsformulierung ist die Definition der Projektziele.

Ziele werden im Projektauftrag beschrieben und legen den Rahmen des zu Erreichenden innerhalb eines Projektes fest. Durch fehlende Ziele können falsche Erwartungen beim Auftraggeber, bei den Projektverantwortlichen oder bei den Projektmitarbeitern entstehen. Auch eine realistische Planung ist ohne eindeutige Vorgaben nicht möglich. Aus diesem Grund kommt der exakten Definition der Projektziele große Bedeutung zu.

Von wem die Ziele eines Projektes festgelegt werden, ist von der Größe des Teams abhängig. Generell erscheint es aber meist nur eingeschränkt möglich, die Projektmitarbeiter in den Zielfindungsprozess mit einzubeziehen. Aus diesem Grund sollten die Ziele im Normalfall vom Projektauftraggeber gemeinsam mit der Projektleitung festgelegt werden.

Ziele erfüllen in einem Projekt nicht nur den Zweck, klare Richtlinien zu schaffen oder den gewünschten Zustand am Projektende zu beschreiben, sie erfüllen auch noch andere Funktionen:

- Selektionsfunktion: Eine Auswahlentscheidung zwischen mehreren Alternativen wird erst durch die Definition von Zielen möglich.

- Orientierungsfunktion: Aktivitäten werden auf ein oder mehrere übergeordnete Ziele ausgerichtet. Die definierten Ziele dienen den Mitarbeitern als Rahmen für Handlungen und Entscheidungen.

- Steuerungsfunktion: Durch die Vorgabe von Leistungsgrößen (Sollvorgaben) auf Basis der definierten Ziele können Verhaltensweisen gesteuert bzw. gelenkt werden, ohne dass die dafür notwendigen Handlungen und Entscheidungen im Detail vorgegeben werden müssen.

- Koordinationsfunktion: Die unterschiedlichen Aktivitäten der Mitglieder werden durch klar definierte Ziele aufeinander abgestimmt und angepasst.

- Motivations- und Anreizfunktion: Klar festgelegte Ziele veranlassen die Mitarbeiter zu einer Leistungssteigerung und können auch einen Leistungsanreiz darstellen.

- Bewertungsfunktion: Handlungsalternativen können aufgrund ihres Beitrages zur Zielerreichung bewertet werden.

- Kontrollfunktion: Das erreichte Ergebnis kann mit den Zielen, die Sollvorstellungen darstellen, verglichen werden.[6]

Um diese Funktionen in allen Bereichen zu erfüllen, gilt es, bei der Definition von Zielen bestimmte Zieleigenschaften einzuhalten. Eine einfache Methode, diese Eigenschaften zu erfüllen, ist, Ziele SMART zu definieren:

- Specific – spezifisch: Ziele müssen unmissverständlich und eindeutig sein. Alle Beteiligten müssen sie verstehen können und vor allem das Gleiche damit verbinden.

- Measurable – messbar: Auf Basis eindeutig definierter Ziele ist es möglich, diese messbar zu machen. Ohne messbare Ziele kann nicht festgestellt werden, ob das Ergebnis des Projektes mit den Erwartungen übereinstimmt. Gerade in diesem Punkt liegt jedoch eine der größten

Schwierigkeiten. Oftmals müssen hier zusätzliche Kriterien (wie beispielsweise anhand von Fragebögen u. Ä.) herangezogen werden, um ein messbares Kriterium zu erreichen.

- Achievable – erreichbar: Ziele, die im Vorfeld bereits unerreichbar hoch gesteckt wurden, führen nicht zur Motivation von Mitarbeitern, sondern eher zur Demotivation. Solchen Zielen fühlen sich die Projektmitarbeiter nicht verpflichtet.

- Relevant – relevant: Ziele dürfen nicht zu hoch angesetzt werden, sie dürfen aber auch nicht zu leicht erreichbar sein und die Ausführenden müssen einen Einfluss darauf haben.

- Time bound – zeitlich festgelegt: Bei Projektzielen ergibt sich dieser Punkt bereits aus der Tatsache, dass ein Projekt per definitionem zeitlich begrenzt ist. Oftmals wird aber zu wenig auf diesen Punkt Bedacht genommen und vergessen, dass manche Teilziele nicht erst bis zum Projektende erreicht werden müssen. Sofern eine vollständige Projektplanung existiert, kann diese zeitliche Festlegung aber auch erst im Zuge der Erstellung von Ablaufplänen, Meilensteinen und dergleichen erfolgen.[7]

Damit Projektziele überhaupt erreicht werden können, ist es von besonderer Bedeutung, bereits im Vorfeld abzuklären, wodurch ein Projekt beeinflusst werden könnte. Zur Präzision der Überlegungen dient die Umfeldanalyse.

Projektumfeldanalyse

Die Projektumfeldanalyse gibt einen Überblick über alle möglichen Einflussfaktoren, die auf ein Projekt wirken können. Daher ist das Ziel der Projektumfeldanalyse, sämtliche Einflussgrößen frühzeitig zu erfassen, die Problemfelder zu identifizieren und davon ausgehend mögliche Maßnahmen zu ermitteln. Oftmals wird das Projektumfeld vom jeweiligen Projektleiter intuitiv berücksichtigt. Eine systematische Vorgehensweise hingegen kann sicherstellen, dass alle Umfeldeinflüsse rechtzeitig erkannt und keine Faktoren vergessen werden. Die Analyse des Umfelds ist auch als „Stakeholder[8]-Analyse" oder „Force-field-Analysis" bekannt[9] und wird in Abbildung 6 dargestellt.

Die Umfeld- oder auch Umweltanalyse ist ein Werkzeug zur ganzheitlichen Betrachtung des Projektes und dient sowohl in der Startphase als auch bei den Controllingzyklen dazu, die Veränderungen im Projekt aus der Sicht aller Stakeholder zu untersuchen. Dabei ist es wichtig, Maßnahmen abzuleiten und sie in den Projektstrukturplan einzubinden. Eine entsprechende Vorlage zeigt die Abbildung 7.

Vorlage Projektumwelt-Diagramm

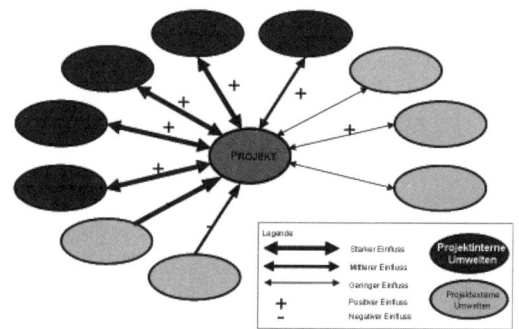

Abb. 6: Umwelt- oder Umfeldanalyse
Quelle: eigene Darstellung

Projektumfeld

Sachliches Umfeld (Einflussgrößen):

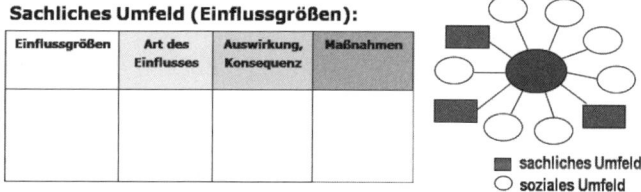

Einflussgrößen	Art des Einflusses	Auswirkung, Konsequenz	Maßnahmen

■ sachliches Umfeld
○ soziales Umfeld

Soziales Umfeld:

Personen, Interessengruppen	Einstellungen zum Projekt	Bedeutung, Macht (1-5)	+ Erwartungen − Befürchtungen	Maßnahmen, Strategien
• • • • •				

Abb. 7: Umwelt- oder Umfeldanalyse inklusive Maßnahmenplan
Quelle: modifiziert nach Patzak, G./ Rattay, G. (2004), S. 66f

Die Projektumfeldanalyse dient somit als Grundlage für die Erfassung aller Einflussfaktoren für die Umsetzung der Marketingmaßnahmen und die Analyse der Projektrisiken. Sie wird in der Startphase und laufend im Controllingprozess bzw. im Rahmen von Veränderungen durchgeführt und angepasst. Sie stellt damit einen ersten strukturierten Beitrag zum Risikomanagement dar.

Planung (Aufgaben, Zeit, Ressourcen)

In der Startphase werden die notwendigen Grundvoraussetzungen für Projekte geschaffen, weshalb zu diesem Zeitpunkt die Abläufe in einer strukturierten Vorgehensweise festzulegen sind. Im Bereich der Zieldefinition wird der gewünschte Endzustand eines Projektes definiert. Bei der Planung geht es darum, den Weg vom Ausgangspunkt zum Ziel im Vorfeld grob festzulegen. Durch den Planungsprozess wird ein Modell der Zukunft entwickelt. Ein Plan kann aber keinesfalls exakt voraussagen, wie sich der Projektverlauf entwickeln wird, sondern nur definieren, wie dieser nach dem heutigen Wissensstand verlaufen sollte. Bei der Planung gilt es grundsätzlich, drei Größen zu beachten:

- Planung der Aufgaben und Leistungen (Quantität, Qualität)

- Planung der Termine

- Planung der Ressourcen und der Kosten[10]

Zusätzlich zur Planung der oben angeführten Größen müssen noch einige weitere Bedingungen wie beispielsweise Projektrisiken und Ähnliches beachtet werden.

Aufgabenplanung

Die Durchführung der notwendigen Aufgaben zur Erreichung des Projektzieles stellt die zentrale Funktion in einem Projekt dar. Es muss primär geklärt werden: Was ist alles zu tun? Da jedes Projekt ein komplexes Vorhaben darstellt, müssen die hierbei zu erledigenden Aufgaben so strukturiert als möglich dargestellt werden. Als Grundlage für die Ermittlung der einzelnen Teilaufgaben dient der Projektstrukturplan.

Ein Projektstrukturplan stellt eine Gliederung der Gesamtaufgabe in plan- und kontrollierbare Teilaufgaben dar. Mit der Erstellung eines solchen Planes sind folgende Zielsetzungen verbunden:

- Systematische Erfassung aller Aufgaben

- Einteilung in plan- und kontrollierbare Aufgaben

- Übersichtliche Darstellung des Projektinhaltes

- Festlegung einer Struktur des Projektes, die die Basis für die nachfolgenden Aktivitäten bildet: Terminplanung, Aufgabenverteilung, Ressourcen- und Kostenplanung etc.[11]

Die Darstellung eines solchen Strukturplans kann in unterschiedlichen Formen erfolgen. Es sind sowohl grafische als auch halbgrafische (Einrückungen in Listen) und numerische (durch Zuordnung eines Projektstrukturplancodes – PSP-Code) Lösungen möglich. Gerade die Verwendung eines PSP-Codes erleichtert die klare Identifikation eines jeden Arbeitspaketes und ist damit unerlässlich.

Auch die Art der Ermittlung kann auf unterschiedliche Weise erfolgen. Einerseits durch Zerlegung des Gesamtprojektes in Teilprojekte und Aufgaben (top down) und andererseits durch die Sammlung sämtlicher Aufgaben und die anschließende Strukturierung (bottom up). In der Praxis finden sich häufig Mischvarianten, bei denen die aufwendige Bottom-up-Entwicklung vorwiegend für die wirklich neuen Bereiche eines Projektes zur Anwendung kommt. Grundsätzlich muss jedoch beachtet werden, dass sämtliche Aufgaben dabei erfasst und angeführt werden.

Der Projektstrukturplan (PSP) ist ein wesentliches Hilfsmittel, um alle Aufgaben, die bei der Bearbeitung des Projektes anfallen, zu strukturieren. Aufgrund der reinen Strukturbetrachtung, die keinen zeitlichen Ablauf determiniert, ist der PSP über den Projektverlauf hinweg wesentlich stabiler und damit das Kernelement der Dokumentation. Die Vorlage für einen PSP zeigt die Abbildung 8 (S. 30).

Projektstrukturplan

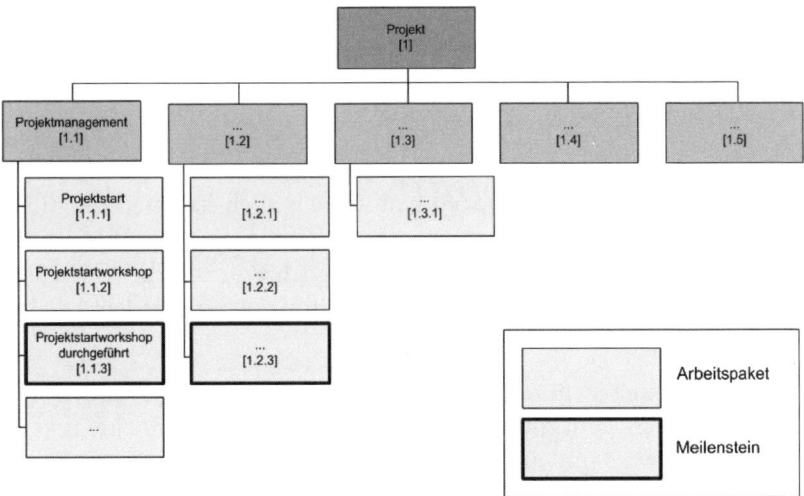

Abb. 8: Projektstrukturplan
Quelle: eigene Darstellung

Zur Spezifikation der einzelnen Arbeitspakete (AP) – diese stellen die kleinste Einheit des PSP dar – ist es notwendig, die einzelnen Tätigkeiten, die im Überblick im PSP zusammengefasst sind, detailliert zu beschreiben. Dafür dient die AP-Spezifikation, in welcher neben den Tätigkeiten auch die Ressourcen und der zeitliche Ablauf dokumentiert sind (siehe Abbildung 9).

Termin- und Ablaufplan
Anhand der Termin- und Ablaufplanung wird ein „Fahrplan" für das Projekt erstellt. Dabei werden die bereits ermittelten Aufgaben einzeln angeführt und der Ausführungsreihenfolge entsprechend geordnet. Weiters sind die entsprechenden Ausführungszeiten der Aufgaben bzw. Vorgänge zu ermitteln. Als Ausgangslage für diese Ermittlung dient hier ebenfalls der Projektstrukturplan. Durch diese Art der systematischen Erfassung wird

Vorlage Arbeitspaketspezifikation

Projektname	**ARBEITSPAKET-SPEZIFIKATION**	
Projektnummer		

0.0.0 Bezeichnung Arbeitspaket	
Arbeitspaket-Inhalt	
Arbeitspaket-Nichtinhalte	
Arbeitspaket-Ergebnisse	
Arbeitspaket-Leistungsfortschrittsmessung	
Verantwortlicher	
Arbeitspaket-Start	Arbeitspaket-Ende

Abb. 9: Arbeitspaketspezifikation
Quelle: modifiziert nach PMA-Projekthandbuch, Version 2008

sichergestellt, dass sowohl der Start- und Endtermin eines Projektes als auch eventuell vorhandene Zeitreserven ermittelt werden können.

Die dabei zu erfassenden Abläufe bestehen aus den folgenden grundlegenden Bausteinen:

- Arbeitspaket bzw. Vorgang: Diese stellen ein Element dar, das ein bestimmtes Geschehen repräsentiert (z. B. Einzelaufgabe, Tätigkeit usw.) und durch seinen Anfang und sein Ende begrenzt ist.

- Ereignis (Meilenstein): Ein Ereignis stellt einen bestimmten Zustand dar. Es kann sich dabei um Start-, Zwischen- oder Endereignisse handeln. Sofern Ereignisse als Meilensteine dargestellt werden, kommt ihnen meist eine besondere Bedeutung im Projektverlauf zu.

- Abhängigkeit: Abhängigkeiten sind Ablaufelemente, welche die Bezie-

31

hung zwischen den verschiedenen Vorgängen repräsentieren. Sie können sich aufgrund von Ressourcenverfügbarkeit oder technologischen Erfordernissen ergeben. Aufgrund dieser Abhängigkeiten besitzt jeder Vorgang meist einen oder mehrere Vorgänger bzw. Nachfolger.[12]

Zur Darstellung von Termin- und Ablaufplänen existieren unterschiedliche Möglichkeiten. Die drei im Folgenden beschriebenen Methoden zählen zu den gebräuchlichsten Darstellungsformen.[13]

Terminlisten
Eine einfache Form der Terminplanung ist die Illustration der Aktivitäten in Form von Terminlisten. Dabei werden die einzelnen Vorgänge aufgelistet, mit der entsprechenden Zeitdauer, dem Anfangs- und Endtermin und eventuell der zuständigen Ressource versehen. Bei Bedarf kann diese Liste auch noch um zusätzliche Angaben (z. B. frühester Starttermin, spätester Endtermin, Vorgänger usw.) erweitert werden. Ein Beispiel für die Darstellung in Listenform bietet die Abbildung 10.

Nr.	❶	Vorgangsname	Dauer	Anfang	Ende	Vorgänger	Ressourcenname
0		**FAN1**	**32 Tage**	**Fr 30.01.0**	**Mo 15.03.0**		
1	▦	1 Pouvoirregelung neu gestalten	11 Tage	Fr 30.01.04	Fr 13.02.04		Huber[70%]
2	▦	2 Arbeitsanweisung erstellen	10 Tage	Mo 09.02.0	Fr 20.02.04		Huber[50%]
3		**3 Anpassen der Abläufe**	**16 Tage**	**Fr 30.01.04**	**Fr 20.02.04**		**Meier**
4		3.1 Ist-Bestand ermitteln	5 Tage	Fr 30.01.04	Do 05.02.0		Meier
5		3.2 Ablaufänderungen planen	5 Tage	Fr 06.02.04	Do 12.02.0	4	Meier[50%]
6		3.3 Änderungen implementier	4 Tage	Fr 13.02.04	Mi 18.02.0	5	Meier[50%]
7		3.4 EDV-Änderungen planen	5 Tage	Fr 06.02.04	Do 12.02.0	4	Meier[50%]
8		3.5 Abstimmung mit SPARD/	2 Tage	Fr 13.02.04	Mo 16.02.0	7	Meier[50%]
9		3.6 Änderungen implementier	3 Tage	Di 17.02.04	Do 19.02.0	8	Meier[50%]
10		3.7 Sollbestand überprüfen	1 Tag	Fr 20.02.04	Fr 20.02.04	6;9	Meier
11	▦	4 Anpassen EDV Bestand	5 Tage	Mo 16.02.04	Fr 20.02.04		Müller
12		5 Vorarbeiten durchgeführt	1 Tag	Mo 23.02.0	Mo 23.02.0	1;2;3;11	
13		6 Vorbereitung Einschulung	5 Tage	Di 24.02.04	Mo 01.03.0	12	Müller
14		7 Schulungen durchführen	10 Tage	Di 02.03.04	Mo 15.03.0	13	Müller

Abb. 10: Terminliste
Quelle: eigene Darstellung

Balkendiagramme
Balkendiagramme (auch Gantt-Diagramme genannt) stellen die grafische Umsetzung von Terminlisten dar. Sie zeigen sowohl die terminliche Lage als auch die Dauer einzelner Arbeitspakete oder Vorgänge. Aufgrund der Visualisierung der einzelnen Termine gehören Balkendiagramme für das Projektmanagement zu den wichtigsten und dadurch auch zu den am häufigsten angewandten Kommunikationsinstrumenten. Die Erstellung

eines solchen Diagramms erfolgt durch das Eintragen der terminlichen Soll-Vorgaben auf einer Zeitachse in Form von Balken. Die Länge der einzelnen Balken repräsentiert dabei die Durchlaufzeiten der einzelnen Vorgänge. Aufgrund dieser Darstellungsform sind die Terminvorgaben und mögliche zeitliche Überschneidungen sofort erkennbar. Werden zusätzlich auch noch die jeweiligen Abhängigkeiten der Vorgänge untereinander erfasst, so spricht man von einem vernetzten Balkenplan. Abbildung 11 zeigt ein Beispiel für ein vernetztes Balkendiagramm.

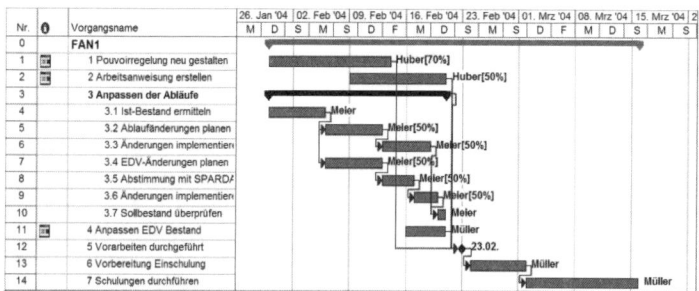

Abb. 11: Vernetztes Balkendiagramm
Quelle: eigene Darstellung

Netzpläne
Netzpläne sind sowohl grafische als auch tabellarische Darstellungen von Abläufen und deren Abhängigkeiten. Es können dabei Zeit, Kosten, Einsatzmittel und noch weitere Größen berücksichtigt werden. Ziel der Netzplantechnik ist die Darstellung des Projektablaufs, die rechnerische Ermittlung von Terminen und Fristen und die Sichtbarmachung von kritischen Wegen und Pufferzeiten. Die Darstellung erfolgt dabei ohne Berücksichtigung der terminlichen Lage oder ressourcenbedingter Abhängigkeiten. Die jeweiligen Vorgänge werden hintereinander, nebeneinander oder überlappend angeordnet. Durch die Erfassung der Dauer bzw. Durchlaufzeit ergibt sich die terminliche Lage aufgrund des frühestmöglichen Anfangs- und des spätesten Endtermins.[14] Eine mögliche Form der Darstellung eines Netzplans bietet die Abbildung 12 (S. 34).

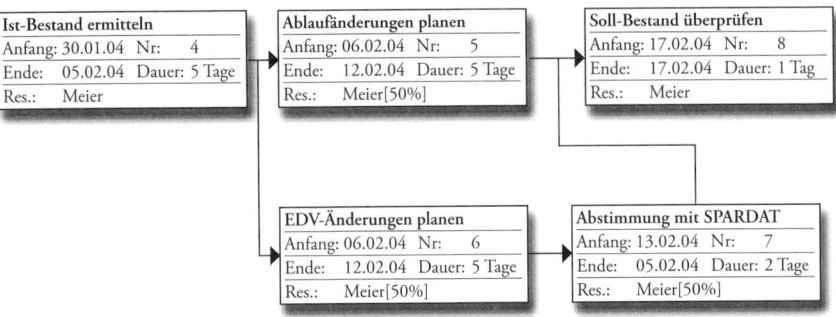

Abb. 12: Netzplan
Quelle: eigene Darstellung

Grundsätzlich ist die Auswahl der jeweiligen Darstellungsform von der Größe und Komplexität eines Projektes abhängig. Moderne Projektmanagement-Tools (wie auch das für dieses Konzept verwendete Microsoft®Project) bieten aber die Möglichkeit, ausgehend von erfassten Terminlisten ohne größeren Aufwand eine Vielzahl an unterschiedlichen Darstellungen zu wählen.

Ausgehend von den bisher ermittelten Vorgängen, ihrer Dauer, ihren Abhängigkeiten u. Ä. kann mittels der Terminrechnung der Zeitpunkt des Projektabschlusses bzw. Projektstarts berechnet werden. Beginnend beim geplanten Startzeitpunkt des Projektes werden in Form einer Vorwärtsrechnung sämtliche Tätigkeitszeiten addiert und somit der frühestmögliche Projektabschlusstermin ermittelt. Um den spätestmöglichen Projektstarttermin zu berechnen, werden ausgehend vom Projektendtermin in Form einer Rückwärtsrechnung sämtliche Tätigkeitszeiten abgezogen. Diese Form der Berechnung kann auch für einzelne Aufgaben oder Aufgabenpakete angewandt werden. Durch diese Berechnung können sogenannte Pufferzeiten ermittelt werden.[15] Aufgrund der geringen Anzahl von Einzelvorgängen und deren Dauer kann auch ohne aufwendige Terminrechnungen ein aussagekräftiger Überblick über die Projektdauer gewonnen werden. Zur Optimierung von Terminplänen ist es nicht unbedingt notwendig, die mathematisch nachweisbar beste Lösung zu ermitteln. Das Optimum kann auch durch einfaches Probieren in Form eines iterativen Prozesses erreicht werden.

Ressourcen- und Kostenplanung
Aufbauend auf den in den vorhergehenden Schritten ermittelten Aufgaben- und Terminplänen sind nun die für deren Durchführung notwendigen Ressourcen und die damit verbundenen Kosten zu planen. Ziel dieses Planungsschrittes ist es, eine Bedarfsvorhersage zu treffen und durch die Ermittlung von Engpässen oder Leerläufen eine Optimierung des Einsatzes zu erreichen.[16] Generell kommen dabei unterschiedlichste Ressourcen zum Einsatz. Mögliche Arten von Einsatzmitteln sind in der Tabelle 2 dargestellt.

Einmalig verwendbare Ressourcen (Verbrauchsgüter)	Wiederholt verwendbare Ressourcen (Gebrauchsgüter, Kapazitäten)
Einsatzstoffe Energie Finanzmittel Kurzlebige projektrelevante Daten	Betriebsstätten Personen, untergliedert nach Qualifikationen Betriebsmittel Personenunabhängiges Wissen (Verfahren etc.)

Tab. 2: Ressourcenarten
Quelle: modifiziert nach Patzak, G./Rattay, G. (2004), S. 198

Bei vielen, speziell unternehmensintern orientierten Projekten handelt es sich bei den zu planenden Ressourcen hauptsächlich um die Projektmitarbeiter. Ressourcen wie beispielsweise Einsatzstoffe, Energie, Betriebsstätten oder Betriebsmittel kommt eine sehr geringe Bedeutung zu. Da der Planungsaufwand für den notwendigen Materialeinsatz (hauptsächlich Büromaterial) in keinem vertretbaren Verhältnis zu den erzielbaren Vorteilen steht, wird in diesem Vorgehensmodell auf die Ermittlung verzichtet. Die Tatsache, dass nur der Einsatz der Ressource Mensch eine sinnvolle Planungsgröße darstellt, ist ebenfalls die Begründung dafür, warum hier die Ressourcen- und Kostenplanung in einem Schritt erfolgen können. Nach der Ermittlung der benötigten Arbeitseinheiten kann durch eine einfache Multiplikation mit einem durchschnittlichen Kostensatz pro Mitarbeiter gleichzeitig die Kostenplanung für die einzelnen Projekte durchgeführt werden.

Bei der Einsatzplanung von Mitarbeitern sind die folgenden Schritte zu durchlaufen:

- Ermitteln des Vorrates

- Errechnen des Bedarfs

- Gegenüberstellen von Bedarf und Vorrat

- Optimieren der Personalauslastung[17]

Ermitteln des Vorrates
Bei länger andauernden Projekten werden in diesem Schritt Mitarbeiter-fluktuation, Urlaube, Personalausbildungsmaßnahmen, Fehl- und Ausfall-zeiten etc. von der gesamten, verfügbaren Arbeitszeit in Abzug gebracht, um einen Netto-Vorrat zu ermitteln. Die Ermittlung des Vorrates kann deshalb in Abstimmung mit den Linienverantwortlichen und den jeweili-gen Mitarbeitern erfolgen.

Errechnen des Bedarfs
Auf Basis der bereits ermittelten Arbeitspakete und Aufgaben wird hierbei der jeweilige Personalbedarf ermittelt. Sind mehrere Mitarbeiter an einem Arbeitspaket beteiligt, so steht die benötigte Personalkapazität in einem unmittelbaren Verhältnis zu dessen Dauer.[18] Da aufgrund der Größe sämt-liche Arbeitspakete immer nur von einer Person ausgeführt werden, wird im Folgenden auf die Darstellung dieses Zusammenhanges verzichtet. Die Darstellung eines solchen Mitarbeiter-Bedarfsprofils kann grafisch oder tabellarisch erfolgen.

Die Abbildung 13 zeigt eine grafische Darstellungsform eines Bedarfspro-fils, welches von Microsoft Project standardmäßig zur Verfügung gestellt wird. Die hellgrauen Bereiche zeigen eine Überbelastung der jeweiligen Ressource, während die dunkelgrauen Bereiche eine normale Auslastung darstellen. Es werden dabei die jeweils benötigten Zeiteinheiten über alle Vorgänge hinweg aufsummiert. Bei diesem Beispiel zeigt sich, dass die ge-wählte Ressource innerhalb des Projektes überbelastet wird.

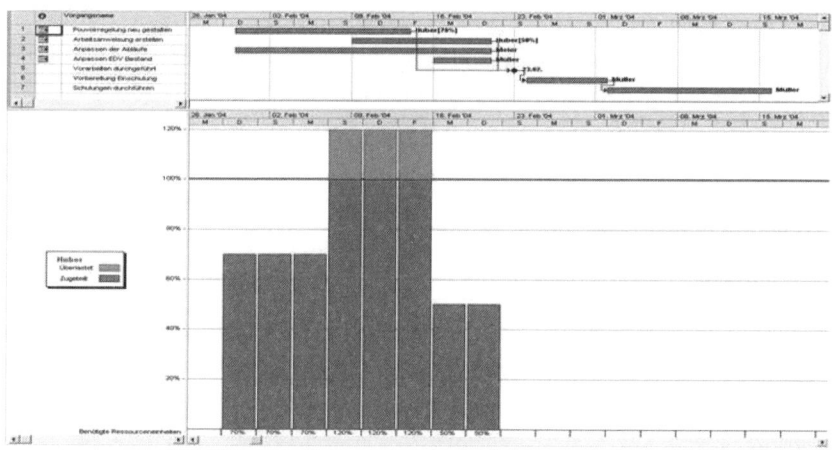

Abb. 13: Mitarbeiter-Bedarfsprofil
Quelle: eigene Darstellung

Gegenüberstellen von Bedarf und Vorrat
In diesem Schritt werden die bisher ermittelten Vorräte und benötigten Ressourcen einander gegenübergestellt, um mögliche Engpässe im Vergleich des Projektes mit den jeweiligen Linien ermitteln zu können. Die Darstellung kann hier ebenfalls in grafischer oder tabellarischer Form erfolgen. Die nachfolgende Abbildung zeigt eine mögliche Darstellung in tabellarischer Form.

Woche/ Ressource	1		2		3	
	geplant	verfügbar	geplant	verfügbar	geplant	verfügbar
Huber	5,6 Std.	10,0 Std.	28 Std.	40 Std.	48 Std.	40 Std.
Meier	8,0 Std.	10,0 Std.	40 Std.	30 Std.	40 Std.	30 Std.
Müller					30 Std.	30 Std.

Tab. 3: Vergleich Vorrat zu Ressourcenplanung
Quelle: eigene Darstellung

Optimieren der Personalauslastung
Um die Durchführbarkeit eines Projektes zu gewährleisten, bei dem in den vorhergehenden Schritten Unstimmigkeiten festgestellt wurden, wird in diesem Schritt der bestmögliche Ressourceneinsatz geplant. Weiters kann damit die Optimierung des Ressourceneinsatzes zur Kostenminimierung erzielt werden. Prinzipiell wird dabei zwischen den folgenden Problemstellungen der Optimierung unterschieden:

- Einsatzmitteloptimierung bei fester Projektdauer und fester Ablauflogik, jedoch nicht unbedingt einzuhaltender Verfügbarkeit

- Einsatzmitteloptimierung bei veränderbarer Projektdauer, jedoch fester Ablauflogik und unbedingt einzuhaltender Verfügbarkeit

- Einsatzmitteloptimierung bei fester Projektdauer und veränderbarer Ablauflogik, jedoch unbedingt einzuhaltender Verfügbarkeit[19]

Speziell bei Projekten, die innerhalb eines Unternehmens parallel zur allgemeinen Tätigkeit abgewickelt werden, muss, um eine optimale Auslastung bzw. Verfügbarkeit zu erreichen, ein laufender Dialog zwischen Projektleiter und Linienverantwortlichen stattfinden, da nur so die Problematik der knappen Personalressourcen gelöst werden kann. Nur dadurch kann im Endeffekt gewährleistet werden, dass die richtigen Mitarbeiter zur richtigen Zeit zur Verfügung stehen.

Bei Projekten, die nicht nur das Personal zu planen haben, sondern auch andere Ressourcen wie Maschinen oder externe Leistungen inkludieren, sind natürlich auch diese (wie beschrieben) mit einzuplanen und im Rahmen des Controllings zu überwachen.

Organisation und Rollen
Ein weiterer Erfolgsfaktor im Rahmen von Projekten ist die Wahl der Projektorganisation und die Verteilung der Rollen.

Herkömmliche Linienorganisationen sind meist zu unbeweglich für die Abwicklung von Projekten. Die Auswahl der jeweiligen Projektorganisation ist von unterschiedlichen Faktoren abhängig und wird als eine der wesentlichen Erfolgsfaktoren erkannt. Einerseits gilt es dabei, die Größe eines Projektes zu berücksichtigen, wobei dies anhand des Personenaufwandes und der Projektdauer erfolgt. Andererseits ist die Komplexität, das heißt die Zahl und Verschiedenheit der an der Projektarbeit beteiligten Fachbereiche, eine Messgröße für die Auswahl der Organisationsform.[20]

Die folgenden Hauptformen unterschiedlicher Organisationsformen wurden vielfach umgesetzt:

- Reine Projektorganisation
  Die teilweise auch als „Task-Force-Gruppe" bezeichnete Organisation zeichnet sich dadurch aus, dass sämtliche am Projekt beteiligten Mitarbeiter in Form einer Linienorganisation dem Projektleiter unterstellt sind. Dieser hat die Weisungs- und Entscheidungsbefugnis inne und trägt auch die Verantwortung für das Projekt.[21]

- Einfluss-Projektorganisation
  Das Einflussprojektmanagement unterscheidet sich von der reinen Projektorganisation dadurch, dass es keinen wirklichen Projektleiter gibt. Die Projektkoordination erfolgt hier immer in einer Stabstelle. Daraus resultiert auch der größte Nachteil: die fehlende Weisungs- und Entscheidungsbefugnis. Die Entscheidungen werden weiterhin in der Linie getroffen.[22]

- Matrix-Projektorganisation
  Bei dieser Organisationsform werden die Mitarbeiter quer über die gesamten Geschäftsbereiche dem Projekt zugeordnet, verbleiben aber in personeller Hinsicht weiterhin der Linie unterstellt. Die Projektleitung hat somit nur die fachliche Weisungsbefugnis, aber die volle Verantwortung für das Projekt. Die Vorteile dieser Organisation liegen darin, dass die Durchführung unabhängig von den Egoismen der Geschäftsbereiche erfolgt und Synergien im Gesamtunternehmen gefördert werden. Nachteilig wirkt sich aber sicherlich die doppelte Unterstellung der Mitarbeiter aus.[23]

- Projektmanagement in der Linie
  Verschiedene Aufgaben in Linienorganisationen können auch als Projekte abgewickelt werden, dazu bedarf es nicht immer der Einrichtung einer eigenen Projektorganisation. Durch die Benennung eines Projektleiters, die Terminfixierung und die Unterordnung der Mitarbeiter werden die Grundvoraussetzungen für ein Projekt geschaffen. Die Vorteile bestehen darin, dass es zu keinen temporären Umstrukturierungen oder Versetzungen der Mitarbeiter kommt.[24]

An jedem Projekt sind mehrere Mitarbeiter beteiligt, deren Zusammenwirken in Form eines Rollenkonzeptes beschrieben werden kann. Die Erwartungen, die an den Inhaber einer Position und nicht an den Menschen als Ganzes gerichtet werden, bezeichnet man als Rollen. Diese Rollen können einen informellen Charakter aufweisen, wie beispielsweise der „Arbeiter im Team", der „Administrator", der „Integrator" oder der „Unternehmer". Sie können aber nicht exakt definiert werden und hängen von Eigenschaften und Verhaltensweisen ab, die es im Sinne der Zielerreichung im Projekt zu nutzen gilt. Demgegenüber gibt es jedoch relativ eindeutige, formale Rollen, die explizit einer Person zugeordnet werden können. Diese sind meist in Projekthandbüchern, Fortschrittsberichten oder Sitzungsprotokollen definiert. Üblicherweise sind diese deckungsgleich mit den sogenannten Funktionen. Die folgende Aufzählung liefert einen Überblick über die wichtigsten formalen Rollen in einem Projekt:

- Interner Projektauftraggeber
  Entgegen der begrifflichen Bedeutung beschränkt sich diese Rolle nicht nur auf die Erteilung des Auftrages, sie erfordert vielmehr eine stetige Beziehung des Projektauftraggebers zum Projekt. Der interne Projektauftraggeber wird vor allem dann einschreiten, wenn seitens des Projektleiters die persönlichen und organisatorischen Kompetenzen nicht mehr ausreichen. Folgende Aufgaben fallen dem Projektauftraggeber zu:
  – Auswahl der Projektleitung: Erteilung des Projektauftrags
  – Vermittlung der Unternehmenskultur
  – Treffen projektbezogener, strategischer Entscheidungen
  – Wahrnehmung von Controllingaufgaben
  – Vertretung der Projektinteressen nach außen
  – Sicherung organisatorischen Lernens

- Projektlenkungsausschuss
  Grundsätzlich unterscheidet sich der Projektlenkungsausschuss nur unwesentlich vom Projektauftraggeber. Allerdings handelt es sich dabei um eine Gruppe von Personen, welche beispielsweise aus Vertretern der vom Projekt betroffenen Abteilungen oder Stabstellen besteht. Ein großer Vorteil beim Einsatz eines Projektlenkungsausschusses liegt in der Entlastung der Unternehmensleitung, die ansonsten meist als Auftraggeber fungiert.[25]

- Projektleitung (Projektmanagement)
  Eine der wesentlichsten Rollen bei jedem Projekt übernimmt der Projektleiter, seine Aufgabe ist beispielsweise die Teamauswahl, Steuerung usw.

- Projekt-Controller (Projektcontrolling)
  Die Rolle des Projekt-Controllers wird bei kleineren Projekten häufig in Personalunion mit dem Projektleiter ausgeübt. Verfügt der Projektleiter jedoch nicht über ausreichend methodische Kenntnisse in diesem Bereich, ist ihm ein Mitarbeiter zur Seite zu stellen, der die Aufgaben des Projektcontrollings wahrnimmt.

- Projektleitungs-Assistent
  Abhängig von der Größe eines Projektes kann es sinnvoll sein, einen Assistenten einzusetzen, der versucht, den Projektleiter bei einigen Aufgaben zu entlasten.

- Projektteam
  Unter Projektteam sind jene Mitarbeiter zu verstehen, die während der Dauer des Projektes mit der Erledigung diverser Aufgaben, die zur Erfüllung des Projektzieles notwendig sind, betraut werden.[26]

Die Zusammenstellung des Teams ist für die erfolgreiche Abwicklung der Projekte besonders wichtig. Um jedoch einen Überblick über alle im Projekt arbeitenden Personen zu haben, ist es notwendig, ein Organigramm zu erstellen, in welchem alle Personen angeführt sind, die direkt mit dem Projekt zu tun haben. Man unterscheidet zwischen dem Projektkernteam, dem erweiterten Team und der Projektorganisation, der Zusammenfassung für alle beteiligten Personen.

Alle Personen, die mit dem Projekt beschäftigt sind, sind Teil der Projektorganisation. Damit ist auch der Lenkungsausschuss, in welchem der Auftraggeber sitzt, Teil der Projektorganisation. Die Verbindung der einzelnen Teammitglieder untereinander bzw. zum Lenkungsausschuss wird in Linien dargestellt. Die internen Strukturen bzw. Vernetzungen der Projektorganisation können mit Hilfe eines Projektorganigramms auch visuell dargestellt werden (Abb. 14, S. 42).

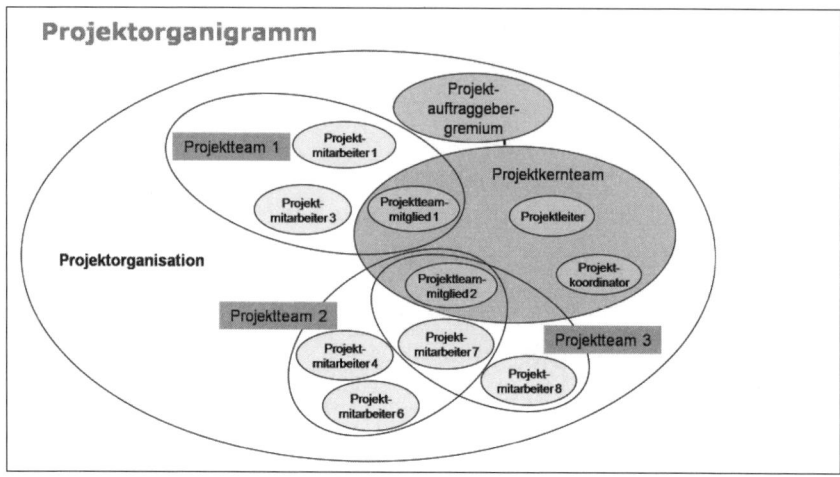

Abb. 14: Projektorganigramm
Quelle: eigene Darstellung

Zur detaillierten Darstellung der einzelnen Funktionen und Aufgaben der am Projekt beteiligten Personen dient die Projektrollendefinition (Abb. 15).

Vorlage Projektrollendefinition

Projektname	PROJEKTROLLEN-DEFINITION			
Projektnummer				
Projektauftraggebergremium				
Name	Kürzel	Organisation		Rolle
				Projektauftraggeber
Projektkernteam				
Name	Kürzel	Organisation		Rolle
				Projektleiter
Projektteam 1				
Name	Kürzel	Organisation		Rolle
				Projektmitarbeiter
Projektteam 2				
Name	Kürzel	Organisation		Rolle
				...

Abb. 15: Projektrollendefinition
Quelle: modifiziert nach PMA-Projekthandbuch, Version 2008

Zur klaren Darstellung der Funktionen, bezogen auf die Verrichtung der Arbeitspakete in Form der Durchführungsverantwortung (D), Mitarbeit (M) bzw. Information (I), wird das Projektfunktionendiagramm erstellt (Abb. 16). In komplexen Projekten wird noch weiter differenziert. Für alle Aktivitäten können mehrere Teilnehmer eingetragen werden, für die Durchführung kann jedoch immer nur ein Teammitglied verantwortlich sein.

Vorlage Projektfunktionendiagramm

Projektname / Projektnummer			PROJEKTFUNKTIONEN-DIAGRAMM			
	Rollen und interne Umwelten					
PSP-Code	Projektauftrag-gebergremium	Projektleiter	Projektkoordinator	Projektrolle x	Projektumwelt y	
Projektmanagement						
1.1.1	I	D	M	M	I	
1.1.2	I	D	M	M	M	D Durchführung (verantwortlich) M Mitarbeit I Information
...						
...		I	M	M	M	

Abb. 16: Projektfunktionendiagramm
Quelle: modifiziert nach PMA-Projekthandbuch, Version 2008

Nach Abschluss der Projektstartphase kann zur Projektabwicklung und -umsetzung übergegangen werden.

Projektabwicklung und -umsetzung

Hauptbestandteil der Projektabwicklungsphase ist die Erledigung von einzelnen Arbeitspaketen oder Vorgängen. Sofern die Aufgabenplanung und -verteilung in den vorhergehenden Phasen entsprechend durchgeführt wurden, fallen hierbei für das Projektmanagement hauptsächlich Aufgaben im Bereich der Steuerung und Koordination an. Durch den Einsatz eines gezielten Projektcontrollings und einer effizienten Teamarbeit können diese Aufgaben wahrgenommen werden.

Projektmarketing

Projektmarketing hat das Ziel, professionelles Projektmanagement zu unterstützen. Die erfolgreiche „Vermarktung" eines Projektes führt dazu, dass sich sowohl interne als auch externe Auftraggeber und Betroffene besser mit dem Projekt identifizieren und damit auch die Akzeptanz gesteigert werden kann.

Folgende Vorteile können sich aus dem Einsatz eines gezielten Projektmarketings ergeben:

- Im Unternehmen entsteht Transparenz, da bekannt ist, an welchen Projekten gerade gearbeitet wird.

- Die Teammitglieder sind am Projekterfolg stärker interessiert, da niemand an einem erfolglosen Projekt mitarbeiten möchte.

- Es kann Widerständen und Angst vor Veränderungen vorgebeugt werden.

- Die Beteiligten werden zu bedeutenden Mitarbeitern, da sie oftmals auf das Projekt angesprochen werden.

- Seitens der Betroffenen wird das Projekt unterstützt, da sie über die Notwendigkeit bzw. die Auswirkungen informiert sind. Die notwendige Aufmerksamkeit ist damit gegeben.

- Bei zukünftigen Projekten ist zu erwarten, dass mögliche Fragen mit bereits erfahrenen Projektmitarbeitern geklärt werden, die aufgrund des Projektmarketings bekannt sind.[27]

Aus diesen Ausführungen zeigt sich, dass es sich dabei hauptsächlich um die Bereitstellung von Informationen handelt. Allein durch diese einfache Methode können die genannten Vorteile bereits zum Tragen kommen. Die Umfeldanalyse, die in der Startphase des Projektes als wichtiges Werkzeug näher beschrieben ist, erfasst alle Stakeholder und ermöglicht so die Ableitung notwendiger Maßnahmen.

Ein weiterer wichtiger Aspekt des Projektmarketings ist die Dokumentation und deren Aufbereitung in Richtung Wissensmanagement. Jedes durchgeführte bzw. ablaufende Projekt bietet die Chance, neues Wissen über Probleme und deren Lösungsmöglichkeiten zu generieren und darüber zu kommunizieren. Grundvoraussetzung dafür ist prinzipiell, dass dieses Wissen erkannt und dokumentiert wird. Dies sollte spätestens in der Projektabschlussphase thematisiert und strukturiert im Rahmen einer Projektreflexion abgearbeitet werden. Selbstverständlich besteht die Aufgabe, sämtliche Erfahrungen zu dokumentieren, auch während des Projektverlaufs.

Projekte sollten deshalb aus der Sicht des Projektmarketings Folgendes gewährleisten:

- Sämtliche Projekte sind so transparent darzustellen, dass alle betroffenen Personen die Informationen erhalten. Dazu sind die Projektbeschreibung, Informationen zum Verlauf und die Ergebnisse nach der Beendigung zu dokumentieren.

- Bei der Projektbeschreibung werden angeführt:
  - Name des Projektes (möglichst einprägsam und aussagekräftig)
  - Projektleiter
  - Alle Projektmitarbeiter (sollte sich während des Projektverlaufes die Zusammensetzung ändern, ist dies an dieser Stelle zu dokumentieren)
  - Ansprechpartner (mit Durchwahl bzw. E-Mail-Adresse) für Anfragen
  - Zielsetzungen des Projektes
  - Kurze und prägnante Beschreibung des Projektes
  - Definition der von der Einführung betroffenen Abteilungen
  - Beginn des Projektes
  - Voraussichtliches Ende des Projektes und Einführungs-Datum der Anwendung
  - Geplante Schulungsmaßnahmen
  - Links zu vorhandenen Produktbeschreibungen

- Informationen über den Projektverlauf:
  - Derzeitiger Stand
  - Aufgetretene Probleme und Lösungen bzw. Lösungsmöglichkeiten
  - Die nächsten Schritte

- Ergebnisse nach Beendigung:
  - Abweichungen vom geplanten Projektziel
  - Erreichte Ziele
  - Kurzdarstellung des Projektverlaufs

Die Hauptzielgruppe dieser Informationen sind die von der Einführung betroffenen Mitarbeiter.

Zur Sicherung der in Projekten gewonnenen Erkenntnisse können Wissensmanagement-Werkzeuge herangezogen werden. Mögliche Werkzeuge werden im Buch „Wissensmanagement – Werkzeuge für Praktiker" von D. Kilian et al. übersichtlich beschrieben. Einige Tools, die sich besonders für die Sicherung von Wissen in Projekten eignen, sind:

- Debriefings: dienen der Sicherung von Wissen und werden nach der Beendigung bzw. dem Wechsel von Projektmitarbeitern durchgeführt.

- Mikroartikel: Mittels Mikroartikeln kann Erfahrungswissen unkompliziert und mit geringem Zeitaufwand festgehalten und weitervermittelt werden.[28]

Projektdokumentation

Im Projekt ist es wichtig, zur übersichtlichen Dokumentation ein festes Protokoll, sowohl formal als auch inhaltlich fest definiert und für alle Teammitglieder verpflichtend, vorzuschreiben. Der beiliegende Vorschlag beinhaltet alle relevanten Informationen und Schritte zur Dokumentation, aber auch die Einladung zu Projektworkshops.

Vorlage Workshop-Protokoll

Protokoll			
Datum:	dd. mm. yyyy		
Zeit:	hh.mm – hh.mm		
Ort:	Kunde/Stadt, Straße, Raum		
Autor:	Vorname, Nachname		

Teilnehmer Alphabetisch ohne Titel			
Nr.	**Nachname**	**Organisation**	**Anwesenheit**
1.			

Agenda		
Nr.	**Text**	**Zeit**
1.	Begrüßung der Teilnehmer	10:00 – 10:10

Inhalte der Besprechung		
Nr.	**Text**	**Wer**

Termine und Aufgaben		
Nr.	**Wer**	**Was**	**Wann**

Abb. 17: Vorlage Workshopprotokoll
Quelle: modifiziert nach PMA-Projekthandbuch, Version 2008

Das Protokoll sollte neben der Aufzeichnung der Vereinbarungen auch eine Aufgabenverteilung beinhalten. Mit der Einladung zum jeweiligen Meeting werden die Aufgaben für jeden Einzelnen inklusive der terminlichen Festlegung versandt, so werden die Teilnehmer nochmals auf die Aufgaben hingewiesen, und bis zum Workshop sind alle Aktivitäten erledigt.

Für alle Projekte ist ein Abschlussbericht zu erstellen, der im Wesentlichen die in Abbildung 17 angeführten Punkte beinhalten muss. Dieses Abnahmeprotokoll ist sowohl bei rein internen Projekten als auch bei Projekten mit externen Partnern zu erarbeiten und von allen Entscheidern gegenzuzeichnen.

Teamarbeit

Aufgrund der Komplexität der Aufgaben von Projekten ist ein Einzelner nicht in der Lage, diese zu lösen. Daher ist Projektarbeit vorwiegend Teamarbeit. Teamarbeit darf aber keinesfalls mit bloßer Gruppenarbeit verwechselt werden. Die Tabelle 4 beinhaltet die grundsätzlichen Unterschiede zwischen Gruppen- und Teamarbeit.

Gruppenarbeit	Teamarbeit
Die-Gefühl	Wir-Gefühl
fixiertes Vorgehen	flexibles Vorgehen
weitgehend durch Regeln und Organisationshandbuch bestimmt	problemlösungsorientiert
weitgehend berechenbar in Quantität und Qualität	nur schwer vorhersehbar in Quantität und Qualität
Schwächere bleiben zurück	Integration von Stärken
Einzelleistung ist nachvollziehbar und messbar	Einzelleistung ist schwer messbar und geht in die Gesamtleistung ein (jeder für jeden)
begrenzte Einsatzbereitschaft	unbegrenzte Einsatzbereitschaft (blindes Verstehen)
formal-hierarchische Stellung	Inter-pares- bzw. Primus-inter-pares-Stellung

Tab. 4: Unterscheidungsmerkmale Gruppenarbeit – Teamarbeit
Quelle: modifiziert nach Diethelm, G. (2000), S. 47

Die Entwicklung einer Teamarbeit in der oben beschriebenen Form kann einerseits durch einen natürlichen Prozess entstehen, der im Team durchlaufen wird. Andererseits kann durch Intervention bzw. Unterstützung ein solcher Teamentwicklungsprozess gefördert werden. Inwiefern der Teamentwicklungsprozess selbständig stattfindet, hängt von den jeweiligen Mitgliedern und dem jeweiligen Projektleiter ab. Die Möglichkeiten, diesen Prozess zu gestalten, sind sehr individuell und von der jeweiligen Führungspersönlichkeit abhängig. Die in der vorhergehenden Abbildung dargestellten Charakteristika der Teamarbeit und die Möglichkeiten der Teamentwicklung zeigen, dass der Führung von Projektteams eine besondere Bedeutung zukommt. Grundsätzlich können dabei die folgenden vier Führungsstile unterschieden werden:

- Autokratischer Führungsstil: Die Gruppe wird durch genaue Einzelanweisungen und Kontrollen geführt. Entscheidungen obliegen der Führungsperson, Mitdenken, Mitverantwortung und Kreativität werden nicht gefördert. Im Gegensatz zu den folgenden Stilen ist dieser Ansatz autoritär.

- Kooperativer Führungsstil: Bei einem kooperativen Führungsstil erfolgen Zielfestlegungen und Prozessgestaltung unter Beteiligung der Gruppenmitglieder. Aufgaben, Befugnisse und Verantwortung werden dabei delegiert und Entscheidungen und Maßnahmen werden transparent vermittelt.

- Demokratischer Führungsstil: Werden der Inhalt und auch der Prozess durch Gruppendiskussion und -entscheidung beschlossen, spricht man von einem demokratischen Führungsstil. Entscheidungen werden vom Leiter nur vorgeschlagen und nicht selbst getroffen.

- Liberaler Führungsstil: Beim liberalen Führungsstil erfolgt keine Führung im eigentlichen Sinne. Der jeweilige Projektleiter steht nur für Informationen und Kommentare zur Verfügung. Sämtliche Entscheidungen werden ausschließlich von der Gruppe getroffen.[29]

Ausgehend von diesen vier Formen ergibt sich ein weiterer Führungsansatz – der situative Führungsstil. Bei diesem Konzept wird der Führungsstil der jeweiligen Situation angepasst. Eine solche Form der Führung ist gerade bei Projekten, bei denen einerseits unterschiedlichste Teammitglieder involviert sind und andererseits laufend unterschiedliche Phasen absolviert werden, unbedingt erforderlich. Welcher Führungsstil schlussendlich von der Projektleitung eingesetzt wird, ist von persönlichen Neigungen und den jeweiligen Teammitgliedern abhängig.

Nicht nur die Art der Führung ist bei der Teamarbeit von entscheidender Bedeutung, sondern auch der Einsatz entsprechender Führungsinstrumente. Eines der wesentlichsten Instrumente stellt dabei die Zielvereinbarung (Managment by Objectives) dar. Ausgehend von den Projektzielen, welche die Vereinbarung auf der Gesamtsystemebene darstellen, werden dabei mit jedem einzelnen Mitarbeiter individuelle Zielsetzungen vereinbart. Die in der Planungsphase erstellten Arbeitspakete stellen dabei die Grundlage für die jeweiligen Mitarbeitergespräche dar, bei denen sowohl die konkreten Ziele für die einzelnen Arbeitsaufgaben als auch die Ziele in Bezug auf die Zusammenarbeit im Team und die Projektkultur vereinbart werden.

Nicht alle diese Ziele können explizit festgehalten werden, jedoch können durch diese Gespräche wertvolle gegenseitige Erkenntnisse gewonnen und somit die Mitarbeiterinteressen gefördert werden. Die Vorteile eines solchen Management by Objectives liegen in der Motivationssteigerung der Teammitglieder, allgemein akzeptierten Prioritätensetzungen, einer intensiveren Auseinandersetzung mit den Zielsetzungen und der Mess- und Bewertbarkeit des Erfolgs. Die zu erarbeitenden Ziele sollten sich dabei an folgenden Fragestellungen orientieren:

- Welche Teilprojekt- und Arbeitspaketziele sollen durch den Beitrag des Mitarbeiters erreicht werden?

- Woran ist die Zielerreichung erkennbar? Bis zu welchem Zeitpunkt sollen die einzelnen Ziele erreicht werden?

- Was soll dabei nicht erreicht werden?[30]

Gleichzeitig mit der Vereinbarung von Zielen in der beschriebenen Form stellt sich die Problematik der Delegation in Projekten. Wobei Delegieren nicht als ausschließliche Anordnung verstanden werden darf. Es stellt vielmehr das Aufteilen von Arbeit dar. Beim Prozess der Delegation treten häufig folgende Fehler auf:

- Die „besten" Aufgaben behält der Projektleiter für sich.

- Aufgaben werden an die qualifiziertesten Mitarbeiter übertragen und damit Entwicklungsmöglichkeiten anderer eingeschränkt.

- Wesentliche Informationen werden bei der Aufgabenverteilung zurückgehalten, um die eigene Machtposition nicht zu verlieren.

- Die mit der Übertragung verbundene Verantwortung entspricht nicht den Möglichkeiten des jeweiligen Mitarbeiters.

- Anerkennung wird nicht an den für die Aufgabe zuständigen Mitarbeiter weitergegeben, sondern auf dem Konto des Projektleiters verbucht.

- Es wird nicht eine Aufgabe, sondern Stress weitergegeben.[31]

Die bisherigen Ausführungen zeigen, wie wichtig die Rolle der Projektleitung und deren Führungsstil für die Arbeit im Team sind. Sie sind dafür verantwortlich, die entsprechenden Rahmenbedingungen zu schaffen. Schlussendlich entscheiden aber nicht die Fähigkeiten des Leiters eines Teams über dessen Erfolg. Dieser hängt ebenfalls von der „Teamfähigkeit" der einzelnen Teammitglieder ab. Um diese Zusammenarbeit konstruktiv zu gestalten, sollten die folgenden Grundregeln von allen Mitgliedern beachtet werden:

- Anerkennung geben (auch untereinander)

- Beiträge einfordern (schweigsame Mitarbeiter mit einbeziehen)

- Gemeinsam handeln (Gruppenspaltungen innerhalb des Teams vermeiden)

- Die eigene Meinung offen äußern (kein Taktieren)

- Kritik annehmen (konstruktive Kritik trägt zur Verbesserung bei)

- Konflikte offen ansprechen

- Aufmerksam zuhören (genaues Zuhören ist die Grundlage für erfolgreiche Teamarbeit)

- Das Ziel im Auge behalten[32]

Gerade die hier beschriebene Teamarbeit ist ein wichtiger Schlüssel zum Erfolg von Projekten. In der Praxis wird ihr aber häufig zu wenig Bedeutung beigemessen. Der wertschätzende Umgang untereinander, Menschen zu befähigen, Ziele zu erreichen, Neues zu probieren, sich zu verbessern und der gemeinsame Erfolg sind wichtige Aufgaben modernen Projektmanagements.

Projektcontrolling

In der Literatur wird der Begriff des Projektcontrollings nicht einheitlich verwendet. Jedoch zeigt sich deutlich, dass darunter nicht mehr nur das klassische Kosten- und Termincontrolling verstanden wird, sondern vielmehr die transparente Darstellung und die Steuerung des gesamten Projektgeschehens, unter Nutzung des von ihm bereitzustellenden und zu pflegenden Instrumentariums.[33]

Die Aufgaben des Projektcontrollings sind daher sehr vielfältig und begleiten ein Projekt in seinem gesamten Ablauf, es stellt deshalb einen Teil der gesamten Projektmanagement-Funktion dar. Welche Methoden jedoch in welcher Ausprägung zum Einsatz kommen, hängt auch beim Projektcontrolling von der Größe des Projektes und der Struktur des Unternehmens ab. Von diesen Größen hängt auch ab, ob die Aufgaben vom Projektleiter oder von einem eigens eingesetzten Projektcontroller wahrgenommen werden.

Einen Überblick über die Aufgaben bietet die folgende Aufzählung:

- Unterstützung des Projektmanagers bei der Formulierung von Projektzielen und Erfolgskriterien
- Entwicklung von Kennzahlen und Messsystemen, um Abweichungen erkennen und den Projekterfolg erfassen zu können
- Implementierung entsprechender Controllingstandards und -zyklen
- Vergleich der Projektpläne hinsichtlich Leistung, Qualität, Termine und Kosten mit den laufenden Ergebnissen (Soll/Ist-Vergleich)
- Interpretation der Resultate und Entwicklung von Steuerungsmaßnahmen
- Erstellung von Projektberichten und Sicherstellung einer adäquaten Projektdokumentation
- Verfolgung der Projektumfeldentwicklung
- Sicherstellung, dass die im Projekt gemachten Erfahrungen optimal aufbereitet werden[34]

Im Projektmanagementprozess von Mirski, der die typischen Phasen des Projekts beginnend mit der Projektidee bis hin zur Projektabnahme darstellt, übernimmt das Projektcontrolling im gesamten Prozess eine elementare Funktion.[35] Das Projektcontrolling findet an der Verknüpfung zwischen dem Projektmanagement und dem Controlling statt. So stellt es einerseits die Verbindung der Projektplanung, -steuerung, -kontrolle sowie -organisation mit dem zentralen Controlling des Unternehmens her, andererseits erfolgt eine Unterstützung sowohl auf strategischer als auch operativer Ebene der Projektleitung in Bezug auf die Führungsaufgaben des Projektmanagements.

Hierarchie im Projektcontrolling
Die Aufgaben des Projektcontrollings betreffen jeweils unterschiedliche Ebenen im Projektmanagement, wie in Abbildung 18 veranschaulicht wird.

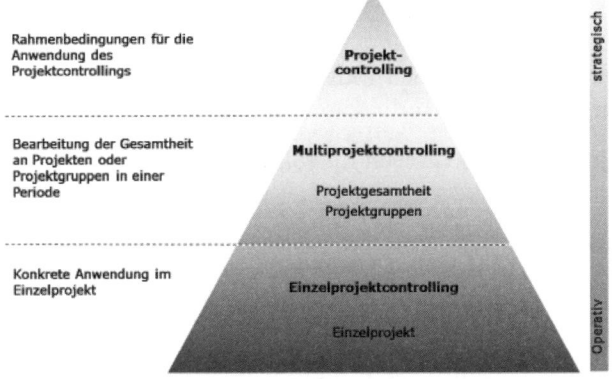

Abb. 18: Hierarchie des Projektcontrollings
Quelle: Fiedler R. (2005), S. 12, 21

An oberster Stelle befindet sich das strategische Projektcontrolling, das die Position und den Umfang der Anwendung des Projektcontrollings definiert. Dazu gehört insbesondere die Bereitstellung von Informationen und Instrumenten zur effektiven Projektbewertung und Projektauswahl.

Eine Ebene unterhalb des strategischen Projektcontrollings fungiert das Multiprojektcontrolling als Schnittstelle zwischen dem strategischen und operativen Bereich. Dieses setzt sich aus der Koordination der verschiedenen Projekte eines Unternehmens zusammen. Dabei liegt der Fokus auf der periodischen Betrachtung beispielsweise der Kapazitätsgegebenheiten, der Kosten- und Finanzwirkungen sowie anderer unternehmensspezifischer Nebenbedingungen von Projektgruppen oder auf der Projektgesamtheit. Die Instrumente gleichen denen, die auch im Rahmen des Einzelprojektcontrollings angewandt werden.

Auf der unteren Stufe agiert das Einzelprojektcontrolling in operativer Form mit dem Ziel, den Projektmanager im Projekt zu unterstützen. Dabei kommen in den diversen Projektphasen, aber auch phasenübergreifend, Instrumente zur Anwendung, welche die erfolgreiche Abwicklung des Projekts in Bezug auf die zentralen Parameter wie Kosten, Termine oder Qualität sicherstellen.

Grundzüge des Projektcontrollings
Auf der skizzierten Einordnung des Projektcontrollings im Projektmanagementprozess umfassen die Aufgaben alle Phasen des Projekts und werden daher in der Literatur unterschiedlich beschrieben. Abbildung 19 stellt eine erste Verteilung der Aufgaben anhand der diversen Projektphasen exemplarisch dar, wobei zu beachten ist, dass die Aufgabenbereiche je nach Organisation des Projekts sowie der Unternehmung variieren können.

Idee	Auftrag Antrag	Organisation Planung	Umsetzung	Abnahme
Beurteilung von Projektalternativen	Unterstützung bei der Formulierung der Projektziele	Planung der Kosten und des Finanzmittelbedarfes	Planung der Kosten und des Finanzmittelbedarfes	Pflege und Weiterentwicklung des Projektmanagementsystems
Unterstützung bei der Erarbeitung der Projektziele	Wirtschaftlichkeitsberechnungen	Projektstrukturierung (Leistung, Termine, Ressourcen)	Verfolgung des Projektablaufs und der Projektumfeldentwicklung	Abschlusskontrolle und Abschlussdokumentation
Soll-Ist-Vergleiche, Liquiditäts- und Risikoanalyse, Kennzahlensysteme, Projektreporting				

Abb. 19: Aufgabenskizze des Projektcontrollings
Quelle: Mirski, P. (2005), S. 1, 277

Als potenzielle Messgröße der Aufgabenzuteilung innerhalb des Projektteams lässt sich die Größe des Projekts heranziehen. So ist anzunehmen, dass bei kleineren Projekten das Projektcontrolling dem Projektleiter obliegt, hingegen bei einem Großprojekt mehrere Projektcontroller tätig sein können. Auf jeden Fall sollte von Beginn an geklärt sein, welche Kompetenzen das Projektcontrolling bzw. der Projektcontroller übernimmt. Dabei muss darauf geachtet werden, dass feste, allgemein verbindliche Standards in diesem Bereich nicht in einem Übermaß an Bürokratie enden.[36] Das Minimum des Aufgabenbereichs sollte jedoch die Übernahme der finanzwirtschaftlichen Befugnisse durch das Projektcontrolling darstellen. Der Projektcontroller ist bei kleineren Projekten auf Multiprojektebene tätig und bildet somit durch die Koordination der Projekte eine Querschnittsfunktion zwischen diesen. Bei Großprojekten hingegen hat der Projektcontroller eher eine Sammelfunktion inne, da er nicht alle projektrelevanten Parameter berücksichtigen und steuern kann, weswegen er auf Spezialisten zurückgreifen muss.[37]

Strategisches Projektcontrolling

Im Zuge der zuvor präsentierten Projektcontrolling-Hierarchie erfolgt die Darstellung des Projektcontrollings gegliedert in einen strategischen und in einen operativen Teil. Dieses Kapitel beschreibt die wesentlichen und für die Aufgabenstellung der Arbeit essenziellen Instrumente des strategischen Projektcontrollings. Es widmet sich der langfristigen strategischen Selektion von zur Unternehmensstrategie passenden Projekten. So werden alle potentiellen Projekte bewertet und in einem nächsten Schritt nach der Priorität geordnet. Abschließend erfolgt die Freigabe einer bestimmten Auswahl, um im Unternehmen die richtigen Projekte zu vollziehen. Die Funktionen des strategischen Projektcontrollings umfassen einerseits eine strategische Planung und andererseits die strategische Projektkontrolle.

Ist ein Projekt vom Start bis zur Umsetzung gelungen, so sollte auch Wert auf den Abschluss gelegt werden, womit sich der folgende Abschnitt befasst.

Projektabschluss

Viele Projekte werden niemals offiziell beendet. Dadurch fehlt bei den einzelnen Teammitgliedern das positive Gefühl, an etwas Erfolgreichem mitgewirkt zu haben. Aber auch die Freigabe der Ressourcen und die Information der Auftraggeber über den Abschluss sind wichtige Themen dieser Phase. Offiziell beendet werden müssen aber genauso gescheiterte Projekte. Gerade bei solchen ist es oft der Fall, dass sie stillschweigend beendet werden. Welcher Punkt bzw. welche Aufgabe nun genau den Schluss eines Projektes darstellt, ist oftmals schwer zu definieren. Es ist deshalb wichtig, in dieser Phase systematisch vorzugehen, da damit die Motivation der Mitarbeiter (auch für weitere Projekte) erhalten werden kann.

Die in dieser Phase beschriebenen Aufgaben stellen lediglich die wesentlichen Punkte dar. Dass zu einem entsprechenden Abschluss eine Abschlusssitzung oder Schlussbesprechung des Projektteams mit gleichzeitiger Evaluation des Projektgeschehens durchgeführt wird, wird hierbei vorausgesetzt.

Projektabschlussbericht

Um gewonnene Erkenntnisse, Erfahrungen und die Ergebnisse des Projektes darzustellen, eignet sich besonders ein sogenannter Projektabschlussbericht. Die damit verbundene systematische Aufarbeitung des Projektgeschehens liefert wichtige Informationen sowohl für das Projektteam als auch für die Auftraggeber. Durch die Unterfertigung des Berichtes durch den Projektleiter und den Auftraggeber findet eine formelle Abnahme des Projektes statt. Die Abbildung 20 zeigt die wesentlichen Inhalte und Anforderungen an einen Projektabschlussbericht.

Abb. 20: Inhalt eines Projektabschlussberichtes
Quelle: modifiziert nach Patzak, G./Rattay, G. (2004), S. 391

Wie aus der Abbildung 20 ersichtlich wird, soll durch einen solchen Bericht ein möglichst vollständiger Überblick über den gesamten Projektverlauf geboten werden. Der Umfang des Projektabschlussberichtes muss der jeweiligen Projektgröße angepasst sein. Im Sinne der Mitarbeiterförderung kann der Anhang dieses Abschlussberichtes auch dazu genutzt werden, besondere Leistungen einzelner Teammitglieder hervorzuheben, um somit die Entwicklungsmöglichkeiten im Unternehmen zu fördern.

Wissenssicherung im Projekt

Im Abschnitt über Projektmarketing (siehe Seite 44f.) wurde bereits auf die in einem Projekt entstehenden Lernchancen verwiesen. Meist jedoch wird diesem Wissen, wozu sowohl fachliche Erkenntnisse als auch Prozesserfahrungen zählen, nicht ausreichend Bedeutung beigemessen. Tatsächlich stellt es aber einen nicht unwesentlichen Teil des Gesamtprojektgewinnes dar. Im Sinne einer erfolgreichen Wissens- und Erfahrungssicherung sollten die Erkenntnisse der einzelnen Phasen bereits dokumentiert sein. Der Grund dafür besteht nicht nur darin, dass nichts vergessen werden kann oder beim Projektabschluss weniger Zeit dafür aufgewendet werden muss, sondern auch darin, dass dieses Wissen in den nachfolgenden Phasen verwendet werden kann. Die Phase des Projektabschlusses eignet sich deshalb besonders, das über den gesamten Projektablauf gesammelte Wissen nochmals in Erinnerung zu rufen. Folgende Fragestellungen sollten dabei beachtet werden:

- Wie können die Erfahrungen und Ergebnisse für die Zukunft am besten genutzt werden?

- Was haben die einzelnen Teilnehmer für sich aus dem Projekt gelernt?

- Gibt es Ergebnisse, welche für die Gesamtorganisation wichtig sind?

- Welche Vorgehensweise sollte bei zukünftigen Projekten angewandt werden?

- Was soll bei künftigen Projekten anders gemacht werden?[38]

Um die Lernmöglichkeiten der ganzen Organisation zu fördern, darf erlerntes Wissen nicht an einzelnen Mitarbeitern hängen, sondern am System Unternehmen. Deshalb müssen die Ergebnisse dieser Fragestellungen in der Folge auch entsprechend dokumentiert und, sofern sinnvoll, veröffentlicht werden. Die alleinige Nutzung durch die Projektmitarbeiter reicht für ein unternehmensweites Wissensmanagement nicht aus. Eine schriftliche Zusammenfassung sollte dem Projektabschlussbericht beigelegt und zusätzlich im hauseigenen Intranet veröffentlicht werden. Die folgende Aufzählung zeigt einige Nutzungsmöglichkeiten von Projekterfahrungen im Unternehmen:

- In der Projektarbeit bewährte Instrumente werden in den Routinebetrieb der Stammorganisation übernommen.

- Projektergebnisse bilden die Basis für Folgeprojekte.

- Nutzung von positiven Erfahrungen in neuen Projekten.

- Förderung von erfolgreichen Projektmitarbeitern (z. B. durch den Einsatz als Projektleiter bei neuen Projekten).

- Projektmitarbeiter werden im Unternehmen in solchen Positionen eingesetzt, in denen sie erlerntes Wissen aus der Projektarbeit einbringen können.[39]

Auch wenn das Projekt erfolgreich abgeschlossen wurde, empfiehlt es sich dennoch, eine Nachprojektphase einzuplanen, deren Nutzen nachfolgend erklärt wird.

Nachprojektphase

Die Nachprojektphase beginnt mit dem Projektabschluss oder der Abnahme des Projektes durch den Auftraggeber. In den meisten Fällen sind nach der Abnahme oder dem Abschluss des Projektes noch offene Aufgaben oder Tätigkeiten zur Verbesserung des Ergebnisses durchzuführen. Diese Tätigkeiten sind wie ein kleines Projekt zu behandeln und sichern nach der endgültigen Abnahme bzw. dem Abschluss das Projektergebnis maßgeblich ab. Am besten veranschaulicht ein Beispiel die Aktivitäten dieser Nachprojektphase:

Stellen Sie sich vor, Sie kaufen eine neue Wohnung, und da Sie rechtzeitig vor der Fertigstellung eingestiegen sind, haben Sie die Möglichkeit, Änderungen der Wohnung im Rahmen des Auftrages einzuplanen. Nun ist der Tag gekommen, an dem Ihnen der Generalunternehmer des Wohnkomplexes die Wohnung übergeben will. Sie begehen die Wohnung entweder alleine oder mit Unterstützung eines Sachkundigen und kontrollieren alle Teile der Wohnung (wie z. B. Böden, Elektrik, Türen, Bad, Küche usw.). Nun stellen Sie einige Mängel fest, z. B. dass im Bad ein Wasserhahn nicht richtig funktioniert, der Boden im Wohnzimmer Kratzspuren aufweist etc. Sie vereinbaren mit dem Vertreter des Generalunternehmers, dass diese Mängel bis zu einem festgelegten Termin zu beheben sind. Der Generalunternehmer seinerseits erstellt eine Übersicht über die erhobenen Mängel und beauftragt seine Sublieferanten mit der Erledigung der Probleme. Die Bearbeitung wird in Form eines kleinen Projektes überwacht und nach Fertigstellung wird die Wohnung endabgenommen. Sie als neuer Wohnungseigentümer haben mit dem Generalunternehmen vereinbart, dass nach der endgültigen Abnahme die Restzahlung erfolgt und können so Druck ausüben, um die Behebung der Mängel zu sichern.

Ein ähnliches Vorgehen wie beim Beispiel des Wohnungskaufes ist auch bei der Implementierung von Software-Lösungen zu wählen, nur dass in Projekten dieser Art auch eine Übergabe der weiteren Betreuung der IT-Benutzer in einen Helpdesk[40] zu erfolgen hat. Die Personen, die in der weiteren Folge die Betreuung übernehmen, müssen über die Lösung selbst und natürlich über das erfolgte Implementierungsprojekt die notwendigen Informationen haben, um den Usern im Bedarfsfall Hilfe leisten zu können.

Aus dieser Sicht ergeben sich für die Nachprojektphase folgende wichtige Tätigkeiten:

- Erledigung der offenen Restaufgaben

- Übergabe des Projektes an die Betreuungsgruppe (Wissensübertragung)

- Information an die Endbenutzer

- Endabnahme des Projektes

- u.v.a. je nach Projektart

1.3 Ausblick und Entwicklungen

In den letzten Jahren ist vielfach der Eindruck entstanden, die Entwicklungen im Projektmanagement wären ausgereift und weitestgehend abgeschlossen. Viele Unternehmen haben Projektmanagement eingeführt und innerhalb der Organisation standardisiert. Durch die Umsetzung von PM-Standards, welche in dieser Form vielfach nicht weiter hinterfragt werden, hat sich eine Überbürokratisierung bei der Abwicklung speziell kleinerer Aufgaben eingeschlichen. Diese Entwicklung schadet den Unternehmen, aber auch der generellen Einstellung zum Projektmanagement selbst.

Aus diesem Grund ist der jeweilige PM-Standard im Unternehmen unter Berücksichtigung von Effizienz und Effektivität laufend weiterzuentwickeln bzw. den neuen Herausforderungen anzupassen. Weiters finden Erkenntnisse aus anderen Managementdisziplinen Anwendung im PM. Einige wesentliche Entwicklungen im Umfeld des PM werden hier eingehender behandelt.

Multiprojektmanagement

Kurzüberblick und Definition

In vielen Bereichen stellt die Durchführung und erfolgreiche Umsetzung einer großen Anzahl parallel laufender Projekte eine Anforderung der täglichen Praxis dar. Damit steht die Gestaltung eines Steuerungsmechanismus für viele Projekte, die um die gleichen Ressourcen konkurrieren, im Vordergrund. Die Koordination und Optimierung vieler Projekte im Sinne einer Unternehmenswertsteigerung wird dabei im Allgemeinen unter dem Begriff des „Multiprojektmanagements" zusammengefasst. Dabei ist es hilfreich, zwischen der Koordination vieler Subprojekte in Großprojekten und der Planung einzelner Projekte im Portfolio eines Unternehmens zu unterscheiden. Während die interne Projektkoordination in Großprojekten oftmals als Programmmanagement[41] bezeichnet wird, wird unter der Koordination von Einzelprojekten in Unternehmen meist das eigentliche Multiprojektmanagement verstanden.

Aufgaben des Multiprojektmanagements

Die Bewältigung der Komplexität, welche die Abstimmung von Einzelprojekten mit sich bringt, bedingt eine ganze Reihe von Aufgaben, deren

Ziel es ist, die Effektivität und Effizienz der Einzelvorhaben zu steigern. Insbesondere umfassen diese Aufgaben vorwiegend folgende Bereiche:

- Strategische Abstimmung und sinnvolle Zusammenstellung aller laufenden Projekte im Hinblick auf ein gemeinsames Ziel bzw. eine Reihe von aufeinander abgestimmten Zielen.

- Projektdokumentation mit dem Ziel, den aktuellen Stand der einzelnen Projekte zu kennen und aufeinander abstimmen zu können.

- Projektcontrolling im Sinne sinnvoller, auch kurzfristig überprüfbarer und kommunizierbarer Teil- und Gesamtergebnisse.

- Projektmarketing, insbesondere mit Fokus auf die Kommunikation der einzelnen Projektereignisse – vor dem Hintergrund der Steigerung der Projektakzeptanz innerhalb und außerhalb des Unternehmens.

- Wissensmanagement mit der Zielsetzung, das im Rahmen der einzelnen Projekte gewonnene Wissen sowie die gewonnene Erfahrung idealerweise unmittelbar an die anderen Projekte weiterzugeben.

Als eine wesentliche Möglichkeit, eine Strukturierung und übersichtliche Darstellung von Einzelprojekten im Gesamtkontext der Unternehmenssteuerung zu erreichen, bietet sich das sogenannte Projektportfolio. Darin können die jeweiligen Projekte, beispielsweise unter den Gesichtspunkten des mit der Projektdurchführung verbundenen Risikos, des dafür notwendigen Ressourceneinsatzes und des zu erwartenden Beitrages zum Unternehmenserfolg in einer Matrix dargestellt werden, um entsprechende Entscheidungen bezüglich der Projektdurchführung treffen zu können. Um diese Herausforderungen schnell und transparent unternehmensweit abstimmen zu können, kommen in der Praxis eine Reihe elektronisch gestützter Projektmanagementwerkzeuge zum Einsatz.

Projekte in globaler Umgebung

Kurzüberblick und Definition

Vor dem Hintergrund einer sich ständig verändernden Umwelt, in der Unternehmensgrenzen verschwimmen und große sowie auch kleinere Unternehmen global vernetzt in virtuellen Teams zusammenarbeiten müssen, kommt auch der erfolgreichen Umsetzung von Projekten in einer globalen

Umgebung eine wesentliche Rolle zu. Hierbei gilt die Aufmerksamkeit zunächst der Koordination einzelner Projekte. Darüber hinaus stellt sich aber auch die Frage, wie im weltweiten Kontext das Projektgeschehen idealerweise unterstützt werden kann und welche Herausforderungen dabei auf das Projektmanagement zukommen.

Aufgaben und Herausforderungen

Über die klassischen Einflussfaktoren des Projektmanagements hinaus stellen folgende Rahmenbedingungen wesentliche Einflussfaktoren für Projekte in globaler Umgebung dar, die es jedenfalls zu berücksichtigen gilt:

- Globale Verteilung der organisatorischen und inhaltlichen Kompetenz zur Projektdurchführung
- Interkulturelle Unterschiede bei den Projektbeteiligten
- Unterschiedliche rechtliche Grundlagen
- Unterschiedliche technische Standards
- Unterschiedliche Lohnniveaus
- Verschiedene Zeitzonen

Ohne auf die genannten Einflussfaktoren detailliert einzugehen, kann gesagt werden, dass durch ebendiese Faktoren die Komplexität der Projektdurchführung erheblich vergrößert wird. Kategorisiert man die einzelnen Bereiche, so kann man zunächst technische und rechtliche Standards nennen. Weiters sind rein organisatorische Fragestellungen wie Zeitzonen oder die Verfügbarkeit von Ressourcen zu berücksichtigen. Letztlich gilt es aber auch, persönliche, die Karriere von Mitarbeitern betreffende Fragestellungen zu fokussieren, denen eine tragende Rolle zukommt. Dies betrifft einerseits Aspekte der beruflichen Laufbahn von Projektmitarbeitern – so ist eine für das Unternehmen rationale Personalentscheidung oftmals nicht auf die persönlichen Bedürfnisse abgestimmt, was zu erheblichen Konflikten führen kann[42] –, andererseits sind ebenfalls interkulturell unterschiedliche Arbeits- und Herangehensweisen zu berücksichtigen, und das Projektteam ist entsprechend darauf vorzubereiten.

Technologien, die generell zur Erleichterung des Projektmanagements eingesetzt werden können, sind neben direkt der Projektorganisation dienenden Lösungen Softwarepakete, die in erster Linie die Kommunikation zwischen den Projektteilnehmern fördern. Hier sind auf der Kommunikationsebene Internetforen und Chatrooms bzw. Weblogs[43] zu nennen. Darüber hinaus stehen zahlreiche das Projektgeschehen unmittelbar unterstützende Softwarelösungen zur Verfügung, die folgende wesentliche Funktionalitäten aufweisen:

- Gemeinsamer Kalender

- Projektbezogene Zeitaufzeichnung

- Gemeinsamer Ressourcenplan

- Gemeinsame Adressen und Mailverteiler

- Gemeinsame Dateiablage

Projektportfoliomanagement

„Der Grundgedanke der Portfolioplanung ist darin zu sehen, dass strategische Geschäftsfelder bzw. Produkte oder Produktlinien in einer zweidimensionalen Matrix positioniert werden."[44]

Dieses Planungskonzept kann ebenfalls für die strategische Projektplanung eingesetzt werden.

Das Projektportfolio definieren Patzak und Rattay als eine Menge von Projekten, die gemeinsam koordiniert werden, um dadurch für das Unternehmen einen größeren Nutzen zu stiften, als wenn man diese Projekte unabhängig voneinander betrachten würde.[45]

Die Projektportfoliotechnik wird verwendet, um die Einzelprojekte gesammelt darzustellen, diese anhand ausgewählter Kriterien und Prioritäten einzuordnen sowie um geplante Projekte nach der Unternehmensstrategie auszurichten. Das Projektcontrolling soll dabei einerseits die aktuellen Projekte mit benötigten Budgets und Ressourcen nach einheitlichen Standards abbilden, andererseits sammelt es sämtliche Projektideen, um diese für die entscheidungsbefugte Ebene aufzuarbeiten, um Transparenz und Übersichtlichkeit für die Auswahl zu bieten. Die Vorgehensweise des Projektportfoliomanagements beschreibt z. B. Fiedler in fünf Schritten:

- Systematische Bestandsaufnahme der Projektlandschaft und Darstellung im Portfolio

- Analyse vor dem Hintergrund der strategischen Unternehmensziele

- Festlegung der gewünschten Änderungen und Dokumentation in einem Soll-Portfolio

- Erarbeitung von Maßnahmen, um das Soll-Portfolio zu erreichen

- Strategisch orientierte Zuordnung knapper Ressourcen auf die einzelnen Projekte[46]

In der praktischen Anwendung wird der Fokus auf die Darstellung und Kommunizierung der aktuellen Projekte gelegt, damit die betroffenen Projektleiter ihre Projekte einordnen können.[47] Außerdem soll das erstellte Projektportfolio einen zentralen Beitrag zur Strukturierung in Projekten leisten. Um das Portfolio als aussagekräftiges Projektcontrollinginstrument zu nutzen, ist eine stetige Aktualisierung zu forcieren. Im Projektportfolio kann der Projektcontroller je nach Zweck und Art des Portfolios bestimmte Messgrößen determinieren. Für eine Einteilung der Priorisierung der Projekte werden einerseits die Dringlichkeit der Aufgabe und anderseits die strategische Bedeutung der Aufgabe angewandt.[48] Für Forschungsprojektportfolios könnte z. B. eine Aufteilung nach dem Risiko und der Attraktivität des Projekts ausschlaggebend sein.

Das nachfolgend beschriebene Projektportfolio soll auf den beiden Parametern „Beitrag zum Unternehmenserfolg" und „Risiko" basieren. Zudem werden die Kosten anhand des Durchmessers der Kreise dargestellt. Vorab müssen die Einzelprojekte zu einem Portfolio summiert werden. Allerdings sind dabei Vergleichbarkeit, vielfältige Abhängigkeiten sowie Synergien und Potenziale zu berücksichtigen. So könnte man auf bereits bestehende Strukturen zurückgreifen und folgendes Gesamtportfolio erfassen:

Die Abbildung 21 skizziert ein Musterportfolio, in dem Projekte, die in einem Unternehmen zur selben Zeit bearbeitet werden, übersichtlich dargestellt sind. Die Größe der Kreise skizziert den Aufwand, der für die Realisierung eines Projektes notwendig ist. Auf der einen Seite wird der Beitrag zum Unternehmenserfolg dargestellt, auf der anderen das Risiko, das dem Projekt innewohnt. Die Projekte werden entweder durchnummeriert oder direkt mit dem Projektnamen fixiert.

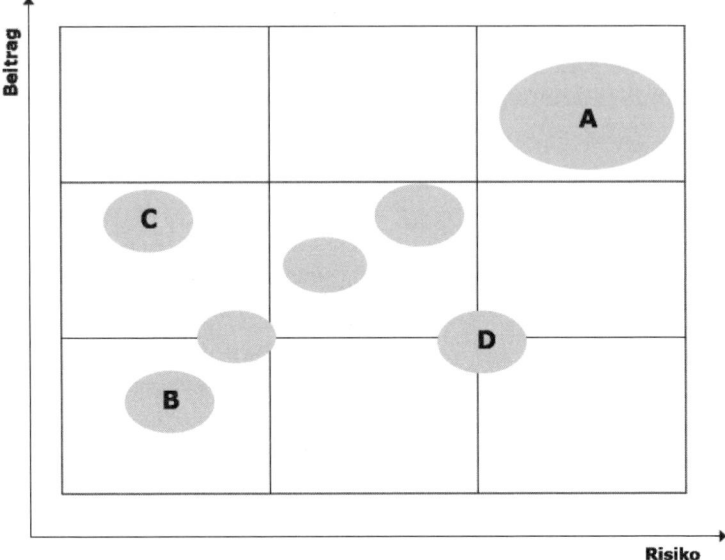

Abb. 21: Portfolio

Quelle: eigene Darstellung

Die abgebildeten Projekte lassen sich wie folgt einstufen:

- Projekt A: Dieses Projekt beinhaltet zwar ein hohes Risiko, ist aber zugleich das bedeutendste Projekt für den Unternehmenserfolg. Hier sollte man Maßnahmen zur Risikoreduktion, -vorsorge oder -abwälzung setzen.

- Projekt B: Dieses Projekt umfasst sowohl ein geringes Risiko als auch einen niedrigen Beitrag zum Unternehmenserfolg.

- Projekt C: Hier ist eine Tendenz zu erkennen, dass das Risiko reduziert und der Beitrag zum Unternehmenserfolg gesteigert wird. Solche Projekte sind unbedingt zu forcieren.

- Projekt D: Derartige Projektideen bzw. Projekte sollten genau überprüft und eventuell aufgegeben oder in abgewandelter Form durchgeführt werden, da nur ein geringer Beitrag zum Unternehmenserfolg erwirtschaftet wird, das Risiko jedoch relativ hoch ist.

Das Projektportfolio dient als wertvolles Instrument, visualisiert eine rechenhaft belegte Basis von unterschiedlichen Projekten und bildet so die Grundlage für strategische Überlegungen.[49] Jedoch basiert die Portfolioanalyse großteils auf Annahmen, da beispielsweise der Beitrag eines Messeprojekts zum Unternehmenserfolg kaum mess- oder quantifizierbar ist und somit die Erkenntnisse aus dem Projektportfolio verfälschen können.

Project Scorecard

Die Grundidee der von Robert Kaplan und David Norton im Jahre 1992 entwickelten Balanced Scorecard ist die klare Transformation der Vision und Strategie einer Unternehmung in ein geschlossenes Bündel qualitativer und quantitativer Zielsetzungen und Kennzahlen.[50] Damit soll dem Defizit der einseitigen Betrachtungsweise gerecht und Balance zwischen den operativen und den strategischen Aspekten geschaffen werden. Angesichts dieser Charakteristika setzen zahlreiche Unternehmen die Balanced Scorecard ein und reflektieren diese auch auf Projekte. Die daraus entstandene Project Scorecard basiert, wie das ursprüngliche Modell von Kaplan und Norton, auf in Ursache-Wirkung-Beziehung stehenden Perspektiven, die, wie die Abbildung 22 zeigt, auch grafisch dargestellt werden können.

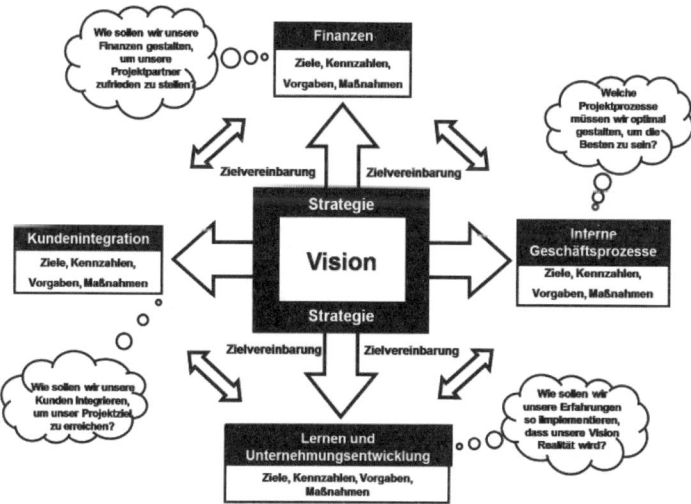

Abb. 22: Project Scorecard
Quelle: Kaplan, R. S./Norton, D. P. (1997), S. 9, modifiziert nach Mirski (2005)

- Finanzwirtschaftliche Perspektive
- Kundenperspektive
- Betriebsablaufinterne Perspektive
- Innovations- und Wissensperspektive

Jedoch können die Perspektiven je nach Projekt adaptiert werden, um die Project Scorecard auf verschiedene Projekte im Unternehmen auszurichten. Im Rahmen der Project Scorecard muss das Management, das heißt der Projektleiter in Zusammenarbeit mit den Projektbeteiligten, adäquate Kennzahlen für alle vier Perspektiven festlegen. Der Anspruch an die Ermittlung der Kennzahlen ist hoch, da diese den betreffenden Bereich so realistisch wie möglich abbilden und eine integrative Rundumschau bieten sollen.[51] Verständlichkeit, Kommunizierbarkeit und Generierbarkeit sowie der Ursache-Wirkungs-Zusammenhang der Kennzahlen stellen die zentralen Anforderungen bei der Kennzahlenentwicklung dar. So kann auf Basis der Daten aus der Balanced Scorecard auf Unternehmensebene und der Ergänzungen aus den Projektbereichen eine Project Scorecard erstellt werden, die alle für die Projektplanung relevanten Zielgrößen beinhaltet.[52]

Die ausgewogene Betrachtung aller zu berücksichtigenden Parameter bildet den zentralen Vorteil der Project Scorecard. Außerdem zählen eine gemeinsam mit der Unternehmensführung abgestimmte strategische Gesamtschau, ein gesteuerter und nachvollziehbarer Zielvereinbarungsprozess sowohl mit strategischen als auch mit operativen Aspekten, eine Überwachung des Projektfortschrittes anhand von adäquaten Kennzahlen, Vergleichsmöglichen zwischen den Projekten sowie die Einbeziehung der Projekt-Stakeholder zu den zentralen Nutzen der Project Scorecard. Nicht zuletzt aufgrund der umfassenden Entwicklung und des relativ hohen potentiellen Implementierungsaufwandes wird die Anwendung dieses Steuerungs- und Überwachungsinstruments lediglich bei strategisch bedeutenden Projekten sinnvoll sein.

Agiles Projektmanagement

Zudem entstehen Bestrebungen unter dem Begriff des „agilen Projektmanagements", Vorgehensmodelle für eine flexible und adaptive Projektabwicklung zu designen, die es den Teams erlauben, ihre Aufgaben innerhalb des Projektrahmens (Meilensteine) freier zu gestalten. Dazu muss jedoch in der Organisation bereits im Vorfeld eine Standardisierung des Projektmanagements erfolgt sein, sonst ist ein Verbleib im „Chaos" garantiert.

Unter agilem Projektmanagement versteht man die Organisation und Abwicklung von Projekten unter Anwendung einer Flexibilisierung bestehender Projektmanagementmethoden. Agiles Projektmanagement ist Ende des letzten Jahrzehnts zur Unterstützung der Softwareentwicklung entstanden, und es haben sich mehrere unterschiedliche Modelle entwickelt, welche verschiedene Umsetzungswege anbieten. Nachstehend eine Übersicht der bekanntesten Modelle (Tab. 5).

Methode	Autoren	Beschreibung
eXtreme Programming (XP)	Kent Beck, Ward Cunningham, Ron Jeffries	• Bekannte und radikale Methode mit kurzen Iterationen (2 Wo) • Zwölf definierte Arbeitspakete, die vorgegeben und komplett anzuwenden sind, wie z.B.: Planungsspiele oder tägliche Systemintegration • Ständige Anwesenheit eines Kundenvertreters im Team
Adaptive Software Development (ADS)	Jim Highsmith	• Es wird angenommen, dass Änderungen in einem Projekt der Normalfall sind und eine rasche Anpassung erfolgsentscheidend ist • Zentral ist daher ein agiler Lebenszyklus • Iterationen sind zeitbegrenzt und haben folgenden Ablauf: Spekulieren (statt planen) – Zusammenarbeiten (statt leiten) – Lernen (statt Kontrolle) • Führungsstil ist kollaborationsorientiert; das Feedback wird durch Kundenfokusgruppen geleistet
Crystal	Alistair Cockburn	• Methodenfamilie, in der agile und planungsgetriebene Prinzipien enthalten sind • Menschliche Aspekte sind zentral
Scrum	Ken Schwaber, Jeff Sutherland, Mike Beedle	• Zusammen mit XP die meist verwendete agile Methode • Entwicklungsprozesse werden nicht als planbar angenommen • Scrum Projekte setzten sich aus 30-tägigen Iterationen (Sprint) zusammen, in denen eine definierte Zahl an Anforderungen (aus einer Prioritätenliste → Backlog) zu implementieren sind
Feature Driven Development (FDD)	Jeff de Luca, Peter Coad	• Architekurbasierter Prozess: Entwurf der Gesamtarchitektur – Ableiten einer Featureliste – grobe Planung der Realisierung • Einzelne Features werden dann in kurzen Iterationen (1 - 2 Wo) detaillierter entworfen, codiert, getestet und integriert • Schlüsselpersonen haben einen hohen Stellenwert; Prozesse treten in den Hintergrund • Eignet sich für große Projekte mit mehreren Teilteams
Lean Software Development	Marry und Tom Poppendieck	• Basiert auf sieben Prinzipien (Verschwendung vermeiden, Lernen unterstützen, so spät wie möglich entscheiden, so früh wie möglich ausliefern, dem Team Verantwortung geben, Integrität einbauen, Blick auf Ganze) aus denen 22 agile Techniken abgeleitet werden

Tab. 5: Übersicht agile Modelle
Quelle: modifiziert nach Seibert, S. (2007), S. 43

Scrum ist ein gutes Beispiel für agiles Projektmanagement, welches nicht nur für die Umsetzung von Softwareprojekten angewandt werden kann, sondern auch für die Produktentwicklung bzw. auch im Umfeld der Creative-Industry verwendet wird. Der Hintergrund liegt darin, dass Scrum davon ausgeht, dass kreative Projekte so dynamisch sind, dass das herkömmliche Projektmanagement diese Prozesse nicht flexibel genug unterstützen kann. Es wird vom einem „Product- bzw. Sprint Backlog" gesprochen, das sind Anforderungen, die generell gefordert sind (Product) oder für den nächsten Entwicklungsschritt (Sprint) als erforderlich betrachtet werden. Die Umsetzung der Scrum-Projekte ist geprägt von täglichen Meetings zur Abstimmung und Reviews zur Prüfung des Fortschritts. Der Projektprozess wird begleitet von einem „Scrum-Master", einem in Scrum geschulten Projektcoach.

1.4 Unterstützende SW und Hilfsmittel

Zur Abwicklung von Projekten bieten sich zahlreiche Werkzeuge und Hilfsmittel an. Sie unterstützen sowohl bei der Konzeption der Projekte als auch bei der ganzheitlichen Steuerung der Vorhaben. Nachfolgend finden Sie eine Kurzbeschreibung von IT-gestützten Tools zur Projektplanung und Steuerung.

Weitere Vorlagen zur Projektsteuerung sowie Informationen finden Sie auf der Homepage der PDA Group unter www.pdagroup.at sowie auf der Homepage der Projektmanagement Austria unter www.p-m-a.at.

IT-Unterstützung

In den letzten Jahrzehnten wurden viele Software-Applikationen entwickelt, um Projektleiter bei der Abwicklung von Projekten zu unterstützen. In einer Diplomarbeit aus dem Jahr 2004 wurden allein im deutschsprachigen Bereich mehr als 50 Pakete erfasst und analysiert. Nachfolgend werden vier Software-Tools zur Projektunterstützung beschrieben, die sowohl der Projektleitung als auch den Teammitgliedern bei der Abwicklung von Projekten hilfreich sind. Die Auswahl der beschriebenen Werkzeuge ist aus einer subjektiven Bewertung auf Basis von Verbreitung und notwendigen Funktionen erfolgt.

Microsoft Project

Ein Tool, welches von Microsoft vor mehr als zehn Jahren zugekauft und auf die bei Microsoft übliche Oberfläche adaptiert wurde. In der ersten

Zeit wurde MS-Project um zusätzliche Funktionen bereichert und auf den heute bekannten Umfang erweitert.

MS-Project ist heute sicher das am meisten verwendete Tool im Projektumfeld, es unterstützt die Projektplanung, die Beschreibung der Arbeitspakete und der Ressourcen sowie die Darstellung der zeitlichen Abfolge eines Projektes. Funktionale Engpässe zur Steuerung von mehreren gleichzeitigen Projekten in Organisationen und die Einbindung der personenbezogenen Zeitplanung in Verbindung mit Outlook ist nicht einfach und nur mit externen Zusatzpaketen möglich. Mittels der Umsetzung des „Project-Servers" ist es auch möglich, Multiprojektmanagement und Projektportfolios innerhalb eines Unternehmens abzubilden.

Microsoft hat 2007 ein zusätzliches Update freigegeben, mit dem ansatzweise auch agile Projekte gesteuert werden können. Das Problem bei diesen funktionalen Erweiterungen liegt zum einen im Umfang der Updates, zum anderen in der Struktur des Basisproduktes.

Link zu einer Download-Testversion von MS-Project: www.microsoft.com

Open Project

Ein IT-Werkzeug, das in der „Linux Group" entstanden ist und die Funktionen von MS-Project in einem großen Umfang nachbildet. Zu den bei MS-Project bemängelten Funktionen bietet es jedoch keine Lösung an. Der Vorteil liegt wie bei anderen Open Source Produkten in den nicht anfallenden Lizenzkosten.

Link zu Infos über Open Project: www.linux.cpom

PM-smart

Ein SW-Produkt, das in Österreich entwickelt wurde und zu 100 Prozent auf dem Standard der IPMA (PMA) aufbaut und damit für all jene Unternehmen geeignet ist, die Projekte im Rahmen dieser Standards bearbeiten. Das Tool unterstützt Unternehmen in der Einzel- und Multiprojektabwicklung mit einer für Werkzeuge dieser Größe fast einzigartigen Einfachheit. Funktionen sind: Einzel-Multiprojektabwicklung, Portfoliomanagement, Projektcontrolling, Zeitmanagement, Kostenplanung uvm.

Links zu Infos über PM-smart: www.evoloso.com

Projektron

Ist ein webbasiertes Projektmanagement-Tool und enthält alle wichtigen Funktionen zur Abwicklung von Projekten. Weiters dient es auch zur Verwaltung mehrerer gleichzeitig bearbeitbarer Projekte in einem Unternehmen. Die Vor- bzw. Nachteile von webbasierten Lösungen sind mit der jeweiligen IT-Abteilung in der Konzeption abzuwägen.

Links zu Infos über Projektron: www.projektron.de.

Anmerkungen

1 Vgl. Gareis, R. (2004), S. 21.
2 Gareis, R. (2004), S. 19.
3 Vgl. Steinbuch, P. (2000), S. 24f.
4 Vgl. Patzak, G./Rattay, G. (2004), S. 22.
5 Vgl. Mangold, P. (2002), S. 87f.
6 Vgl. Welge, M./Al-Laham, A. (2001), S. 109f.
7 Vgl. Angermeier, G. (2003), S. 4f.
8 Als Stakeholder werden jene Personen oder Personengruppen bezeichnet, die ein Interesse am Projekt haben oder vom Projekt in irgendeiner Weise betroffen sind.
9 Vgl. Patzak, G./Rattay, G. (2004), S. 70f.
10 Vgl. Patzak, G./Rattay, G. (2004), S. 147f.
11 Vgl. Patzak, G./Rattay, G. (2004), S. 152.
12 Vgl. Patzak, G./Rattay, G. (2004), S. 168.
13 Vgl. Diethelm, G. (2000), S. 349.
14 Vgl. Patzak, G./Rattay, G., (2004), S. 174ff.
15 Vgl. Diethelm, G. (2000), S. 362f.
16 Vgl. Burghardt, M. (2001), S. 132.
17 Vgl. Burghardt, M. (2001), S. 132ff.
18 Vgl. Burghardt, M. (2001), S. 135.
19 Vgl. Patzak, G./Rattay, G. (2004), S. 204f.
20 Vgl. Lehner, J. M. (2001), S. 49f.
21 Vgl. Burghardt, M. (2001), S. 55.
22 Vgl. Steinbuch, P. (2000), S. 72f.
23 Vgl. Steinbuch, P. (2000), S. 74f.
24 Vgl. Burghardt, M. (2001), S. 58.
25 Vgl. Patzak, G./Rattay, G. (2004), S. 105ff.
26 Vgl. Patzak, G./Rattay, G. (2004), S. 105ff.

27 Vgl. Berleb, P. (2000), S. 4.

28 Vgl. Kilian, D., et al. (2007), S. 104, 168.

29 Vgl. Patzak, G./Rattay, G. (2004), S. 285ff.

30 Vgl. Patzak, G./Rattay, G. (2004), S. 112f.

31 Vgl. Patzak, G./Rattay, G. (2004), S. 287.

32 Vgl. Burghardt, M. (2001), S. 322.

33 Vgl. Wedelstaedt, J. (2001), S. 1.

34 Vgl. Patzak, G./Rattay, G. (2004), S. 315.

35 Vgl. Mirski, P. (2005), S. 6.

36 Vgl. Füting U. Ch./Hahn I. (2005), S. 27.

37 Vgl. Internationaler Controller Verein e.V. (2006), S. 4f.

38 Vgl. Patzak, G./Rattay, G. (2004), S. 399.

39 Vgl Patzak, G./Rattay, G. (2004), S. 399f.

40 Ist eine Gruppe von Personen in einem Unternehmen, welche den Benutzern von IT-Lösungen bei auftretenden Problemen Hilfe leistet.

41 Vgl. Gareis, R. (2004), S. 380.

42 Vgl. Fröhlich, W. (2000), S. 17.

43 Internetforen und Chatrooms sind im Internet verfügbare Diskussions- und Austauschmöglichkeiten. Während beim Forum der Austausch nicht in Echtzeit stattfindet, können in Chatrooms Diskussionen in Echtzeit durchgeführt werden. Unter Weblogs sind digitale Tagebücher zu verstehen, die im Internet publiziert werden.

44 Meffert, H. (1994), S. 49.

45 Vgl. Patzak, G./Rattay, G. (2004), S. 402.

46 Vgl. Fiedler R. (2005), S. 29.

47 Vgl. Mirski, P. (2005), S. 20.

48 Vgl. Fiedler, R. (2005), S. 30.

49 Vgl. Steinle, C./ Bruch H. (2003), S 337.

50 Vgl. Steinle C., Bruch H. (2003), S. 382.

51 Vgl. Mirski, P. J. (2005), S. 25.

52 Vgl. Fiedler, R. (2005), S. 71f.

Literaturverzeichnis

Angermeier, G. (2005): Projektmanagement-Lexikon, Carl Hanser Verlag, München

Bartsch-Beuerlein, S./Klee, O. (2001): Projektmanagement mit dem Internet, Carl Hanser Verlag, München-Wien

Biel, A./Tumuscheit, K. (2002): Lust und Frust der Projektarbeit, in: controller magazin, Nr. 5/02, S. 452–456

Bruch, H./Lawa, D. (1995): Projektmanagement als Bestandteil moderner Dienstleistung, in: Steinle, C., Bruch, H., Lawa, D. (Hrsg.): Projektmanagement – Instrument moderner Dienstleistung, Frankfurt am Main (http://www.regionet-owl. de/cweb/cgi-bin-noauth/cache/VAL_BLOB/ 8156/8156/5885/Curriculum_3. pdf)

Burghardt, M. (2001): Einführung in Projektmanagement, 3. überarbeitete und erweiterte Auflage, Carl Hanser Verlag, München

Diethelm, G. (2000): Projektmanagement, Band 1: Grundlagen, Beuth, Berlin

DIN 69901 (1987): Deutsches Institut für Normung e.V. – Projektwirtschaft – Projektmanagement – Begriffe, Ausgabe 08/1987, Berlin

Eberhardt, D. (1998): Kleingruppenorientiertes Projektmanagement: eine empirische Untersuchung zur Gestaltung ganzheitlicher Aufgabenbearbeitung durch teilautonome Projektarbeitsgruppen, München (http://www.u-holzberger.de/ download/MAGGPM1.pdf)

Fiedler, R. (2005): Controlling von Projekten, 3. Auflage, Vieweg Verlag, Wiesbaden

Fröhlich, W. (2000): Beruflich weltweit im Einsatz, in: Fröhlich Werner, International Success, Arbeitsplatz Ausland und Globales Projektmanagement (Hrsg.), Frechen-Königsdorf (http://www.uni-flensburg.de/fileadmin/databox/universitaet/dokumente/berichte/ UFL_Forschungsbericht_1998-2000.PDF)

Füting, U. Ch./Hahn, I. (2005): Projektcontrolling leicht gemacht, Verlag Redline Wirtschaft, Frankfurt/Main

Gareis, R. (2004): Happy Projects, Manz Verlag, Wien

Haberstock, P./Nastansky, L. (1999): Der Einsatz Groupware-basierter Multiprojektmanagement-Systeme im Controlling, in: Controlling, Zeitschrift für erfolgsorientierte Unternehmenssteuerung, 11. Jg, Heft 10, S. 487–493

Hansel, J./Lomnitz, G. (2000): Projektleiterpraxis: erfolgreiche Projektabwicklung durch verbesserte Kommunikation und Kooperation, 3. neu bearbeitete Auflage, Berlin (http://www.u-holzberger.de/download/ MAGGPM1.pdf)

Hinterhuber, H. (1996): Strategische Unternehmensführung – I. Strategisches Denken, Walter de Gruyter Verlag, Berlin

Hoffmann, H.E./Schoper, Y.G./Fitzsimons, C.J. (2004): Internationales Projektmanagement, Deutscher Taschenbuch Verlag, München

Horváth, P. (2002): Controlling, 8. Auflage, Verlag Vahlen, München

Kilian, D. (2004): Weiterbildung in Veränderungsprozessen, Studia, Innsbruck

Kilian, D./Krismer, R./Loreck, S./Sagmeister, A./Sigl, K. (2007): Wissensmanagement, Werkzeuge für Praktiker, Linde Verlag, Wien

Lehner, J. M. (2001): Vorlaufphase und Projektstart, in: Lehner, J. M. (Hrsg.): Praxisorientiertes Projektmanagement, Wiesbaden

Litke, H.D. (2005): Projektmanagement Handbuch für die Praxis, Hanser, München

Mangold, P. (2002): IT-Projektmanagement kompakt, Spektrum, Heidelberg

Martinetz, G./Schett, M./Voglmayr, A. (2004): Fabasoft Projektkompetenz, Fabasoft, Linz

Meffert, H. (1994): Marketing-Management: Analyse-Strategie-Implementierung, Gabler Verlag, Wiesbaden

Mirski, P. (2005): Schnittstelle Unternehmensführung und Projekt, in: Litke, H.D. (2005): Projektmanagement Handbuch für die Praxis, Hanser, München

Patzak, G./Rattay, G. (2004): Projektmanagement, Linde Verlag, Wien

Peipe, S. (2003): Crashkurs Projektmanagement, Haufe, Freiburg i. Br.

Project Management Institute (2000): A Guide to the Project Management Body of Knowledge, PMI, Pennsylvania

Seibert, S. (2007): Agiles Projektmanagement, in: projektmanagement, 1/2007, Nürnberg

Steinbuch, P. (2000): Projektorganisation und Projektmanagement, 2. überarbeitete Auflage, Friedrich Kiehl Verlag, Ludwigshafen

Steinle, C./Bruch, H. (Hrsg.) (2003): Controlling, 3. Auflage, Schäffer-Poeschel Verlag, Stuttgart

Wedelstaedt, J. (2001): Einführung in Projektcontrolling, in: Projekt magazin – Das interaktive Online-Magazin für modernes Projektmanagement, Nr. 6/2001, Online, Verfügbar im Internet, URL: http://www.projektmagazin.de, Abfragedatum: 20.11.2003

Welge, M./Al-Laham, A. (2001): Strategisches Management: Grundlagen – Prozess – Implementierung, 3. aktualisierte Auflage, Wiesbaden (http://www.wu-wien. ac.at/om/lehre/module/Folien _Change_Management_WS05_19.12.05.pdf)

Wolf, M.L.J./Mlekusch, R./Hab, G. (2004): Projektmanagement live, Expert Verlag, Renningen

Internetlinks

http://www.projektmagazin.de/glossar, Abfragedatum: 1.2.2007, Link zu Informationen zum Projektmanagement

http://www.projektmagazin.de, Abfragedatum: 20.11.2003, Berleb, P. (2000): Schlagen Sie die Werbetrommel für Ihr Projekt, in: Projekt Magazin – Das interaktive Online-Magazin für modernes Projektmanagement, Nr. 7/2000

http://www.projektmagazin.de, Abfragedatum: 20.11.2003, Wolf, R. (2000): Einführung in das Projektmarketing, in: Projekt Magazin – Das interaktive Online-Magazin für modernes Projektmanagement, Nr. 1/2000

http://www.projektmagazin.de, Abfragedatum: 20.11.2003, Wolf, R. (2000a): Methoden zur Zielformulierung in Projekten, in: Projekt Magazin – Das interaktive Online-Magazin für modernes Projektmanagement, Nr. 6/2000

http://www.p-m-a.at, Internetseite Projektmanagement Austria

http://www.controllerverein.com/redaktion/downloadphp?id=688&type=file, Abfragedatum: 8.3.2006, Internationaler Controller Verein e.V. (2006): Projektcontrolling, Controller-Statement des Internationaler Controller Verein e.V., Gauting

2. Teil: Projektmanagement – eine Vertiefung

2.1 Change Management

Markus Weigl

Ausgangssituation und Begriffsklärung

Im Zusammenhang mit komplexen und dynamischen Projekten stellt oftmals das Management der damit verbundenen Veränderungen bzw. Veränderungsprozesse die hauptsächliche und erfolgskritischste Herausforderung für das Projektmanagement dar. Das „klassische[1] Projektmanagement" scheint hier oftmals überfordert zu sein;[2] ein Vorgehen nach einer linear geplanten und rein instrumentell gehandhabten Projektmanagementmethode bringt zwar „Scheinsicherheit", führt aber im Endeffekt in komplexen Veränderungsprojekten oftmals nicht zu den angestrebten Ergebnissen. Dies unter anderem auch deswegen, weil die Eigenheiten der konkreten Organisation als spezifisches emotionales und soziales Gefüge und einer individuellen Organisationskultur entscheidende Unterschiede beim Management von Projekten begründen können:[3]

> „Die Nicht-Effizienz oder Ergebnisschwäche in einem Projektmanagement resultiert nicht selten aus einer rigiden Anwendung vorgefasster Regeln, die sich wie ein Korsett um den Ablauf gelegt haben und zusätzliche sinnvolle Maßnahmen nicht mehr gestatten."[4]

Um nur ein konkretes Beispiel zu nennen, können hier z. B. Vorgehensweisen wie die bewusste Reflexion des sozialen, wirtschaftlichen und unternehmenspolitischen Spannungsverhältnisses, in dem die Projektmitarbeiter operieren müssen, anhand einer erweiterten Projektumfeldanalyse[5] bzw. einer Machtanalyse[6] die notwendige Sensibilität steigern und einen ersten Ansatzpunkt für eine ganzheitlichere Vorgehensweise schaffen, auf deren Basis situationsadäquate Maßnahmen geplant und getroffen werden.

Zum Zwecke einer ersten Abgrenzung erscheint folgende **Begriffsbestimmung** funktional: „Unter Veränderungsmanagement (englisch: Change Management) lassen sich alle Aufgaben, Maßnahmen und Tätigkeiten zusammenfassen, die eine umfassende, bereichsübergreifende und inhaltlich weitreichende Veränderung – zur Umsetzung von neuen Strategien, Strukturen, Systemen, Prozessen oder Verhaltensweisen – in einer Organisation bewirken sollen."[7] Den Begriff „Change Management" kann man somit für den vorliegenden Zweck als die aktive und bewusste Gestaltung von Veränderungen und Veränderungsprozessen definieren und verstehen.

Im Zusammenhang mit Projektmanagement ist Change Management als die aktive und bewusste Gestaltung von Veränderungen schwerpunktmäßig in zwei Bereichen relevant:

• Change Management als eine Aufgabe des Projektmanagements im Rahmen von Projekten (d. h., nachdem Projektmanagement in einer Organisation bereits etabliert und verankert wurde) bzw.

• Einführung von Projektmanagement in einer Organisation als Change-Management-Aufgabe (d. h. die Durchführung eines Organisationsentwicklungs- und Organisationsveränderungsprojektes zur Einführung von Projektmanagement)

Zunächst sollen die Motivation für Change Management (und somit der Grund und Nutzen) und die damit verfolgte Zielsetzung beleuchtet werden. Darauf aufbauend werden die wesentlichen Grundelemente einer Change-Management-Konzeption kompakt dargestellt. Im Anschluss wird auf die beiden oben dargestellten Bereiche des Change Managements im Zusammenhang mit Projektmanagement (Change Management als Aufgabe des Projektmanagements und Change Management im Zuge der Einführung von Projektmanagement in einer Organisation) eingegangen.

Change Management: Grund und Zielsetzung

Alle Arten von Veränderungen stellen für Menschen oftmals potentiell bedrohliche Situationen dar: Das Bestehende erscheint bekannt und berechenbar, man hat sich darauf eingestellt, man glaubt, das Umfeld und das „Worauf" zu achten ist, zu kennen. Da die Auswirkungen von Ver- oder Abänderungen, von Neuerungen im Vorhinein nicht in allen Dimensionen vollständig abgeschätzt werden können, kommt es zu Unruhe, Verunsicherung und generell einer Zunahme von Komplexität.

„Das Innenleben von Organisationen wird über Reduktion von Komplexität gesteuert, bzw. die Organisation steuert sich selbst über geteilte Sinnbilder, Wertehierarchien und Visionen, über Sitten, Rituale und Gebräuche, über Rollenzuteilungen und Hierarchien und vor allem über Objektivierung von Vereinbarung."[8]

Phasen von Veränderungen werden oftmals durch starke Emotionen begleitet, wenn sich bestehende Orientierungen im Fluss befinden bzw. auflösen und durch zarte, erst angedeutete Anzeichen neuer Bezugspunkte ersetzt werden. Diese können sich sowohl in Form von (Verlust-)Angst, Trauer, Zorn, Aggression oder Depression als auch in Form von Hoffnung, Freude, Aufbruchsstimmung, Befreiung oder Enthusiasmus zeigen. Ein umsichtiger und sensibler Umgang mit Emotionen – so ungewohnt und fremd dies im ersten Ansatz im Wirtschaftsleben auch klingen mag – hilft, die Menschen auch in Phasen solcher Verunsicherung weiterhin an Bord zu halten und alle Energien nutzbringend in das Projekt einzubinden. Es kann beispielsweise ein aus Sicht des Managements hartnäckiger Kritiker und vermeintlicher Gegner eines Projekts und der damit verbundenen Veränderung aus seiner Sicht nur versuchen, berechtigte Zweifel zu äußern. Da diese Person aufgrund ihrer beruflichen Erfahrung gewisse Aspekte sieht, können diese zum Wohl des Gesamtprojekts durchaus sinnvoll mit dem angestrebten Projektziel kombiniert werden.

Menschen neigen zu einer stufenweisen Bewältigung aller Arten von Veränderungen. Diesbezügliche Untersuchungen und Phasenmodelle gehen hier oftmals auf das Krisenbewältigungsmodell von Elisabeth Kübler-Ross zurück,[9] in welchem eine phasenweise psychische Anpassung einzelner Personen auf destabilisierende Erlebnisse (wie die Diagnose einer bedrohlichen Krankheit oder aber eben auch bedeutsame Veränderungen im Arbeitsumfeld) beschrieben wird. Die grafische Darstellung eines Krisenbewältigungsmodells zeigt die Abbildung 1 (S. 78).

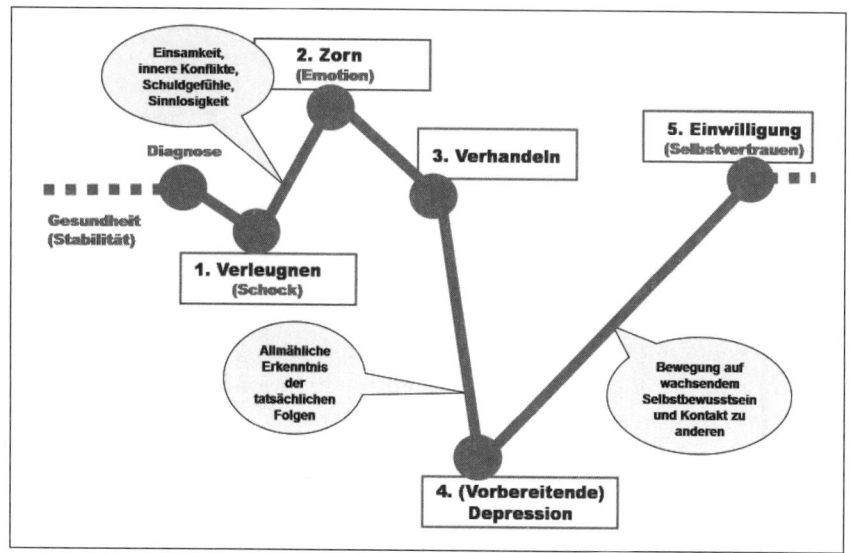

Abb. 1: Das Krisenmodell von Kübler-Ross
Quelle: modifiziert nach Döring, W./Glasl, F. (2005), S. 205

Dieses grundlegende Muster gilt prinzipiell für jede Art von Veränderung und kann auch generalisierend auf das wahrnehmbare Verhalten von größeren Systemen (wie Teams, Unternehmensbereichen oder Organisationen) umgelegt werden. Jedoch ist zu berücksichtigen, dass es zu individuellen Unterschieden kommen kann und wird, wann genau, wie lange und in welcher Intensität diese Phasen von einzelnen Personen durchlaufen werden.[10]

Als hilfreiche Arbeitshypothese kann – idealtypisch vereinfacht – bei Projekten mit einem hohen Veränderungsanteil von einem in etwa der folgenden Abbildung entsprechendem Phasenverlauf ausgegangen werden. In diesem Verlauf wird die wahrgenommene Leistungsfähigkeit des betroffenen Systems[11] (z. B. eines Unternehmensteilbereichs wie z. B. des Außendienstes, der in einem Maschinenbauunternehmen reorganisiert werden soll, oder die strategische Neuausrichtung des Kooperations- und Vertriebspartnersystems eines Softwareunternehmens) höchstwahrscheinlich unterschiedlichen Schwankungen unterliegen.

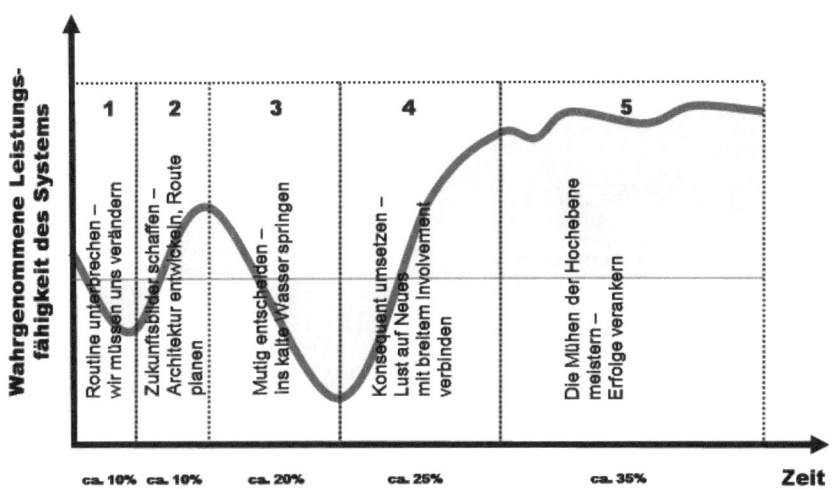

Abb. 2: Der Phasenverlauf bei Veränderungsprojekten
Quelle: modifiziert nach Heitger, B./Doujak, A. (2001), S. 228f

Diese Darstellung verdeutlicht, dass Veränderungen während gewisser Übergangsphasen zu Leistungseinbußen führen können und wahrscheinlich auch werden. Es bedarf hier des Durchhaltevermögens und auch während anstrengender und intensiver Phasen mit vielleicht emotional belastenden Situationen des wichtigen Blicks auf das Ziel, eine Orientierung und Energie erzeugende Vision.

Anhand der groben und durchschnittlichen Erfahrungsrichtwerte, welche selbstverständlich im Einzelfall abweichen können, können Sie hier ersehen, wie sich erfahrungsgemäß die Dauer der einzelnen Phasen innerhalb der Gesamtlaufzeit des Veränderungsprojekts darstellt.

Weiters kann anhand der Unterteilung in die dargestellten fünf Phasen und den der jeweiligen Phase zugeordneten plakativen Imperativen ein Eindruck vermittelt werden, welche Herausforderungen hier jeweils im Fokus stehen.[12]

Der Gestaltungsanspruch bzw. die Zielsetzung von aktivem und professionellem Change Management bzw. der bewussten Gestaltung von Veränderungsprozessen lässt sich nun unter anderem als eine möglichst effiziente

und effektive Begleitung von Veränderungen verstehen: Dadurch sollen
– mit anderen Worten ausgedrückt – Veränderungen möglichst

- zielorientiert,

- schnell,

- mit geringen Schmerzen,

- kostengünstig und

- erfolgreich

unterstützt werden.[13]

Die Abbildung 3 veranschaulicht die Zielsetzung von professionellem
Change Management.

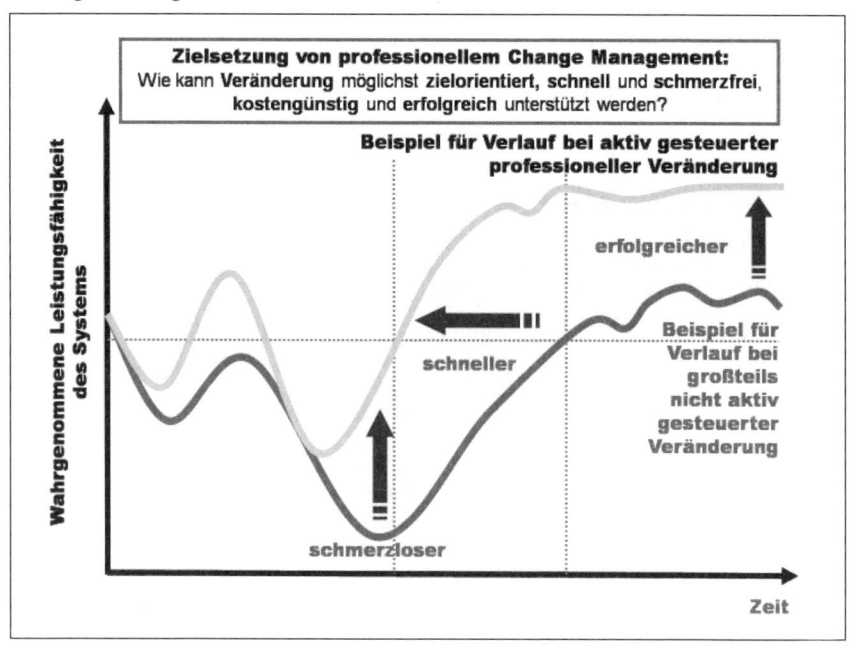

Abb. 3: Die Zielsetzung von professionellem Change Management
Quelle: eigene Darstellung

Diese Zielsetzung lässt sich mit einem Blick auf die gewünschte Funktion des Veränderungsmanagements auch dahingehend formulieren, dass es unter anderem darum geht,

- Blockaden im System (z. B. aufgrund von emotionalen Zuständen bzw. machtpolitischen Prozessen) frühzeitig erkennbar, besprechbar und konstruktiv bearbeitbar zu machen (und solche Aspekte nicht einfach zu ignorieren bzw. als „nicht zielführend" zu etikettieren, auszublenden oder mit erhöhtem [Nach-]Druck darüber hinwegzugehen);

- als daraus folgendes Resultat die im System zur Verfügung stehende Gesamtenergie und Leistungsfähigkeit signifikant zu erhöhen und die Einbindung und Identifikation aller verfügbaren Kompetenzen und Ressourcen der Beteiligten und Betroffenen zu ermöglichen und zu fördern sowie

- als wiederum daraus folgendem Ergebnis für das Gesamtsystem der Organisation effektivere[14], effizientere[15] und vor allem auch nachhaltigere Lösungen und Resultate zu erzielen.

Das Dargestellte lässt sich in drei wesentliche Hypothesen betreffend Change Management im Zusammenhang mit Projekten verdichten:

- Jedes Projekt beinhaltet – wenn schon nicht transparent ausgesprochen, so dann zumindest implizit – einen Veränderungsauftrag.

- Falls kein aktives Change Management betrieben wird, kann nicht der gesamte mögliche Nutzen dieses Projekts realisiert werden.

- Es ist wesentlich, insbesondere auch die Auswirkungen im organisationalen und zwischenmenschlichen Bereich zu berücksichtigen bzw. an diesen aktiv – mittels Change Management – zu arbeiten.

Grundelemente einer Change-Management-Konzeption im Zusammenhang mit Projektmanagement

Wie bereits angedeutet und aus den dargestellten Phasenmodellen im vorhergehenden Abschnitt ersichtlich, basiert die hier dargestellte Konzeption des Change Managements nicht nur auf einer alleinigen Ausrichtung aller Aktivitäten auf das inhaltliche Projektziel, sondern auf einer integrierten Betrachtung der drei wesentlichen Dimensionen bzw. Eckpunkte der Unternehmensentwicklung:

- **Strategie** und Inhalt (Sinn und Ziele),
- **Struktur** und Prozesse (Aufbau- und Ablauforganisation) sowie
- **Kultur** und Personen.[16, 17]

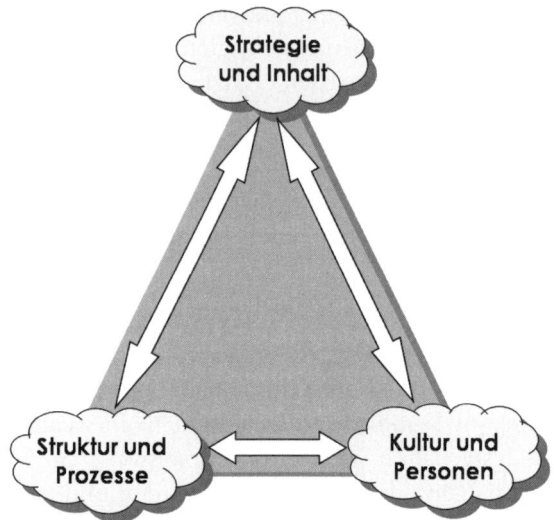

Abb. 4: Das Dreieck der Unternehmensentwicklung
Quelle: modifiziert nach Königswieser, R./Cichy, U./Doujak, A. (2001), S. 48ff

Wesentlich ist in diesem Zusammenhang, dass diese drei Dimensionen zusammenhängende Bestandteile eines Ganzen – der speziellen Organisation – darstellen: Hieraus folgt zwangsläufig, dass Veränderungen in einer Dimension Anpassungsbedarf in den anderen Dimensionen nach sich ziehen.[18]

Im Kontext von Projektmanagement und der Projektabwicklung scheint – verallgemeinernd dargestellt – die Wahrnehmung und Beachtung des Eckpunkts „Strategie und Inhalt" traditionell sehr stark ausgeprägt und eine immer noch starke Berücksichtigung der Dimension „Struktur und Prozesse" gegeben zu sein. Der Aspekt „Kultur und Personen" könnte oftmals als ein „blinder Wahrnehmungsfleck" bezeichnet werden, da damit verbundene Themen im Projektmanagement großteils als nicht relevant bzw. als „nice to have" vernachlässigt werden. Manchmal wird dies auch als „Luxus", den man sich leisten kann, wenn man dafür Budget und Zeit hat, betrachtet. So wurde beispielsweise im Rahmen eines Großprojekts eines österreichischen Versicherungsunternehmens, bei dem anfänglich in der Projektplanung Elemente zum Zwecke einer aktiven Bearbeitung von Kultur- und Kommunikationsaspekten berücksichtigten wurden, diese beim ersten Anzeichen von Ressourcenengpässen ersatzlos gestrichen und das dafür vorgesehene Budget für zusätzliche Programmierleistungen umgewidmet.[19]

Gelegentlich wird auf die Notwendigkeit einer sogenannten „Organisationsbewusstheit", d. h. einer verstärkt ausgeprägten Fähigkeit der Organisation zur laufenden Reflexion eigener Muster, kultureller Werte und Normen als wesentliche Voraussetzung für ein ganzheitlicheres bzw. sensitiveres Projektmanagement hingewiesen.[20]

Es darf in diesem Zusammenhang auch auf eine langjährige und umfassende Studie der University of Dublin verwiesen werden, in welcher unter anderem als Ergebnis festgehalten wird, dass beispielsweise ca. 50 Prozent aller IT-Projekte misslangen oder abgebrochen wurden und weitere 40 Prozent Zeit- und Budgetüberschreitungen nach sich zogen.[21] Im Zusammenhang mit anderen Studien[22] liegt hier der Schluss nahe, dass ca. 90 Prozent aller IT-Projekte, die nicht den erwarteten Nutzen erbringen, nicht aufgrund inhaltlicher oder technologischer Probleme oder Fehler scheitern, sondern aufgrund der ungenügenden Berücksichtigung organisationaler, kultureller und humanzentrierter Faktoren.

Die Relevanz der Einbeziehung kultureller und generell „weicherer" Themen wurde somit aufgezeigt. Es bleibt allerdings die Frage, warum diese Einbeziehung oftmals so schwer fällt bzw. diese Aspekte so gerne außer Acht gelassen werden bzw. wie in Folge damit umgegangen werden kann. Eine Analyse und Einordnung der behandelten Themen anhand des sogenannten „Eisbergmodells" wirkt hier erhellend (Abb. 5):

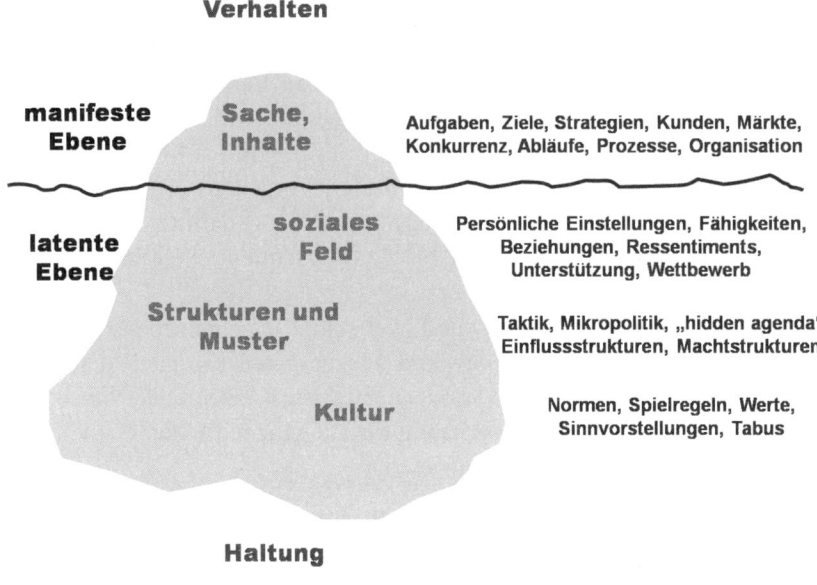

Verhalten

manifeste Ebene — Sache, Inhalte — Aufgaben, Ziele, Strategien, Kunden, Märkte, Konkurrenz, Abläufe, Prozesse, Organisation

latente Ebene — soziales Feld — Persönliche Einstellungen, Fähigkeiten, Beziehungen, Ressentiments, Unterstützung, Wettbewerb

Strukturen und Muster — Taktik, Mikropolitik, „hidden agenda" Einflussstrukturen, Machtstrukturen

Kultur — Normen, Spielregeln, Werte, Sinnvorstellungen, Tabus

Haltung

Abb. 5: Eisbergmodell für Themen des Change Managements
Quelle: modifiziert nach Jarmai, H. (2001), S. 238

Die sichtbaren Verhaltensweisen in Organisationen (manifeste bzw. sachinhaltliche Ebene) stellen nur „die Spitze des Eisbergs" dar, wohingegen die zugrunde liegenden, unausgesprochenen und oftmals auch den Beteiligten im gegenwärtigen Moment nicht bewussten Grundannahmen und Glaubensgrundsätze (als „Haltung") dieses Verhalten wesentlich beeinflussen: Es handelt sich hierbei z. B. um für selbstverständlich gehaltene Überzeugungen, Wahrnehmungen, Gedanken und Gefühle.[23]

Es findet oftmals eine Fokussierung der Wahrnehmung auf manifeste Themen, d. h. inhaltliche Sachthemen, welche klar erkennbar „oberhalb der Wasseroberfläche" vorhanden sind, statt. Eine nachhaltig wirksame Änderung der zugrunde liegenden Einstellungen, Muster oder Normen und Werte, welche das manifest wahrnehmbare Verhalten prägen, bedarf allerdings einer Bearbeitung tiefer liegender Latenzen: Eine solche Vorgehensweise liegt oftmals außerhalb der gewohnten Erfahrungswelt von Projektmanagern und bedarf auch spezieller Erfahrung, weshalb dies sodann oftmals unterbleibt – mit den oben bereits angeführten Konsequenzen aus dem als Beispiel dienenden Bereich technisch orientierter Projekte.

Wesentlich erscheint hier für die Begleitung von Veränderungsprozessen ein iterativ-reflexives Vorgehensmodell, welches die nötigen zeitlichen und geistigen Freiräume zum Lernen, zur Orientierung und zur Feinjustierung der Ausrichtung und Steuerung des weiteren Vorgehens ermöglicht. Ein solches Vorgehensmodell stellt beispielsweise die sogenannte „systemische Schleife"[24] dar, die eine bewusste Abfolge und sequentielle Trennung der Schritte

- Informationen sammeln,

- Hypothesen bilden,

- Interventionen planen und

- intervenieren

als Hilfestellung zur Schaffung von reflexiven Freiräumen anbietet. Die systemische Schleife ist in Abbildung 6 grafisch dargestellt.

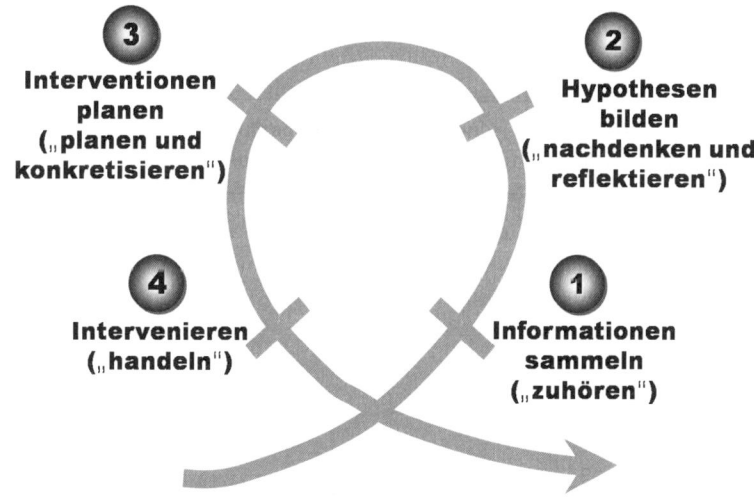

Abb. 6: Vorgehensmodell mittels systemischer Schleife
Quelle: modifiziert nach Königswieser, R./Hillebrand, M. (2004), S. 46

Beachtung finden muss hier der Umstand, dass diese Schleife zusätzlich und zugleich drei Ebenen berühren muss, um – analog zum oben dargestellten Dreieck der Unternehmensentwicklung (Abb. 4) – alle relevanten und miteinander verbundenen Dimensionen zu berücksichtigen:

- die Fachebene,

- die Prozessebene und

- die Beziehungsebene.

Innerhalb der gesamten Laufzeit des Projekts findet somit, idealerweise in Abwechslung mit effizienzorientierten Phasen eines straffen „klassischen" Projektmanagements, eine wiederholte Aneinanderreihung dieses reflexiven Vorgehens statt: Dies kann in einem Projektmanagement-Umfeld die Vorteile beider Ansätze situativ nutzenstiftend kombinieren, wenngleich es zweifellos einiges an Erfahrung und Sensibilität erfordert, die Balance dieses Spannungsverhältnisses im Projektalltag sinnvoll auszumitteln.

Eines darf an dieser Stelle noch einmal ausdrücklich betont werden: Veränderung braucht Zeit. Dies gilt umso mehr für die Veränderung tiefer liegender, kultureller Aspekte. In diesem Zusammenhang muss noch einmal explizit die – oftmals in der Praxis unterschätzte – Notwendigkeit einer nachhaltigen Verankerung im letzten Abschnitt der oben dargestellten Phasendarstellung von Veränderungsprojekten betont und hervorgehoben werden, die zudem kaum zeitlich beschleunigt werden kann, da es sich um menschliche Entwicklungsprozesse handelt: „Das Gras wächst auch nicht schneller, wenn man daran zieht" (asiatisches Sprichwort). Gerade weil dies offensichtlich nicht den aktuellen Tendenzen in der Wirtschaft zur zunehmenden Beschleunigung entspricht, erscheint dies umso bedenkenswerter, wenn man tatsächlich nachhaltige (!) Ergebnisse erzielen möchte.[25]

Change Management als eine Aufgabe des Projektmanagements

Im Allgemeinen kann davon ausgegangen werden, dass die Bedeutung von Change Management als eine Aufgabe des Projektmanagements mit zunehmender Komplexität und Dynamik des jeweiligen Projekts ansteigt: Da es in solchen Fällen schlichtweg unmöglich ist, alle Eventualitäten eines Projektverlaufs vorab zu planen, bedarf es hier der in Abbildung 6 dargestellten wiederkehrenden Reflexionsphasen und einer ausreichenden Flexibilität im Vorgehen.

Im Ergebnis bedeutet dies als Empfehlung eine intelligente Kombination von bewusst entschleunigten reflexiven Freiräumen mit einem operativen Projektmanagement, welches in den operativen Umsetzungsphasen ein straffes und ressourcenoptimales Vorgehen sicherstellt: Diese Spannung und Gegensätze in der Methodik aushalten zu können, stellt ein Erfolgskriterium einer solchen Vorgehensweise dar. Wesentlich dürfte hier sein, die Gratwanderung zu beherrschen, sich einerseits bewusst von der „Omnipotenzphantasie", vor Beginn des Projektes alles[26] für die optimale Steuerung des Projekts Wesentliche zu wissen, zu verabschieden und andererseits unbeschadet dessen das Projekt aktiv und zielorientiert zu betreiben: Letzten Endes ist die inhaltliche und beispielsweise technische Realisierbarkeit und Realisierung eines Projekts eine notwendige, aber keine hinreichende (Vor-)Bedingung für den Gesamterfolg eines Projekts. Dieser entscheidet sich oftmals erst im sozialen Organisationsumfeld, wie z. B. in der Akzeptanz neuer Lösungen durch die im Arbeitsalltag tatsächlich Betroffenen.

Durch eine iterativ-evolutionäre Annäherung wird letzten Endes auch im Sinne einer gesteigerten Zielerreichung ein breiterer realisierter Nutzenhorizont möglich und wahrscheinlich. Flexible Verhaltensweisen innerhalb gewisser Rahmenbedingungen sind gestattet und erwünscht, so können vorab nicht absehbare Chancen mit relativ geringem Zusatzaufwand und realisierbarem Zusatznutzen umgesetzt werden.[27, 28]

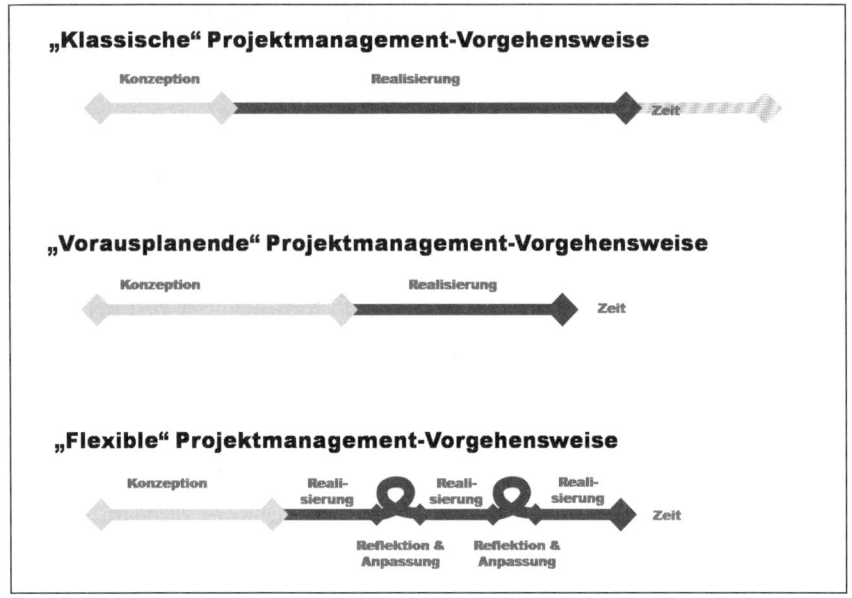

Abb. 7: Vergleich unterschiedlicher Projektmanagement-Vorgehensweisen
Quelle: eigene Darstellung

Als wesentlichster Aspekt erscheint in diesem Zusammenhang (wie bei der „klassischen" und „vorausplanenden" Projektmanagement-Vorgehensweise in Abbildung 7) die hier als Optimum unterstellte strikt lineare Vorgehensweise und damit verbunden die Ausrichtung an den klassischen Projekterfolgskriterien:

- Einhaltung der geplanten Zeit: „in time" (Effizienzkriterium),

- Einhaltung des geplanten Budgets bzw. der Kosten: „in budget" (Effizienzkriterium) und

- Einhaltung bzw. Realisierung des definierten Leistungsumfangs: „in scope" (internes Effektivitätskriterium).

Der definierte Leistungsumfang[29] wird deshalb als „internes Effektivitätskriterium" bezeichnet, weil die tatsächliche Effektivität eine Orientierung an und einen (auch während des laufenden Projekts) unmittelbaren Bezug zu den zugrunde liegenden und übergeordneten Nutzenkategorien und damit den Unternehmenszielen erfordern würde. Dies unterbleibt oftmals, weil nach Abschluss der Konzeptionsphase die Betrachtungsweise in „klassischen" Projektmanagementmodellen oftmals exklusiv auf einer möglichst effizienten Umsetzung des Definierten liegt.

Letztlich führt dies in vielen Fällen zu einer einseitigen Kostenorientierung unter Vernachlässigung weiterer möglicher Nutzenaspekte, welche erst im Laufe des Projekts sichtbar werden: Es wird (aufgrund des beschriebenen Projekterfolgsverständnisses und der Orientierung an den genannten Kriterien „in time", „in budget" und „in scope") im operativen Projektgeschehen nur mehr selten an den Nutzen gedacht, der dem Projekt prinzipiell gedanklich zugrunde liegt bzw. liegen sollte (z. B. Reduktion der Durchlaufzeit eines Kundenauftrags vom Auftragseingang bis zur Faktura auf x Tage, Optimierung des Lagerstandes und damit des gebundenen Kapitals, Verbesserung der Einkaufskonditionen und Liefergenauigkeit durch integriertere Supply-Chain-Managementprozesse). Um als erfolgreich zu gelten, müssen die Parameter Zeit und Kosten eingehalten oder unterschritten (Effizienz) bzw. der definierte Leistungsumfang eingehalten werden.

Es darf allerdings nicht unterschätzt werden, dass es in diesem Zusammenhang öfter Situationen geben kann, in denen zwar nach Abschluss eines Projekts formal alle definierten Kriterien (Budget, Zeit, Leistungskriterien) als erfolgreich zu bewerten sind, der ursprünglich angedachte Nutzen aber trotzdem durch dieses Projekt nicht erreicht werden konnte. Als ein Beispiel darf hier die Konzeptionierung und Realisierung eines Logistik- und Warenwirtschaftssystems genannt werden, welches innerhalb des vorgegebenen Projektbudget- und Zeitrahmens alle definierten Leistungskriterien erfüllte. Es konnte aber aufgrund mangelnder Akzeptanz (z. B. wegen ungenügender Einbindung der tatsächlichen Endbenutzer in der Projektphase bzw. ungenügender Einschulung dieser Personen) und allenfalls noch ungeklärter organisatorischer Fragestellungen im Zusammenhang mit geänderten Arbeitsprozessen keine wesentliche Verbesserung im Zusammenhang mit den Lieferzeiten und der angestrebten Reduktion des im Lager gebundenen Kapitals erzielen.

Das hier vorgeschlagene Vorgehen kann als eine Ausprägung eines offenen und rekursiven Planungsverlaufs betrachtet werden, welcher nach Janes insbesondere drei wesentliche Anforderungen stellt:

„1. Ungeplant auftretende Randbedingungen müssen in den Planungsprozess einbezogen und dürfen auch dann nicht abgewehrt werden, wenn tiefgreifende Veränderungen des Planungsprozesses die Folge sind.

2. Die definierten Ziele müssen ständig im Auge behalten werden, um das Zielsystem dann offiziell und öffentlich zu verändern, wenn ursprüngliche Ziele obsolet geworden und andere als notwendig erkannt worden sind.

3. Die notwendige Stabilität bezieht eine offene und rekursive Planung nicht aus einem einmal definierten Gerüst endgültiger Ziele und Randbedingungen, sondern aus dem Bewusstsein, einen Planungsprozess professionell voranzutreiben, der deswegen realitätsbezogen ist, weil er durch Veränderungen auf sich verändernde Umwelten Bezug nimmt und diese Veränderungen nicht als Unglück auffasst, sondern als Option auf Realität."[30]

Von manchen Autoren werden Vorgehensmodelle für die Durchführung von Veränderungsmanagement bzw. Change Management angeboten bzw. empfohlen. Die Abbildungen 8, 9 und 10 stellen die wesentlichen Schritte einiger ausgesuchter Vorgehensmodelle überblicksartig dar.

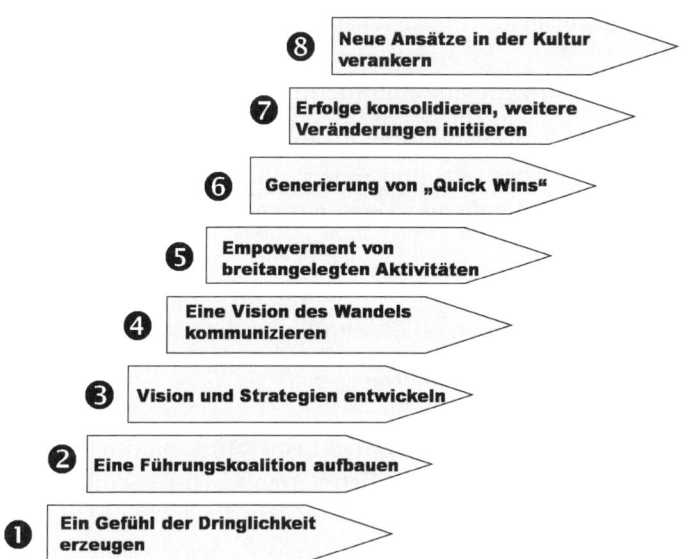

Abb. 8: Vorgehensmodell Change Management nach Kotter

Quelle: modifiziert nach Kotter, J. P. (1996), S. 21

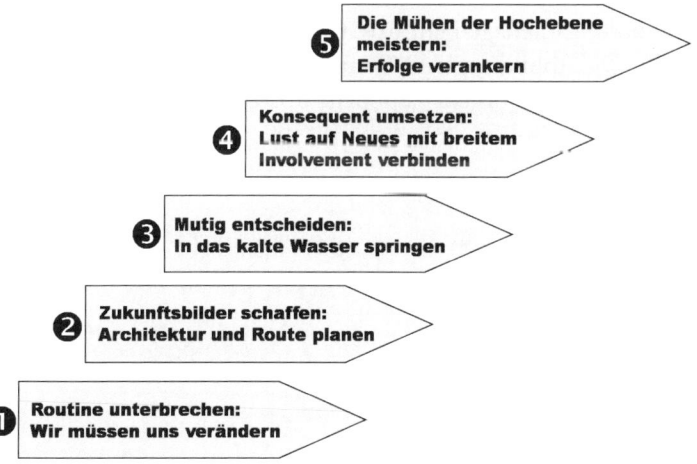

Abb. 9: Vorgehensmodell Change Management nach Heitger/Doujak

Quelle: modifiziert nach Heitger, B./Doujak, A. (2002), S. 228

Abb. 10: Vorgehensmodell Change Management nach TAO – Team für angewandte Psychologie und Organisationsberatung
Quelle: eigene Abbildung, modifiziert und weiterentwickelt nach einer Idee von TAO – Team für angewandte Psychologie und Organisationsberatung

Es lassen sich hier im ersten Ansatz bereits unschwer gewisse Elemente ausmachen, welche sich – teilweise unterschiedlich ausgedrückt – in den einzelnen Vorgehensmodellen wiederfinden, wie z. B. die Bedeutung der frühzeitigen Einbindung wesentlicher und betroffener Personen in das Projektvorgehen: Hierbei wird übrigens durchwegs die Empfehlung ausgesprochen, diese Personen aus

- (formell und informell) „Mächtigen"[31] (sowohl in Hinblick auf Entscheidungen als auch hinsichtlich der Akzeptanz durch andere),

- (inhaltlichen[32] bzw. Prozess[33]-)„Know-how-Trägern" und

- (von der Veränderung) „Betroffenen"

zusammenzusetzen, da durch diese Abbildung des relevanten Mikrokosmos des Projektumfelds alle relevanten Aspekte bereits frühzeitig in der Projektphase berücksichtigt werden können und alle notwendigen Ressourcen im Projekt prinzipiell vorhanden sind.[34] Hinsichtlich der wesentlichen Kompetenzen gliedert eine Betrachtung nach dem sogenannten „Kapitalmodell"[35] den im Großen und Ganzen identen Inhalt in die Kategorien

- Entscheidungskapital (formell bzw. informell),

- Sozialkapital (Akzeptanz),

- Wissenskapital (inhaltliche bzw. Prozessexpertise) bzw.

- Handlungskapital (Erfahrungswissen).

Solchermaßen heterogen zusammengestellte Teams werden als „Hyperexperten" für Komplexität und den damit verbundenen adäquaten Umgang mit Dynamik betrachtet.[36] Eine der jeweiligen Aufgabenstellung adäquate Projektaufbau- und Projektablaufarchitektur[37] bringt diese Teams zueinander in das jeweils funktionalste Wirkungsgefüge.

Der generelle Wert von Vorgehensmodellen zu Change Management kann sowohl in der Bewusstmachung notwendiger Elemente und Aspekte im Verlauf von Veränderungsvorhaben als auch in einer übersichtlichen und kompakten Darstellung tatsächlich komplexer Inhalte und Zusammenhänge gesehen werden. Zweifelsohne liegt in der gebotenen Komplexitätsreduktion insofern auch eine gewisse Gefahr, als für den in der Materie relativ unerfahrenen Betrachter dadurch eventuell auch eine sequentielle Abarbeitbarkeit im Sinne einer Aufgabenliste suggeriert werden könnte.

Change Management im Zuge der Einführung von Projektmanagement in einer Organisation

Es ist anzuraten, vor einer ernst gemeinten Einführung von Projektmanagement in einer Organisation eine Organisationsanalyse bzw. Systemdiagnose durchzuführen. Dies vor allem deswegen, weil die Erfahrung zeigt, dass das gewählte Modell des einzuführenden Projektmanagement-Vorgehens unbedingt zur tatsächlich gelebten Organisationskultur dieser spezifischen Organisation passen muss. Ansonsten wird es höchstwahrscheinlich zu einer Fülle von „objektiv nicht erklärbaren" und wiederkehrenden (weil strukturell begründeten und nicht in einzelnen Personen liegenden) Problemen kommen.[38]

Oftmals stellt die ganzheitlich verstandene Einführung von Projektmanagement sodann auch den ersten bewussten Anstoß zur expliziten Beschäftigung mit dem Themenbereich „Organisationskultur" bzw. „Organisationsbewusstheit" in einer Organisation dar.

„Im Projektmanagement besteht nicht nur die Chance, sondern die Notwendigkeit zu einer institutionalisierten Selbstreflektion."[39]

Nach dieser Sichtweise bildet die Einführung von Projektmanagement zwangsweise den Beginn eines laufenden und andauernden Organisationsentwicklungsprozesses in der betreffenden Organisationseinheit.

Das potentielle Spannungsverhältnis bzw. Konfliktpotential zwischen der bestehenden hierarchischen (Aufbau- und Ablauf-)Organisation und gelebtem Projektmanagement entspricht einer „Systemabwehr" bzw. einem „Abstoßungswiderstand" der bislang bestehenden Hierarchie-Organisation, welche sich – in Abhängigkeit vom Reifegrad der jeweiligen Organisation für komplexe zusätzliche Arbeitsformen wie Projektmanagement – in unterschiedlicher Stärke und Ausprägung manifestieren kann.[40]

Empfehlenswert erscheint, die Einführung von Projektmanagement als ein Projekt aufzusetzen, anhand dessen hier begleitend zur aktiven Bearbeitung auf der Sachebene (der Institutionalisierung von Projektmanagement) auch bewusste Interventionen auf der Prozess- und Beziehungsebene gesetzt und reflektiert werden können. Aus den in diesem Projekt gewonnenen Erfahrungen und Einsichten kann sich zum einen ein klareres Bild an notwendigen Schritten zur Weiterentwicklung des Projektmanagements in der konkreten Organisation herauskristallisieren als auch eine situativ für die konkrete Organisation zum gegenwärtigen Zeitpunkt passende Form von Projektmanagement entwickelt werden: Dadurch kann sichergestellt werden, dass die Organisation und Organisationskultur nicht überfordert werden und zu viele Konflikte zwischen Projektmanagement und Hierarchie übermäßig viel Energie binden und zugleich durch Projektmanagement Ansätze und Vorgehensweisen zur Verfügung stehen, welche eine sinnvolle Bearbeitung komplexer Projekte ermöglichen.[41]

2.2 Multiprojektmanagement

Peter J. Mirski

Überblick

Das Konzert, das sich aus den Klängen verschiedenster Projekte innerhalb einer Organisation ergibt, klingt nicht immer nach dem, was sich Komponist oder Publikum erwartet haben.

Wenn bislang die Diskussion über die Durchführung einzelner Projektvorhaben im Vordergrund stand, will dieses Kapitel auf den Umstand eingehen, dass sowohl die Anzahl der Projekte in Organisationen ständig steigt als auch deren Konkurrenz untereinander zunimmt. Dazu tragen eine ganze Reihe von Faktoren bei, die sich insbesondere in der modernen Arbeitswelt immer stärker entwickeln:

- Anforderung der flexiblen und kurzfristigen Realisierung von Kundenwünschen

- Erhöhte Anzahl an Projekten

- Notwendigkeit zur Multiprojektkoordination

- Verstärkte Spezialisierung auf bestimmte Teilprojektaufgaben und damit eine stärkere, interdisziplinäre Vernetzung zwischen Projekten

- Technologische Innovationen im Bereich der Informations- und Kommunikationstechnologien, insbesondere Möglichkeiten der Zusammenarbeit über das Internet

Der Begriff „Multiprojektmanagement" (MPM) wird in der Praxis häufig als Synonym für die Planung und Steuerung von Projekten in einem Unternehmen verwendet. Das MPM erhebt den Anspruch, ein zentrales Steuerungsinstrument für die Koordination aller Unternehmensprojekte zu sein.[42] Da die verschiedenen Projekte in der Regel in einem Portfolio übersichtlich dargestellt werden, wird der Begriff des Portfoliomanagements in diesem Zusammenhang ebenfalls häufig verwendet.

Zunächst scheint es offensichtlich, dass Übersicht und Transparenz eine unabdingbare Notwendigkeit in der Steuerung vieler unterschiedlicher Projekte in einer Organisation darstellen. Wenn diese Anforderung auch einfach zu sein scheint, zeigt die Praxis, dass hier eine Vielzahl an Schwierigkeiten auftaucht. Beginnend mit einer wenig ausgereiften bzw. kaum transparenten und entscheidungsorientiert aufbereiteten strategischen Planung seitens der Unternehmensführung und einer mangelhaften Abstimmung und Gestaltung der Unternehmensorganisation.

So liegt es auf der Hand, dass es ohne entsprechende MPM-Organisation nur mit großem Aufwand möglich sein kann, Ressourcen sinnvoll in die verschiedenen Projektvorhaben zu investieren, Doppelarbeiten zu verhindern, Erfahrungen der Projektgruppen rasch untereinander auszutauschen und damit eine entsprechende Kundenzufriedenheit zu erreichen. Hinterhuber verweist auf die Kernaufgabe der strategischen Unternehmensführung, die sich auf die Befriedigung der Kundenbedürfnisse fokussieren lässt. Wettbewerbsfähigkeit und Unternehmenserfolg sind nur dann langfristig sichergestellt, wenn die Unternehmung dies besser, schneller oder anders umsetzen kann als die Konkurrenz.[43] Viele schnell gewachsene, Unternehmungen stehen vor der Herausforderung, trotz Vielfalt und Vielzahl an Kundenprojekten Effektivität und Effizienz in der Projektabwicklung sicherstellen zu müssen.

Umsetzung

Folgende Vorgehensweise (siehe Abbildung 11) wird bei der MPM-Implementierung empfohlen:

In der vorgeschlagenen Vorgehensweise ist zunächst eine Integration der Projektlandschaft in die Unternehmensstrategie von außerordentlicher Bedeutung. Begonnen wird mit einer Kategorisierung der für die Umsetzung der Strategie wichtigen Projektarten. Diese kann entweder nach Größe, inhaltlicher Art der Projekte, Unternehmenssparte oder beispielsweise nach Projektauftraggeber angelegt werden. Nun müssen, entsprechend der Unternehmensstrategie, die wichtigsten Entscheidungsparameter gefunden werden. Beispielsweise können dies das Risiko und der Wertbeitrag der Projekte sein. Trägt man in weiterer Folge die Projekte in eine Matrix ein, erhält man einen Ist-Stand der Projektlandschaft.

Da sich die Projekte einerseits ständig verändern – manche benötigen mehr, andere weniger Ressourcen – und sich laufend die Frage stellt, ob weitere Projekte aufgenommen und für Kunden bearbeitet werden sollten,

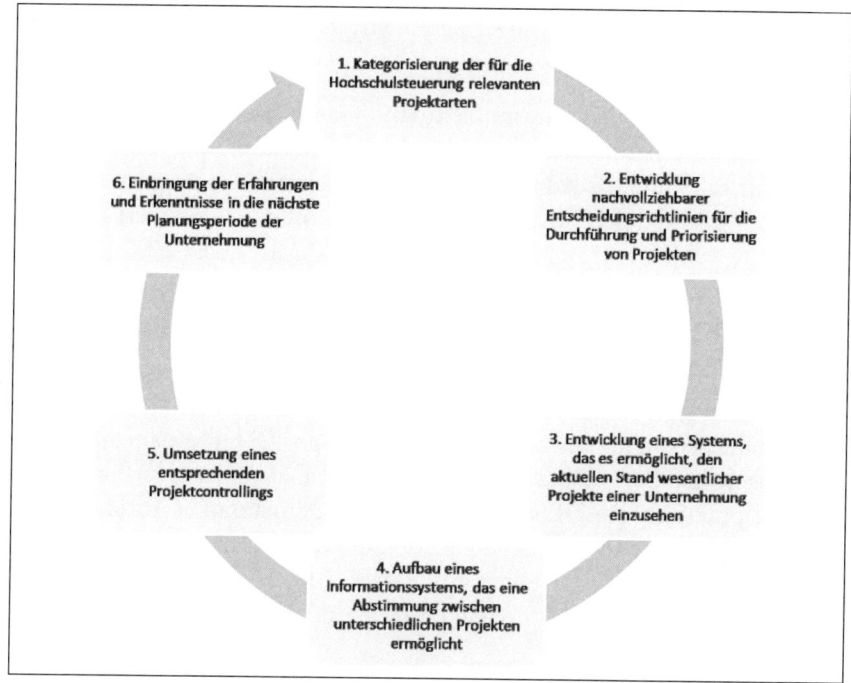

1. Kategorisierung der für die Hochschulsteuerung relevanten Projektarten

2. Entwicklung nachvollziehbarer Entscheidungsrichtlinien für die Durchführung und Priorisierung von Projekten

3. Entwicklung eines Systems, das es ermöglicht, den aktuellen Stand wesentlicher Projekte einer Unternehmung einzusehen

4. Aufbau eines Informationssystems, das eine Abstimmung zwischen unterschiedlichen Projekten ermöglicht

5. Umsetzung eines entsprechenden Projektcontrollings

6. Einbringung der Erfahrungen und Erkenntnisse in die nächste Planungsperiode der Unternehmung

Abb. 11: Vorgehensweise bei der MPM Implementierung
Quelle: eigene Darstellung

ist es wesentlich, klare Entscheidungsrichtlinien für die Behandlung der Projekte zu formulieren. Diese Richtlinien besagen zum Beispiel, dass Projekte, die zeitlich über 50 Prozent im Verzug sind und keinen wesentlichen Deckungsbeitrag erwirtschaften, in der Zuteilung von Ressourcen zurückgestellt werden – unter Umständen nach Anhörung oder Berichtlegung der Projektleitung zum nächsten Meilenstein.

Eine derartige Einstufung von Projekten setzt jedoch voraus, dass es möglich ist, einen laufenden, regelmäßigen Überblick über den jeweiligen Projektstand erhalten zu können, was sich in der Praxis als entsprechend schwierig darstellt. An dieser Stelle bieten sich jedoch eine ganze Reihe von Softwaretools an, die in der Regel die Aufgaben der Verwaltung des Ressourcenpools übernehmen. In erster Linie sind hier Personaldaten, Finanzdaten und weitere Ressourcen gemeint, die für die Projektumsetzung notwendig sind.

Als Mittel zur Entscheidungsunterstützung kann beispielsweise eine einfache Nutzwertanalyse dienen, in der die Entscheidungsparameter aufgelistet und mit ihrer Bedeutung für die Unternehmensstrategie gewichtet werden. Obwohl der auf diese Weise ermittelte numerische Wert nur eine scheinbare Objektivität besitzt, zeigt die Erfahrung, dass eine derartige Entscheidungsaufbereitung nicht nur nachvollziehbarer, sondern auch besser verständlich und damit nachhaltig akzeptierbar ist.

In der weiteren Umsetzung stellt sich die Frage, wie die Kommunikation zwischen den einzelnen Projektvorhaben sichergestellt werden kann. Hier stellen ebenfalls Softwarelösungen eine große Hilfe dar, die in ihrer einfachsten Form über eine gemeinsame Dateiablage verfügen. Besonders praktisch sind Lösungen, die eine gemeinsame Autorenschaft einzelner Dokumente ermöglichen, deren Veränderungen im Laufe des Projektes automatisch darstellen und eine weitreichende Verbindung zwischen Projektberichten, Zeitdarstellungen und Kundendaten etc. unterstützen.

Mit und ohne technologische Unterstützung sollten, wenn möglich, regelmäßige Treffen der Projektleitungen mit der Unternehmensführung stattfinden, um einerseits Entscheidungen treffen zu können, andererseits aber auch um den Wissenstransfer und Erfahrungsaustausch anzuregen.

Für diese Gespräche sind exakte Daten aus den Projekten besonders hilfreich, wenn auch nicht zwingend notwendig. Die Dichte des Projektcontrollings sollte jedenfalls mit den Anforderungen an die notwendige Entscheidungsqualität Schritt halten können. Im Anschluss sollte die Gesamtheit der in einem Planungszyklus gewonnenen Erkenntnisse einerseits mit den Kundenerwartungen und deren Zufriedenheit verglichen und im Weiteren mit den zukünftigen Unternehmenszielen und -möglichkeiten in Einklang gebracht werden.

Als Beispiel für eine Strukturierung der oben genannten Aspekte dient die Abbildung 12, die als eine Entscheidungsunterstützung verstanden werden kann. Hierbei werden die verschiedenen Aspekte eines Projektes betrachtet, die einerseits über eine Aufnahme desselben in das Unternehmensportfolio entscheiden, andererseits aber auch für dessen Verbleib oder weitere Ressourcenausstattung von Bedeutung sein können.

Die Abbildung 12 zeigt ein Projekt, welches keinen Beitrag zur finanziellen Ausstattung des Unternehmens leisten kann, das gilt ebenso für den Aspekt der Kundenbindung. Dennoch stehen beispielsweise die Motivation des Personals sowie die optimale Verbesserung des Unternehmenswissens und der Unternehmensprozesse auf der positiven Seite. Eine entsprechende Gewichtung dieser Kriterien in der Prozentspalte kann helfen, diese Entscheidung leichter zu treffen.

Kriterien	%	Trifft nicht zu	Trifft zu	Trifft optimal zu
Fördert die finanziellen Unternehmensziele				
Fördert die MitarbeiterInnen				
Fördert die Kundenbindung				
Fördert die Unternehmensprozesse				
Steigert das Unternehmenswissen				
Verbessert die Auslastung				
...				

Abb. 12: Entscheidungskriterien für die Projektaufnahme
Quelle: eigene Darstellung

Business Case

Es ist oftmals nicht auf den ersten Blick klar ersichtlich, ob ein Projekt bestimmte entscheidungsrelevante Aspekte erfüllt. Meist hängt das von der Komplexität des Vorhabens ab. Denn es können oft viele unterschiedliche Einflussgrößen auf das Projekt einwirken, sodass sich eine Beurteilung im Vorhinein nicht so ohne weiteres „objektiv" treffen lässt. Um die Meinung unterschiedlicher Personen einzuholen, die rasch ein gutes Gesamtbild des Vorhabens gewinnen sollen, besteht die Möglichkeit der Darstellung in Form eines Fallbeispiels. Wenn die finanziellen und die Nutzenaspekte in dieses Beispiel eingearbeitet sind und die Möglichkeit eröffnet wird, verschiedene Szenarien zu simulieren, wird oftmals von einem „Business

Case" gesprochen. Beispielsweise müssen im Vorfeld von informations- und kommunikationstechnologischen (IT) Projekten häufig deren komplexe Auswirkungen auf die Unternehmung gründlich durchdacht werden. Fröhlich beschreibt das folgendermaßen:

> „Aufgabe und Zweck des Business Cases ist es auch insbesondere sicherzustellen, dass das IT-Business Management den Nutzenrealisierungsprozess als wesentlichen Bestandteil innerhalb des Entscheidungsfeldes Investition & Priorisierung von Beginn eines Projektes an im Blickfeld hat."[44]

Er fasst die wesentlichen Bestandteile eines Business Cases wie folgt zusammen:

- Zusammenfassung, Projektübersicht, Projektbegründung
- Strategische Absicherung und Erfolgsfaktoren
- Projekt- und Geschäftsergebnisse
- Annahmen über wirtschaftliche/ökonomische Vorteile
- Projektstrategie und Einführungsansatz[45]

Verschiedene Betrachtungsweisen

Wenn man MPM aus unterschiedlichen Blickwinkeln betrachtet, ergibt sich ein klares Bild der Herausforderungen und Aktivitäten, die jeweils zu setzen sind, wenn es um eine erfolgreiche Umsetzung dieses Konzeptes geht. Hierbei bieten sich die Sichtweise der Unternehmensführung, die der Projektleitung sowie die des Projektteams an.

Für die Unternehmensführung ist es eine wesentliche Aufgabe, die entwickelte strategische Planung und Ausrichtung des Unternehmens für das Personal nachvollziehbar zu kommunizieren – im Idealfall auch gemeinsam zu entwickeln. Die Erstellung des Projektportfolios mit seinen Parametern und der Takt, in dem die jeweiligen Anpassungen im Portfolio erfolgen sollen, stellen weitere verantwortungsvolle Aufgaben dar. Wenn man sich eine Portfoliodiskussion vorstellt, in der es beispielsweise darum geht, weniger performante Projekte aus dem Rennen zu nehmen, die nur einen geringen Deckungsbeitrag erwirtschaften, aber dennoch wichtig für die langfristige Weiterentwicklung des Unternehmens sind, wird schnell klar, wie grundsätzlich und strittig Debatten verlaufen können.

Die Dokumentation der Entscheidungen anhand eines Portfolios macht diese besser nachvollziehbar. Etablierung und Einhaltung allgemein gültiger Prozesse, die der Bearbeitung von Projekten zugrunde liegen, stellen einen wesentlichen Beitrag zu einem Qualitätsmanagement dar.

Die Projektleitung hat in einer Multiprojektorganisation eine Reihe zusätzlicher Aufgaben. Diese liegen in der Berichterstattung und dem Projektcontrolling. Wesentlich ist ebenfalls die Einordnung des eigenen Projektes in das Projektportfolio und die Ausrichtung der Leitungsfunktion an den vorgegebenen Parametern. Die Teilnahme an Projektleitungstreffen, in denen Erfahrungen und gewonnenes Wissen an die anderen Projekte weitergegeben werden, ist ebenso obligat und bedarf für eine zweckdienliche Diskussion einer entsprechenden Aufbereitung.

Auf diese Weise ist es möglich, ein Archiv an „Best-Practice"-Beispielen für die Projektumsetzung in einem Unternehmen zu erarbeiten. Die dadurch gesteigerten Dokumentationsanforderungen sollten in jedem Fall mit dem Projektteam entsprechend diskutiert werden.

Das Projektteam wiederum kann aufgrund des Portfolios eigenständig eine Verbindung der eigenen Aufgaben mit den Unternehmenszielen herstellen und besser verstehen, unter welchen strategischen Aspekten das eigene Projekt im Unternehmen zu sehen ist.

Im Idealfall orientieren sich unternehmerisch agierende Mitarbeiter an der Vision des Unternehmens und leiten ihre Entscheidungen von dessen strategischen Vorgaben ab.

Organisatorische Unterstützung: Projekt-Office

Der organisatorische Aufwand für zunächst die Konzeption und später die operative Umsetzung eines MPM ist keinesfalls zu unterschätzen. In diesem Zusammenhang gilt das, was für nahezu alle Einführungsprojekte im Projektmanagement zum Tragen kommt: Das Risiko einer falschen Einführung ist deshalb so groß, weil die Tragweite der Veränderungskraft meist unterschätzt und in der Planung zu wenig durchdacht wird. Wertvolle, bestehende Abläufe werden allzu rasch einer scheinbar schnelleren Umsetzung geopfert, die handelnden Personen nicht ausreichend auf die Veränderung vorbereitet (siehe auch die Ausführungen zum Change Management).

Wenn beispielsweise das Personal den Eindruck erhält, dass die MPM-Einführung weder durchdacht noch mit Vorteilen verbunden ist, führt dies rasch zu einer Ablehnung deren Ergebnis – was z. B. durch stark verringerte Performance zum Ausdruck kommen kann.

Statt nun die anfallenden Aufgaben des MPM, die beispielsweise in der verstärkten Kommunikation, aber ebenso in der Etablierung von Schnittstellen zu projektunterstützenden Abteilungen zu sehen sind, auf die einzelnen Projekte und ihre Akteure zu übertragen, bietet es sich an, ein sogenanntes Projekt-Office einzurichten.

Das Projekt-Office oder Projektbüro stellt eine unternehmensinterne Einrichtung/Abteilung dar, die für die Gesamtkoordination aller Unternehmensprojekte verantwortlich ist. Hierbei ergibt sich eine ganze Reihe an Aufgaben, die erheblich zur Professionalisierung des Projektgeschehens beitragen können.

Dies beginnt zunächst mit dem Aufbau, der Förderung einer dem Projektmanagement zugewandten Unternehmenskultur. Diese Aufgabe ist in erster Linie durch Kommunikationsmanagement geprägt. Darüber hinaus ist diese zentrale Stelle für die Verwaltung eines Ressourcenpools zuständig, der für einen effizienten Personal- und Materialeinsatz verantwortlich ist – eine der wesentlichen Aufgaben des MPM, ebenso wie das Führen eines Projektportfolios.

Selbstverständlich wird das Projekt-Office besonders auf eine standardisierte Vorgehensweise in der Projektdurchführung bzw. -dokumentation achten und dafür international anerkannte Standards als Referenzrahmen verwenden.

Da entsprechend qualifiziertes Personal einen wesentlichen Erfolgsfaktor darstellt, wird ebenfalls empfohlen, Trainings- und Schulungsaktivitäten gezielt zu entwickeln.

Letztlich geht es um die Integration des Projektgeschehens in das gesamte Unternehmen.

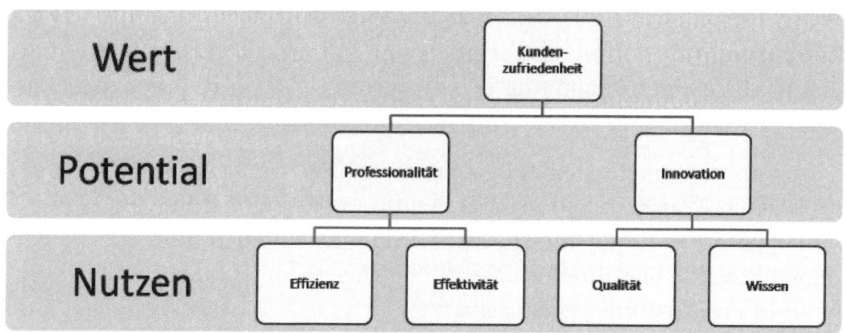

Abb. 13: Nutzen und Wert des MPM
Quelle: eigene Darstellung

2.3 Leitung und Führung in virtuellen Projektteams

Martin Hauser, Jodok Moosbrugger

Überblick

Die modernen Kommunikationstechnologien bieten für Projektteams erweiterte Möglichkeiten der Gestaltung der Zusammenarbeit. Es ist heute nicht mehr selbstverständlich, dass sich Mitarbeiter eines Projektteams an einem Ort bzw. in einer Region befinden, denn die zunehmende Globalisierung sowie die steigende Zahl an unternehmensübergreifenden Projekten implizieren einen steigenden Grad an Virtualität.

Diese Rahmenbedingung stellt neue Anforderungen an die Leitung „virtueller Projektteams". Mit diesen Anforderungen beschäftigen sich die folgenden Ausführungen.

Die elektronischen Kommunikationstechnologien ermöglichen, dass sich Projektmitarbeiter zwar an unterschiedlichen Orten aufhalten können, trotzdem aber als Mitarbeiter eines virtuellen Projektteams agieren, d. h. die ihnen gestellten Aufgaben erfüllen können.

Der Begriff „virtuell" wird in Literatur und Praxis sehr unterschiedlich verwendet. Aus der Fülle von Bedeutungen lassen sich jedoch zwei notwendige Maximen ableiten:

- Laufende Kommunikation und Beziehung über elektronische Medien
- Projektorientierte Selbstorganisation temporärer Netzwerke

Von virtuellen Teams kann schon gesprochen werden, wenn ein Großteil der Mitglieder (mehr als 50 Prozent) dauerhaft räumlich und/oder zeitlich getrennt zusammenarbeiten und überwiegend elektronisch miteinander kommunizieren.

Nach unserem Verständnis ist ein virtuelles Projektteam eine Gruppe von Menschen, die geografisch/räumlich verteilt sind, die primär mit elektronischen Medien kommunizieren, die sich projektbezogen formieren, organisieren und wieder auflösen, sobald die vereinbarten Ziele erreicht sind. Ein wesentliches Merkmal dabei ist, dass diese Gruppen nur sehr begrenzte Möglichkeiten für Projektbesprechungen im üblichen Sinne haben. Damit ist die Projektleitung gefordert, die Führung mit Hilfe elektronischer Kommunikationsinstrumente wahrzunehmen.

Virtuelle Projektteams haben zunächst einmal die gleichen Merkmale wie traditionelle Teams[46]:

- Drei bis zwölf Personen
- Gemeinsame Ziele
- Aufgabenteilung/Spezialisierung
- Relative Dauer bzw. zeitlich begrenzt (Projektteams)
- Gemeinsame Normen, Werte, Regeln
- Wechselseitige Abhängigkeit und Beeinflussung
- Rollendifferenzierung
- Koordination der Einzelleistungen/-beiträge[47]

Das wesentliche Unterscheidungsmerkmal zwischen traditionellen und virtuellen Teams ist, dass die Gruppenmitglieder im Extremfall nie persönlich zusammentreffen, das heißt, sie erleben, sehen oder hören sich nur „virtuell" via E-Mail, Voice-Mail, Mobiltelefon, Videokonferenzen, Chat-Rooms, Podcasts, Web-Kamera etc.[48]

Für alle in virtuellen Projektteams Mitarbeitenden stellt diese Situation eine besondere Herausforderung dar. In virtuellen Projektteams haben bekannte Grundprobleme von Teamarbeit aber aufgrund der räumlichen Trennung und des reduzierten persönlichen Kontakts (face-to-face) zusätzliche Brisanz und damit Auswirkungen auf den Projekterfolg.

Psychologisch gesehen stellen auch virtuelle Teams eine soziale Organisation von Menschen dar. Wegen der räumlichen Trennung und des reduzierten persönlichen Kontaktes ist auf die Entwicklung und Erhaltung der Arbeitsfähigkeit des Projektteams besonders zu achten.

Grund für die rasante Verbreitung virtueller Projektteams über Organisations- und Landesgrenzen hinaus sind neben der Kommunikationstechnologie auch Globalisierung und Veränderungen in den Unternehmensorganisationen wie zum Beispiel:

- Produktentwicklung
- Fusionen und Joint Ventures
- Konzentration auf Kernkompetenzen
- Abflachung von Hierarchie-Ebenen
- Outsourcing und Kostenersparnis
- Lokale, nationale und internationale Kooperationen
- Zusammenarbeit zwischen Klein- und Mittelunternehmen
- Wachsende Zahl von Ein-Personen-Unternehmen
- Netzwerke

Vorteile virtueller Projektteams

Empirische Befunde und Praxiserfahrungen belegen folgende Vorteile virtueller Projektteams:

- Reduzierte Kosten
- Flexibilität (zeitlich, räumlich)
- Optimale Nutzung von Wissensressourcen
- Weniger Bürofläche

- Reduzierte Reisetätigkeit
- Einsatz von Mitarbeitern in verschiedenen Zeitzonen
- Größtmögliche Auswahl von Experten
- Gesteigerte Produktivität
- Höhere Arbeitszufriedenheit

Nachteile virtueller Projektteams

Die aus der Teamarbeit bekannten sozialen Phänomene gelten grundsätzlich – eventuell abgemildert oder verstärkt – auch für virtuelle Arbeitsgruppen:

- Konkurrenzverhalten
- Subgruppenbildung
- Leitungs- und Verantwortungsdiffusion
- Konformitätsdruck/Anpassung
- Tendenz zu risikoreichen Entscheidungen
- Leistungsbereitschaft und Identifikation
- Unausgesprochene Erwartungen und Ansprüche
- Erhöhter Zeit- und Kostenaufwand wegen Koordination der Einzelleistungen

Sie können zu Reibungsverlusten und somit zur Reduktion der potenziellen Leistungskraft virtueller Teams führen (Synergie: Das Ganze ist mehr als die Summe seiner Teile).

Die Einführung virtueller Teamarbeit in klassischen Organisationen ist oft mit Vorbehalten oder gar Widerständen von Seiten der Führungskräfte, insbesondere auf der mittleren Managementebene, verbunden. „Führen auf Distanz" wird kritisch gesehen, einerseits weil der gewohnte persönliche Kontakt nur sehr reduziert gegeben ist und andererseits weil mit diesen neuen Formen der Führung die Erfahrung noch fehlt.

Bei den Mitgliedern virtueller Teams finden sich – jedoch weit seltener – Vorbehalte wegen der möglicherweise unzureichenden (informellen) direkten Kommunikation mit ihrer Projektleitung und mit den anderen Projektmitarbeitern (soziale Isolation und soziale Identität).

Die räumlich-zeitlich-organisatorische Distanz verlangt bzw. fördert einen hohen Grad an Selbständigkeit des Einzelnen. Das kann auch zu Einzelgängertum führen und damit das Entstehen eines Wir-Gefühls behindern.

Das fehlende Wir-Gefühl erschwert mitunter die Bildung eines vertrauensvollen Gruppenklimas, das jedoch für die Zusammenarbeit und die Identifikation mit dem Projektauftrag einen wesentlichen Faktor darstellt.

Bei der Arbeit in virtuellen Teams ist es wichtig, eine optimale Mischung der Kommunikationsformen (face-to-face, elektronische Medien) und der Kommunikationshäufigkeit herauszufinden.

So ist es von großem Vorteil, wenn sich die Projektmitarbeiter zumindest in der Anfangsphase des Projekts zu einem Face-to-face-Meeting treffen (z. B. Kick-off-Meeting), welches das Kennenlernen der beteiligten Personen und einen persönlichen Kontakt ermöglicht. Dabei geht es einerseits um die Klärung des Projektauftrages und der damit verbundenen Aufgabenverteilungen und andererseits um die Entwicklung des gemeinsamen Verständnisses der Form der Zusammenarbeit als Team (Spielregeln).

An ihre Stelle sollten vor allem Führungstechniken treten, welche die Eigenverantwortlichkeit der Teammitglieder betonen und die sozialen Prozesse unterstützen.

Dies bedeutet Delegation von Aufgaben, Kompetenzen und Verantwortung gemäß dem Prinzip Selbstorganisation und Selbstverantwortung, Entwicklung einer Vertrauenskultur zwischen Projektleitung und Projektmitarbeitern sowie regelmäßiges Feedback für die Zielerreichung bis hin zum Einzelcoaching.

Leitung von virtuellen Projektteams

Die Grundfragen der Leitung virtueller Projektteams lauten:

- Ist Führung in virtuellen Projektteams überhaupt notwendig?
- Wenn ja, in welchem Ausmaß?

- Ist Führung in virtuellen Projektteams überhaupt möglich?
- Wenn ja, in welcher Form?

In der Literatur wird das Thema Projektmanagement und Führung in Zusammenhang mit virtuellen Projektteams kontrovers betrachtet. Auf der einen Seite wird angenommen, dass Führung und Steuerung solcher Strukturen nicht möglich sei.[49] Auf der anderen Seite wird die Notwendigkeit von Führung in virtuellen Projektteams überhaupt in Frage gestellt. Einige Gründe, die dafür angeführt werden, sind:

- Virtuelle Teams haben schlanke Strukturen und deshalb fallen keine Führungsaufgaben an.

- Strukturelle/indirekte Führung durch Technologie oder Organisationsstrukturen ersetzt personale Führung.

- Formale und formelle Regelwerke werden vermieden, da sie dem „Geist" virtueller Projektteams widersprechen.

- Da der Führende und die Geführten sich ohnehin nicht/kaum persönlich treffen, sind direktive und verhaltensorientierte Formen der Führung nicht möglich.

- Intrinsisch motivierende Aufgaben ersetzen personale Führung, diese ist in diesem Fall unnötig, wenn nicht kontraproduktiv.

- Die Teammitglieder haben eine hohe Selbstverantwortung und sind in der Lage, sich selbst zu führen.[50]

Die neuen Kommunikationstechnologien stellen für die Führung und die Mitarbeiter eines Projektteams erweiterte Möglichkeiten dar: Sie schaffen die Basis für ein sehr selbständiges Arbeiten des Einzelnen, für einen raschen Austausch von Informationen und Ergebnissen, für die Koordination und Steuerung von Prozessen, aber sie können Führung nicht ersetzen.

Wenn man davon ausgeht, dass virtuelle Teams einen hohen Grad an Selbstorganisation und Selbststeuerung auf der Basis der Eigenständigkeit und Eigenverantwortlichkeit der Mitglieder haben, wenn durch moderne Kommunikationstechnologie Informationen und Ergebnisse rasch ausgetauscht werden können und der IST-Stand der Entwicklungen gut überschaubar ist, bleiben trotzdem einige zentrale Punkte, die aus der Funktion der Leitung wahrzunehmen sind: das Treffen von fachlichen und organisatorischen Entscheidungen, steuernde Interventionen bei inhaltlichen, qualitativen und terminlichen Abweichungen, Moderation und zielorientierte Entscheidung bei fachlichen oder beziehungsmäßigen Konflikten zwischen Teammitgliedern, Koordination und Absprachen mit dem Auftraggeber und die Sicherung der Ergebnisqualität.

Aus dieser Sicht ist die Frage, ob Leitung überhaupt notwendig ist, eindeutig mit „ja" zu beantworten.

Das Ausmaß der Leitung hängt neben den fachlichen Themenstellungen wesentlich von der Komplexität der Arbeitsverteilung, der Koordination der Arbeitsschritte und Ergebnisse sowie der Bearbeitung aller Beziehungsthemen zwischen den Teammitgliedern ab (z. B. fachliche und persönliche Konkurrenz, fehlende Kooperation).

Entwicklungsphasen in virtuellen Teams

Auch virtuelle Projektteams stellen eine soziale Organisation von Menschen dar. Das bedeutet, dass eine derartige Gruppe eine prozesshafte Entwicklung durchläuft, die in dem Modell von B. W. Tuckman (1965) beschrieben ist.

Im ersten Augenblick zeigen sich kaum Unterschiede zu einem klassischen Teamentwicklungsprozess. Die Phasen sind identisch. Der große und wesentliche Unterschied ist die veränderte Kommunikationssituation für die Projektleitung und die Projektmitarbeiter.

Phasen und Aufgaben des Managements virtueller Teams	
Phase 1 Aufbau und Konfiguration	Auswahl Projektleitung Auswahl Projektmitarbeiter Strukturelle Rahmenbedingungen Aufgabenverteilung
Phase 2 Start und Initiierung	Kick-off-Veranstaltung Regelwerke
Phase 3 Steuerung und Koordination	Prozesssteuerung Kommunikation Förderung Zusammenarbeit Konfliktmanagement Dokumentation
Phase 4 Abschluss und Evaluation	Abschluss inhaltlicher Arbeit Übergabe Projektergebnisse Evaluierung Zusammenarbeit Auflösung der sozialen Organisation

Tab. 1: Phasen und Aufgaben des Managements virtueller Teams
Quelle: modifiziert nach Konradt, U/Hertel, G. (2002), S. 50–138

Phase 1: Aufbau und Konfiguration

In der ersten Phase werden wichtige Entscheidungen über die personelle Besetzung, die strukturellen und prozessualen Voraussetzungen des virtuellen Teams getroffen. Das sind die Benennung der Projektleitung, die Auswahl der Projektmitarbeiter, die Festlegung der strukturellen Rahmenbedingungen sowie die Gestaltung und Verteilung der Aufgaben (siehe Tab. 1). Sofern die Mitglieder unterschiedlichen Kulturen angehören, sind in diesem Zusammenhang auch interkulturelle und sprachliche Aspekte zu berücksichtigen.

> „Die Hauptaufgaben in der Leitung virtueller Projektteams werden weniger in traditionellen Managementtätigkeiten gesehen, als vielmehr im Coaching und in der Unterstützung weitgehend selbständiger MitarbeiterInnen. Für ManagerInnen virtueller Projektteams sind daher Eigenschaften wichtig, die mit delegativen Führungskonzepten im Einklang stehen."[51]

Anforderungen an die Projektleitung virtueller Teams[52]
- Relativ niedriges Kontrollbedürfnis

- Hohe Vertrauensbereitschaft in die Projektmitarbeiter

- Hohe partizipative Orientierung, um Projektmitarbeiter ausreichend zu motivieren

- Fairness und Integrität, um Vertrauen aufzubauen und auch entfernt arbeitende Mitarbeiter an sich zu binden

- Fähigkeit, eine klare und motivierende Vision hinsichtlich der Ziele des Teams zu entwickeln und hohe, aber realistische Ziele zu vereinbaren

- Sozioemotionale Sensibilität für die Bedürfnisse der Mitarbeiter sowie für das generelle Klima im Team (dies ist umso notweniger, je seltener persönliche Kontakte sind und je reduzierter damit die Kommunikation ausfällt)

- Fähigkeit eines wertschätzenden und ergebnisorientierten Umgangs mit Abweichungen und Konflikten

- Fähigkeit, den Mitarbeiter auch auf Entfernung konstruktives Feedback zu geben

- Kommunikative Fähigkeiten mit elektronischen Medien, Kenntnis der technischen Möglichkeiten und vor allem auch Berücksichtigung der sozioemotionalen Wirkung der verschiedenen Medien (Welche Medien für welchen Anlass?)

- Kenntnis der Entwicklungsphasen von virtuellen Projektteams und die Fähigkeit, das eigene Verhalten entsprechend anzupassen

- Toleranz und Sensibilität hinsichtlich kultureller Unterschiede und die Bereitschaft, zwischen verschiedenen Kulturen zu vermitteln

Projektteam und Projektmitarbeiter
Die Größe und Zusammensetzung des Projektteams hängt vom Umfang und der Komplexität des Projektauftrages ab.

Da Projektteams in der Regel durch eine flache Hierarchie gekennzeichnet sind, sollten die Projektmitarbeiter neben der erforderlichen Fachkompetenz nach folgenden Eigenschaften ausgewählt werden:

- Fähigkeit zur Selbststeuerung und Eigenständigkeit
- Soziale Kompetenz
- Erfahrung im Umgang mit neuen Technologien

Daraus ergeben sich folgende Anforderungen an die Projektmitarbeiter:

- Fähigkeit zur Selbstorganisation und Selbstkontrolle des eigenen Aufgabenbereiches
- Hohe intrinsische Motivation und Identifikation mit der Arbeit
- Verlässlichkeit, Gewissenhaftigkeit
- Entscheidungsfähigkeit und Bereitschaft zur Verantwortungsübernahme
- Fähigkeit und Bereitschaft zur eigenständigen Einarbeitung in neue Aufgaben – Erarbeitung des Fachwissens
- Hohe Flexibilität bezüglich neuer Entwicklungen
- Kreativität im Umgang mit unerwarteten Problemen
- Geringes Bedürfnis nach festen Strukturen
- Fähigkeit zum Arbeiten in wechselnden Strukturen
- Vertrauensbereitschaft
- Teamfähigkeit
- Konfliktfähigkeit und Bereitschaft zur Auseinandersetzung
- Beherrschung der elektronischen Kommunikationstechnologien
- Gute verbale und soziale Fähigkeiten für die Kommunikation mit elektronischen Medien[53]

Anforderungsprofile sind für die Personalauswahl grundsätzlich hilfreich. In der Auswahl der Personen ist aber auch die Frage zu beachten, welche Auswirkungen die spezifischen Persönlichkeitseigenschaften und Charaktere der Einzelnen auf die Zusammenarbeit im Team haben können.

Häufig liegt die Stärke erfolgreicher Teams gerade in der Unterschiedlichkeit und Heterogenität ihrer Mitglieder begründet, die in der Lage sind, situationsabhängig verschiedene Rollen einzunehmen.[54]

Phase 2: Start und Initiierung

In dieser Phase nimmt das virtuelle Team seine eigentliche Arbeit auf. In einer Kick-off-Veranstaltung, bei der idealerweise alle Teammitglieder persönlich zusammentreffen, besteht die Möglichkeit, sich untereinander kennenzulernen, den Projektauftrag, die Projektziele, die Projektplanung zu diskutieren und die Form der Zusammenarbeit und der Kommunikation zu regeln.

Die Kick-off-Veranstaltung virtueller Teams erhält dann besondere Bedeutung, wenn zu diesem Zeitpunkt schon klar ist, dass diese eine der wenigen, wenn nicht vielleicht die einzige Besprechung ist, bei der alle Teammitglieder persönlich anwesend sind. Insofern ist es eine einmalige Chance und daher sollten, im Interesse der Projektleitung, alle für den Projekterfolg relevanten Themen auf jeden Fall besprochen und geregelt werden.

Phase 3: Steuerung und Koordination

Die Schwerpunkte in dieser Phase liegen auf der Prozesssteuerung sowie der Weiterentwicklung der Zusammenarbeit durch die Anwendung von Führungstechniken, welche die Eigenverantwortlichkeit der Teammitglieder fördern und die sozialen Prozesse im Team unterstützen.

Zentrale Führungsaufgaben in der Steuerungsphase sind:

- Aktive Führung und Steuerung des Teams durch die Projektleitung

- Kommunikation über die Projektfortschritte

- Feedback an die Projektmitarbeiter

- Förderung der Kommunikation im Projektteam

- Entwicklung von Vertrauen innerhalb des Teams (Wir-Gefühl)

- Wertschätzendes Konfliktmanagement

- Gute Dokumentation der Ziele, Funktionen, Aufgaben und Ergebnisse durch elektronische Medien und persönlichen Kontakt.

Die folgende Tabelle 2 verdeutlicht die Vor- und Nachteile verschiedener direkter bzw. elektronischer Kommunikationsmöglichkeiten.

Das persönliche Gespräch ist eine Form einer reichhaltigen Kommunikation, das heißt, die Partner erhalten eine Vielzahl an Informationen (verbal/nonverbal) über die Wirksamkeit des Gespräches und den emotionalen Kontext. Ein direktes und rasches Reagieren ist möglich.

Bei weniger reichhaltigen Kommunikationsmedien wie zum Beispiel E-Mails, die lediglich eine eingeschränkte dialogische Kommunikationsrichtung ermöglichen, ist das Ausmaß der Informationen über die Wirkung der Botschaft gering bis gar nicht vorhanden, und es besteht keine Sicherheit darüber, ob die Botschaft im Sinne des Senders verstanden und verarbeitet wurde.

Für erfolgreiche Projektarbeit ist es wesentlich, die Kommunikationsstrukturen zur Reduktion von Unsicherheit (Mangel oder Überfluss an Informationen) und zur Vermeidung von Mehrdeutigkeit (Fehlen klarer Anweisungen oder Entscheidungskriterien) anzupassen.

	Vorteile	Nachteile	Besonders geeignet für
Face-to-face-Meeting (Gruppe)	Sprachlich komplex, unmittelbares, direktes Feedback	Koordination, Reisekosten, Dokumentation aufwändig	Zielfindung, Teamentwicklung, Kennenlernen, Kontakt und Beziehungspflege
Face-to-face-Meeting (2 Personen)	Sprachlich komplex, direktes Feedback, Vertraulichkeit möglich	Koordination, Reisekosten, Dokumentation aufwändig	Konfliktmanagement, Problemgespräch
Videokonferenz	Sprachlich komplex, direktes Feedback	Koordination, Dokumentation aufwändig	Konfliktmanagement, Koordination
Telefonkonferenz	Informell, direktes Feedback	Reduzierte Kommunikationskanäle, Dokumentation aufwändig	Koordination, Prozessplanung
Telefon	Schnell, persönlich, direktes Feedback, Vertraulichkeit möglich	Reduzierte Kommunikationskanäle, Dokumentation aufwändig	Koordination, Prozessplanung Konfliktmanagement
Anrufbeantworter, Voice-Mail	Schnell verfügbar, relativ persönlich	Kein Feedback	Information
E-Mail	Schnell, Abruf bei Bedarf, dokumentierbar	Gefahr des „overload", kein direktes Feedback	Informationsaustausch, Routinekommunikation
Chat, Diskussionsforen	Ökonomisch, aufgabenorientiert	Überlappung von Beiträgen	Meinungsaustausch, Brainstorming
Fax	Formell, leicht zu dokumentieren	Relativ unpersönlich, kein direktes Feedback	Information, formale Vereinbarungen
Brief	Formell, leicht zu dokumentieren	Langsam, kein direktes Feedback	Information, formale Vereinbarungen
Podcasts	Geringer technischer Aufwand, schnell und kostengünstig, aktuell, schnell verfügbar, zeitunabhängig	Einwegkommunikation, ev. eingeschränktes Anwendungsgebiet	Information, Anleitungen, Know-how-Transport, Lernen

Tab. 2: Übersicht über verschiedene Kommunikationsmöglichkeiten
Quelle: modifiziert nach Konradt, U./Hertel, G. (2002), S. 92

115

Phase 4: Abschluss und Evaluation

In diese Phase fällt die Beendigung der virtuellen Teamarbeit. Sie ist bestimmt durch:

- Abschluss der inhaltlichen Arbeit
- Übergabe des Projektergebnisses an den Auftraggeber
- Evaluierung der Zusammenarbeit als Team
- Auflösung der sozialen Organisation
- Verabschiedung der Projektmitarbeiter

Der Projektabschluss sollte von der Projektleitung schon zu Projektstart mitgeplant werden und idealerweise in einem Face-to-face-Meeting erfolgen.

Im ersten Teil dieser Phase geht es um die Fertigstellung des inhaltlichen Auftrages. Im zweiten Teil geht es um die Übergabe des Projektergebnisses an den/die Projektauftraggeber und die Klärung der Vorgehensweise bei der Erledigung noch offener Aufgaben sowie der Evaluation der Zusammenarbeit. Sie dient der Sicherung der gemeinsamen Erfahrungen als erfolgsrelevantes Know-how für künftige Projekte. Die konstruktive und zufriedenstellende Beendigung der Zusammenarbeit bildet den letzten Teil. Sie ist der Schlüssel für die Bereitschaft zur Mitarbeit in neuen Projekten, bei denen auf die bereits geschaffenen Kontakte im Sinne eines Netzwerks zurückgegriffen werden kann. Wesentlich dabei sind der wertschätzende Umgang mit den Leistungen der einzelnen Projektmitarbeiter und die Akzeptanz kritischer Rückmeldungen an die Projektleitung.

Phase 1: Vorbereitung

Auswahl Projektleiter	Auswahl Mitarbeiter	Strukturelle Rahmenbedingungen	Gestaltung und Verteilung der Aufgaben
– Anforderungs-profil erstellen – Delegativer Führungsstil – Coaching und Unterstützung der Mitarbeiter	– Anforderungs-profil – Personelle Zusammensetzung – Homogen oder heterogen? – Interkulturelle Teamfähigkeit – Diversity-Verständnis – Hard-/Softskills berücksichtigen	– Klärung der Teamstruktur (Hierarchie – Leitung?) – Entscheidungsstrukturen – Technische Voraussetzungen – Infrastruktur – Kommunikationsmedien – Kommunikationsstruktur – Dokumentation und Datenverfügbarkeit	– Projektstrukturierung – Aufgabenplanung – Aufgabenverteilung – Gegenseitige Abhängigkeiten mit positivem Einfluss auf Leistung und Pflichtbewusstsein und Reduktion der Fehlerrate – Aufgabenkoordination – Spielregeln der Zusammenarbeit – Entscheidungsbefugnisse – Evaluationskriterien für die Zusammenarbeit festlegen

Phase 2: Start

Kick-off-Veranstaltung	Detaillierte Erläuterung des Projektauftrages	Gestaltung der Kommunikation	Potenzielle Konfliktfelder definieren
– Idealerweise face-to-face – Persönliches Kennenlernen – Kenntnis Projektauftrag/-ziel/-plan – Budget, Projektablauf – Berichtswesen	– Ziele und Aufgaben – Ressourcenverfügbarkeit – Funktionen, Rollen – Erwartungen an die Teammitglieder – Arbeitsaufteilung – Regeln für die Zusammenarbeit	– Regelungen für die Kommunikation im Projekt – Welche Medien für welchen Anlass? – Wie oft E-Mails abgerufen und wie schnell werden sie beantwortet? – Vertraulichkeit von Informationen	– Anzeichen für Konfliktfelder auf sachlicher oder persönlicher Ebene ansprechen und bearbeiten – Ausgangssituation benennen – Probleme erfassen – Ursachen bestimmen – Gegenmaßnahmen erarbeiten – Maßnahmenplan festlegen

Phase 3: Steuerung

Steuerung und Koordination der Projektprozesse	Berücksichtigung der Nachteile von elektronischer Kommunikation	Nutzen der Vorteile elektronischer Kommunikation	Strategien erfolgreicher Kommunikation
– Controlling Teamprozess und Strukturen – Anwendung von Führungstechniken – Einleitung von Steuerungsmaßnahmen – Förderung effektiver Kommunikation – Entwicklung von Vertrauen – Dokumentation von Zielen, Aufgaben, Ergebnissen	– Verlangsamtes Feedback – Geringe Anzahl von Kommunikationskanälen (optisch, akustisch, verbal/nonverbal) – Unpersönlich und teilweise anonym – Weniger reichhaltig, dadurch Gefahr von Missverständnissen und Konflikten	– Zeitersparnis – Größere Flexibilität – Geringere Eskalation von Konflikten durch räumliche Distanz und zeitversetzte Interaktion (E-Mail) – Mehr Zeit zum Nachdenken – Bessere Vorstrukturierung – Höhere Produktivität	– Lieber öfter als zu wenig – Doppelte Feedbackschleifen = Erhalt von wichtigen Informationen bestätigen – Nutzung vielfältiger Kommunikationsmedien – Ausführliche Dokumentation des Projektprozesses – Kommunikationszeiten – Trotz Distanz ab und zu ein Meeting – Wertschätzendes Konfliktmanagement

119

Phase 4: Abschluss und Evaluation

Erreichen der Projektziele	Evaluation	Nutzen von Evaluation	Evaluationskriterien
– Gestaltung des Projektabschlusses und Beendigung der Zusammenarbeit – Abschluss am Start bereits planen – Übergabe der Projektergebnisse – Idealerweise Face-to-face-Abschluss – Darstellung der Leistung und Ergebnisse – Würdigung der Leistung – Auflösung der sozialen Organisation – Verabschiedung der Projektmitarbeiter	– Teamprozesse und Strukturen – Zusammenarbeit – Plan und Ist-Verlauf des Projekts – Ableitung von lessons learned – Know-how-Sicherung – Kriterien zur Evaluation idealerweise in der Planungsphase von Projekten festlegen	– Konfliktpotenziale ansprechen – Intensivierung der Kommunikation – Frühwarnsystem für negative Tendenzen – Disziplinierung – Förderung positives Image – Stärkung Eigen- und Mitverantwortung – Verbreiterung der Wissensbasis	– Einhaltung von Projektzielen (Qualität, Zeit und Kosten) – Verhalten und Leistung Teammitarbeiter – Führungsverhalten – Kommunikationsqualität – Vorhandensein von Vertrauen – Wahrgenommenes Gruppenklima – Umgang mit Konflikten – Funktionalität, Strukturen und Prozesse

Tab. 3 bis 6: Aktivitäten zum Aufbau und zur Steuerung der Zusammenarbeit in virtuellen Projektteams im Überblick
Quelle: modifiziert nach Konradt, U./Hertel, G. (2002), S. 92

Anmerkungen

1   Unter „klassischem Projektmanagement" wird hier primär instrumentell und methodenfokussiertes Projektmanagement verstanden, da eine solche „technokratische" Betrachtungsweise des Projektmanagements gegenwärtig im angewandten Praxissegment den überwiegenden Anteil bzw. den weitgehend akzeptiertesten Ansatz darstellen dürfte.

2   Vgl. Schwaninger, M./Körner, M. (2001), S. 1.

3   Vgl. Heintel, P./Krainz, E. (2000), S. 2f.

4   Heintel, P./Krainz, E. (2000), S. 25.

5   Vgl. Königswieser, R./Exner, A. (1999), S. 196.

6   Vgl. Königswieser, R./Hillebrand, M. (2004), S. 75f.

7   Definition des „Veränerungsmanagements" laut Wikipedia, Stand vom 22.01.2008, http://de.wikipedia.org/wiki/Ver%C3%A4nderungsmanagement.

8   Königswieser, R./Hillebrand, M. (2004), S. 32.

9   Vgl. Kübler-Ross, E. (1979) bzw. Kübler-Ross, E. (1983).

10   Vgl. Heitger, B./Doujak, A. (2002), S. 115 und S. 227ff.

11   Als (soziales) „System" wird hier – dem Gedankengut des radikalen Konstruktivismus (vgl. Von Glasersfeld, E., [1996] bzw. siehe auch Simon, F. B., [2001]) folgend – abhängig von der Zielsetzung der aktuellen Betrachtung eine Menge von zueinander in Beziehung stehenden und miteinander in Interaktion tretenden Subsystemen bzw. Individuen verstanden, welche sich durch Abgrenzung und damit durch eine zur „Systemumwelt" gebildeten Differenz definieren (vgl. Baecker, D. [2003], S. 329f).

12   Für eine vertiefende Darstellung der einzelnen Phasen in Veränderungsprozessen, ihrer Spezifika und Herausforderungen siehe z. B. Heitger, B./Doujak, A., (2002), S. 227ff oder Kotter, J. P. (1996), S. 33ff.

13   Die erwähnten Kriterien lassen sich in Kriterien der Effektivität (Zielorientierung, Erfolgserreichung – vgl. das Kriterium „in scope" im klassischen Projektmanagement-Zieldreieck) und Effizienz (Zeit, Kosten/Aufwand – vgl. die Kriterien „in time" und „in budget") zusammenfassen.

14   Effektivere Lösungen verbessern die Zielerreichung bei gegebenem Mitteleinsatz.

15   Effizientere Lösungen reduzieren den für die gegebene Zielerreichung notwendigen Aufwand und Mitteleinsatz.

16   Vgl. Königswieser, R./Cichy, U./Doujak, A. (2001), S. 48.

17   Diese Elemente sind für konkrete Projekte in dem Umfang relevant, wie sie das Projekt entweder als Bestandteil oder als Umwelt (d. h. als Rahmenbedingung) beeinflussen. Als Hinweis darf hier auf die oben bereits beschriebene Projektumfeldanalyse verwiesen werden.

18   Vgl. Königswieser, R./Cichy, U./Doujak, A. (2001), S. 48f bzw. Königswieser, R./ Sonuc, E./Gebhardt, J./Hillebrand, M. (2006a), S. 86.

19 Vgl. Weigl, M./Lang, E. (2006), S. 145f.

20 Vgl. Heintel, P./Krainz, E. (2000), S. 12ff.

21 Vgl. McDonagh, J. (2001), S. 12.

22 Vgl. z. B. Al-Mushayt, O./Doherty, N./King, M. (2001), S. 31ff bzw. Doujak, A./ Endres, T./Schubert, H. (2004), S. 58.

23 Vgl. Schein, E. H. (2004), S. 26 bzw. Schein, E. H. (2006), S. 31.

24 Vgl. z. B. Königswieser, R./Hillebrand, M. (2004), S. 45ff.

25 So wird beispielsweise das unmittelbar auf den ersten Schritt der „systemischen Schleife", das Sammeln von Informationen („zuhören"), folgende Intervenieren („handeln") gelegentlich als „Management-Abkürzung" bezeichnet.

26 Wobei dieses „alles" bedeutend mehr als nur die notwendigen Informationen über inhaltliche Projektanforderungen bzw. den definierten Projektumfang („scope") darstellt, z. B. auch auf Emotionen und soziale Aspekte (wie z. B. Machtstrukturen, Koalitionen, Widerstände, etc.) abstellt.

27 Vgl. Weigl, M. (2006), S. 67 und Weigl, M./Lang, E. (2006), S. 141.

28 Siehe in diesem Zusammenhang das in diesem Buch beschriebene Fallbeispiel der SAP-Einführung und Roll-out im Magistrat Wien.

29 Der sogenannte „Scope" im Sinne des als Leistungskatalog definierten Realisierungsumfangs innerhalb eines Projekts stellt, insbesondere bei technisch orientierten Projekten wie z. B. bei der Errichtung von Produktions- und Fertigungssystemen, Anlagen bzw. EDV-Projekten, eine zentral beachtete Größe dar.

30 Janes, A. (2000), S. 210.

31 Auch als „Machtpromotoren" bezeichnet.

32 Auch als „Fachpromotoren" bezeichnet.

33 Auch als „Prozesspromotoren" bezeichnet.

34 Vgl. Königswieser, R./Hillebrand, M. (2004), S. 63.

35 Vgl. Heitger, B./Doujak, A. (2002), S.236.

36 Vgl. Königswieser, R./Hillebrand, M. (2004), S. 63f.

37 Für Architektur-Beispiele siehe z. B. Königswieser, R./Exner, A. (1999), S. 45ff.

38 Vgl. Heintel, P./Krainz, E. (2000), S. 41ff.

39 Heintel, P./Krainz, E. (2000), S. 35.

40 Vgl. Heintel, P./Krainz, E. (2000), S. 32.

41 Vgl. Heintel, P./Krainz, E. (2000), S. 41.

42 Vgl. Litke (2005), S. 62 ff.

43 Vgl. Hinterhuber (2004), S. 20.

44 Fröhlich, M. (2007), S. 92.

45 Vgl. Fröhlich, M. (2007), S. 78f.

46 Vgl. Grunwald, W. (1996), S. 45.

47 Gemünden, H. G./Högl, M. (2000), S. 12.

48 Vgl. Grunwald, W. (2001), S. 112f.

49 Vgl. Scherm/Süß (2000), S. 47 ff.
50 Vgl. Konradt, U./Hertel, G. (2002), S. 46.
51 Konradt, U./Hertel, G. (2002), S. 50.
52 Vgl. Konradt, U./Hertel, G. (2002), S. 51.
53 Vgl. Konradt, U./Hertel, G. (2002), S. 53.
54 Vgl. Lipnack/Stamps (1997), S. 55.

Literaturverzeichnis

Al-Mushayt, O./Doherty, N./King, M. (2001): An investigation into the relative success of alternative approaches to the treatment of organizsational issues in systems development projects, Organization Development Journal, Volume 19, Number 1, Spring , S. 31–48

Beratergruppe Neuwaldegg (Hrsg.) (2001): Best of Neuwaldegg: Artikel aus 21 Jahren Beratergruppe Neuwaldegg, Eigenverlag, Wien

Baecker, D. (2003): Organisation und Management, Verlag Suhrkamp, Frankfurt

Döring, W./Glasl, F. (2005): Psycho-soziale Prozesse, in: Glasl, F./Kalcher, T./Piber, H. (Hrsg.): Professionelle Prozessberatung: Das Trigon-Modell der sieben OE-Basisprozesse, Verlag Haupt/Freies Geistesleben, Stuttgart/Wien, S. 197–239

Doujak, A./Endres, T./Schubert, H. (2004): IT & Change mit Wirkung, Journal für OrganisationsEntwicklung, 03/2004, S. 56–67

Fröhlich, Martin (2007): IT-Governance, Leitfaden für eine praxisgerechte Implementierung, Gabler, Wiesbaden

Fuchs, R./Hamm, R./Hasselmann, M./Sammer, M./Weigl, M. (2006): Kreativität und Veränderung: Die Geschichte vom Doppelpendel und dem Buschfeuer kleiner Gruppen, Verlag Nausner & Nausner, Graz

Gemünden, H.G./Högl., M. (Hrg.) (2000): Management von Teams, Wiesbaden, S. 1–32

Glasl, F./Kalcher, T./Piber, H. (Hrsg.) (2005): Professionelle Prozess-beratung: Das Trigon-Modell der sieben OE-Basisprozesse, Verlag Haupt/Freies Geistesleben, Stuttgart/Wien

Grunwald W.(2001): Führung Virtueller Arbeitsgruppen, in Organisationsentwicklung 4/01, S. 32–33

Grunwald, W. Psychologische Gesetzmäßigkeiten der Gruppenarbeit, in: Personalführung 9/1996, S. 740–750

Heintel, P./Krainz, E. (2000): Projektmanagement: Eine Antwort auf die Hierarchiekrise?, Verlag Gabler, 4. Auflage, Wiesbaden

Heitger, B./Doujak, A. (2002): Harte Schnitte, neues Wachstum: Die Logik der Gefühle und die Macht der Zahlen im Changemanagement, Wirtschaftsverlag Carl Ueberreuter, Frankfurt/Wien

Hinterhuber, Hans H. (2004): Strategische Unternehmensführung, Band 1, 7. Auflage, Walter von Gryter, Berlin

Janes, A. (2000): Neue Technologie – alte Organisation: Systemische Fachberatung am Beispiel der Einführung eines flexiblen Fertigungs-Systems, in: Heintel, P./Krainz, E.: Projektmanagement: Eine Antwort auf die Hierarchiekrise?, Verlag Gabler, 4. Auflage, Wiesbaden, S. 200–211

Jarmai, H. (2001): Die Rolle externer Berater im Change Management, in: Beratergruppe Neuwaldegg (Hrsg.): Best of Neuwaldegg: Artikel aus 21 Jahren Beratergruppe Neuwaldegg, Eigenverlag, Wien, S. 235–248

Königswieser, R./Cichy, U./Doujak, A. (2001): „Dornröschen": SIM – Systemisches IntegrationsManagement – ein ganzheitliches Modell der Unternehmensentwicklung, in: Königswieser, R./Cichy, U./Jochum, G.: SIMsalabim: Veränderung ist keine Zauberei – Systemisches IntegrationsManagement, Verlag Klett-Cotta, Stuttgart, S. 47–64

Königswieser, R./Cichy, U./Jochum, G. (2001): SIMsalabim: Veränderung ist keine Zauberei – Systemisches IntegrationsManagement, Verlag Klett-Cotta, Stuttgart

Königswieser, R./Exner, A. (1999): Systemische Intervention: Archi-tekturen und Designs für Berater und Veränderungsmanager, Verlag Klett-Cotta, 4. Auflage, Stuttgart

Königswieser, R./Hillebrand, M. (2004): Einführung in die systemische Organisationsberatung, Verlag Carl-Auer, Heidelberg

Königswieser, R./Sonuc, E./Gebhardt, J./Hillebrand, M. (2006a): Das Koplementärmodell, in: Königswieser, R./Sonuc, E./Gebhardt, J./Hillebrand, M. (Hrsg.) (2006b): Komplementärberatung: Das Zu-sammenspiel von Fach- und Prozess-Know-how, Verlag Klett-Cotta, Stuttgart, S. 85–102

Königswieser, R./Sonuc, E./Gebhardt, J./Hillebrand, M. (Hrsg.) (2006b): Komplementärberatung: Das Zusammenspiel von Fach- und Prozess-Know-how, Verlag Klett-Cotta, Stuttgart

Konradt, U./Hertel, G.(2002): Management virtueller Teams, Beltz Verlag Weinheim und Basel

Kotter, J. P. (1996): Leading Change, Harvard Business School Press, Boston

Kübler-Ross, E. (1979): Leben bis wir Abschied nehmen, Gütersloher Verlagshaus, Stuttgart

Kübler-Ross, E. (1983): Reif werden zum Tode. Maßstäbe des Menschlichen, Verlag Droemer Knaur, Stuttgart

Lipnack, J./Stamps, J. (1997): Virtual teams: Reaching across space, time and organisazations with technology. Wiley, New York

Lipnack, J./Stamps, J.(1999): Virtual teams: The new way to work, in: Strategy & Leadership 27/1999, S. 14–19

Litke, Hans D. (2005): Projektmanagement, Handbuch für die Praxis, Hanser, München

McDonagh, J. (2001): Not for the faint hearted: Social and organizational challenges in IT-enabled change, Organization Development Journal, Volume 19, Number 1, Spring, S. 11–20

Mirski, P. (2005): Schnittstelle Unternehmensführung und Projekt, in: Litke, H.D. (2005): Projektmanagement Handbuch für die Praxis, Hanser, München

Simon, F. B. (2001): Radikale Marktwirtschaft: Grundlagen des systemischen Managements, Verlag Carl-Auer, 4. Auflage, Heidelberg

Schein, E. H. (2004): Organizational Culture and Leadership, Jossey-Bass, Third edition, San Francisco

Schein, E. H. (2006): Organisationskultur: „The Ed Schein Corporate Culture Survival Guide", EHP – Edition Humanistische Psychologie, 2. Auflage, Bergisch Gladbach

Scherm, E./Süss, S. (2000): Personalführung in virtuellen Unternehmen – Eine Analyse diskutierter Instrumente und Substitute der Führung; in: West, M. (Hrsg) (1996): Handbook of Work Group Pssychology, Wiley, Chichester

Schwaninger, M./Körner, M. (2001): Systemisches Projektmanagement: Ein Instrumentarium für komplexe Veränderungs- und Entwicklungsprojekte, Diskussionsbeitrag Nr. 43, Institut für Betriebswirtschaftslehre, Universität St. Gallen

Tuckman B W (1965) Development sequence in small groups, in: Psychological Bulletin 63, 384–389

Von Glasersfeld, E. (1996): Radikaler Konstruktivismus: Ideen, Ergebnisse, Probleme, Verlag Suhrkamp, Frankfurt

Weigl, M. (2006): Haltung und Kreativität: Über die Nützlichkeit des systemischen Konstruktivismus in einer unsicheren Welt, in: Fuchs, R./Hamm, R./Hasselmann, M./Sammer, M./Weigl, M.: Kreativität und Veränderung: Die Geschichte vom Doppelpendel und dem Buschfeuer kleiner Gruppen, Verlag Nausner & Nausner, Graz, S. 58–70

Weigl, M./Lang, E. (2006): IT und Change: Warum Veränderungen nicht per Mausklick funktionieren, in: Königswieser, R./Sonuc, E./Gebhardt, J./Hillebrand, M. (Hrsg.) (2006b): Komplementärberatung: Das Zusammenspiel von Fach- und Prozess-Know-how, Verlag Klett-Cotta, Stuttgart, S. 140–146

3. Teil: Projektmanagement – Werkzeuge

Dietmar Kilian

Dieses Kapitel gibt einen Überblick über die fünf wesentlichen Phasen eines Projektes und skizziert einige Werkzeuge, die in der jeweiligen Phase angewandt werden können. Weiters werden Hinweise für weitere Informationen und Vorlagen geboten.

Die Abbildung 1 zeigt die fünf Phasen eines Projektes – von der Ideenfindung über den Start, die Planung, die Umsetzung bis hin zum Abschluss. Es wurde hier bewusst eine Fünf-Phasen-Darstellung gewählt, da die Trennung der Start- von der Planungsphase speziell beim Einsatz von Werkzeugen hilfreich ist.

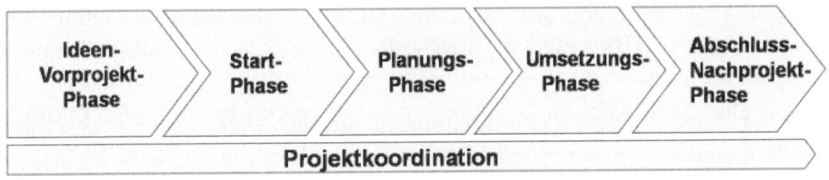

Abb. 1: Projektmanagement als Gesamtprozess
Quelle: eigene Darstellung

Wir beziehen uns dabei auf den ersten Teil dieses Buches, in dem das Projekt als Gesamtprozess definiert und beschrieben wurde. Die einleitenden Grafiken bei den jeweiligen Teilprozessen bieten eine Übersicht über die Aufgaben der Phase und die passenden Werkzeuge.

Einige der hier dargestellten Werkzeuge wurden dem Buch „Wissensmanagement –Werkzeuge für Praktiker"[1] entnommen.

3.1 Ideenfindung und Konkretisierung

Projekte basieren auf Ideen, die jemand oder eine Organisation umsetzen möchte oder muss. Daher werden hier neben den klassischen Werkzeugen des Projektmanagements auch einige Tools zur Konkretisierung von Ideen aufgezeigt (Abb. 2).

Abb. 2: Projektmanagement als Gesamtprozess: Ideen-/Vorprojektphase
Quelle: eigene Darstellung

In der Ideenphase stehen zwei Werkzeuge im Mittelpunkt – zum einen die Umweltanalyse und zum anderen die Formulierung des Projektantrags. Im Folgenden werden auch Tools zur Konkretisierung von Ideen vorgeschlagen.

Vorlage Projektumwelt-Diagramm

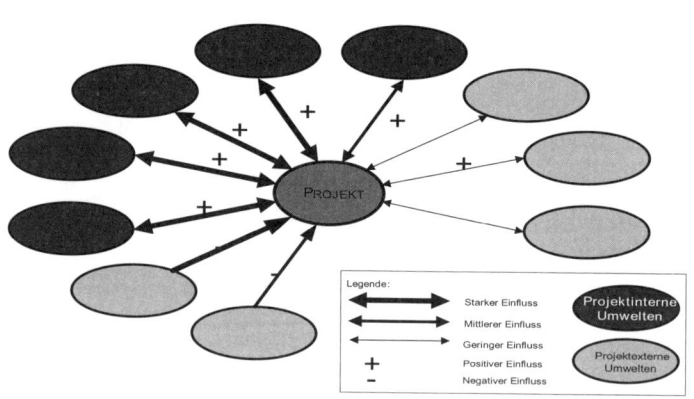

Abb. 3: Umwelt- oder Umfeldanalyse
Quelle: eigene Darstellung

Umweltanalyse

Die Umfeld- oder Umweltanalyse dient in der Ideenfindungsphase dazu, den Projektinhalt zu strukturieren und die Einflussfaktoren überblicksartig zu erfassen (siehe dazu im Detail S. 26f.)

Das vorliegende Mind Map (Abb. 3) dient der übersichtlichen Strukturierung des Inhalts und der Einflussfaktoren und wird weiter unten hinsichtlich der projektexternen und -internen Umwelten erweitert.

Projektantrag

Der Projektantrag ist die Vorstufe zum Projektauftrag und wird in der Phase der Projektkonzeption (Vorprojekt- oder auch Ideenphase) erstellt. Er dient dazu, das Projekt inhaltlich und kostenmäßig grob zu erfassen und bildet damit die Basis für den später erweiterten Projektauftrag (Abb. 4).

standard projekthandbuch 001	**PROJEKTANTRAG**		
Projektstartereignis:	**Projektstarttermin:**		
Projektendereignis: 1. Formal/Inhaltlich:	**Projektendtermin:**		
Projektziele:	**Nicht-Projektziele:**		
Hauptaufgaben (Projektphasen):	**Projektressourcen und -kosten*:**		
	Ressourcen-/Kostenart	Mengeneinheit	Kosten (in Euro)
ProjektauftraggeberIn:	**ProjektleiterIn:**		
Projektteam:			
Vorname , Nachname (ProjektauftraggeberIn)	*Vorname, Nachname* (ProjektleiterIn)		

Abb. 4: Vorlage für den Projektantrag bzw. -auftrag (Kurzfassung)
Quelle: PMA-Projekthandbuch, Version 2008

Im Projektantrag werden die wichtigsten Phasen des Projektes bzw. die Meilensteine, die Projektziele und die bereits in der Ideenphase bewertbaren Kosten erfasst.

Brainstorming

Unter Brainstorming versteht man eine Kreativitätstechnik, die das Entwickeln von Lösungsansätzen erleichtert. Bei Projekten findet Brainstorming sowohl in der Ideenphase als auch in der Konkretisierungsphase von Ideen Anwendung. Durch das bewusste Zulassen, auch von auf den ersten Blick unsinnigen Einfällen, wird das gesamte Potenzial der Kreativität ausgeschöpft.

Klassisches Brainstorming

Beim klassischen Brainstorming sollte die Gruppe mindestens fünf, maximal sieben Teilnehmer umfassen und aus einem Moderator, einem Protokollanten und den restlichen Gruppenmitgliedern bestehen. Nach Vorstellung, Analyse und Definition des Problems beginnt das eigentliche Brainstorming, das in der Regel zwischen 10 und 30 Minuten dauert.

Der Moderator hat folgende Aufgaben:

- die Gruppe in das Problem einzuführen

- auf die Einhaltung der Brainstorming-Regeln zu achten

- stille Teilnehmer zu aktivieren, dominierende zu dämpfen

- durch Reizfragen nachlassende Ideenflüsse zu stimulieren

- darauf zu achten, dass sich die Gruppe nicht vom Thema entfernt

- das Ende der Brainstorming-Sitzung zu verkünden

- der Protokollant verfolgt dabei genau die Beiträge der Teilnehmer und hält das Wesentliche als Destillat fest.

Szenariotechnik

Die Szenariotechnik ist eine Methode, mit deren Hilfe sowohl positive als auch negative Veränderungen in Unternehmen auf Basis von empirisch-analytischen und kreativ-intuitiven Elementen entwickelt werden.

In Projekten können mit der Szenariotechnik in der Startphase mögliche Lösungswege erarbeitet werden. Die Technik eignet sich jedoch auch im weiteren Verlauf des Projektes zur Bearbeitung von eventuellen Risiken.

Szenarien müssen folgende drei Kriterien erfüllen:

1. Größtmögliche Stimmigkeit, Konsistenz und Widerspruchsfreiheit, das heißt, die einzelnen Entwicklungen innerhalb eines Szenarios dürfen sich nicht gegenseitig aufheben.

2. Größtmögliche Stabilität des Szenarios, das heißt, die Szenarien dürfen nicht bei kleineren Erschütterungen oder Veränderungen einzelner Faktoren zusammenbrechen.

3. Größtmögliche Unterschiedlichkeit der Grundtypen, das heißt, man soll sich bei der Ausgestaltung der Extrem-Szenarien sehr nahe an den „Worst-Case-Fällen" orientieren.

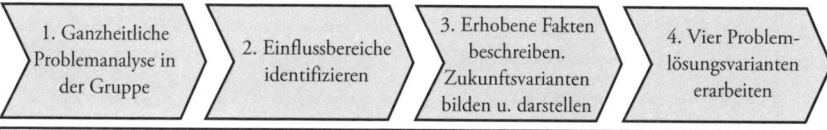

Leitfragen:
– Welche Entwicklungen sind wichtig?
– Wer wird von den Auswirkungen der Problemstellung betroffen sein?
– Welche Fakten, Zusammenhänge, Hypothesen unterstützen die Variantenerstellung?
– Welche Einflüsse bestimmen die Relevanz?

Vorgehen:
– Zwei bis drei positive, zwei bis drei negative Entwicklungen in den Gruppen erarbeiten
– Diese vier bis sechs Varianten als Basis für Aktionen ausarbeiten und im Falle des Eintritts heranziehen

Abb. 5: Vorgehen zur Erarbeitung von Szenarien
Quelle: eigene Darstellung

Die Erarbeitung der Szenarien erfolgt durch eine Problemanalyse, in der die Einflussbereiche unter Berücksichtigung der Leitfragen (Abb. 5) identifiziert werden. Anschließend werden die Faktoren näher beschrieben und positive sowie negative Entwicklungsmodelle erarbeitet. Diese dienen als Lösungsvarianten im Falle des Eintritts einer Problemsituation.

Links zu weiteren Tools

- www.pdagroup.at (Werkzeuge für Projektmanager)

- www.p-m-a.at/content.php (Download: Projekthandbuch)

3.2 Startphase

Projekte unterscheiden sich in Bezug auf den Umfang, die Komplexität, das Risiko und die Interdisziplinarität. Um den Aufwand für das Projektmanagement möglichst gering, den Nutzen, der durch Projektmanagement entsteht, aber möglichst hoch zu halten, ist ein differenziertes Projektmanagement je nach Projektart zu empfehlen. Die Abbildung 6 gibt einen Überblick über die wichtigsten Themen und Werkzeuge der Startphase.

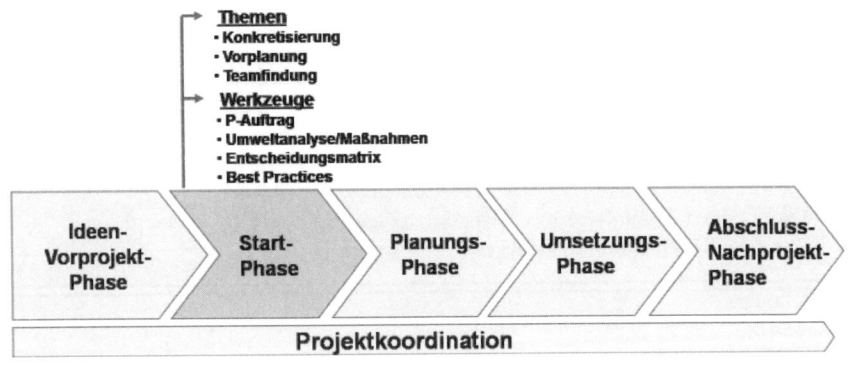

Abb. 6: Projektmanagement als Gesamtprozess: Ideenkonkretisierung
Quelle: eigene Darstellung

Projektauftrag

Der Projektauftrag (Abb. 7) ist die Erweiterung des Projektantrags und geht in allen Punkten des Projektes wesentlich tiefer. Dafür müssen jedoch in der Vorprojektphase bereits alle notwendigen Inhalte erarbeitet worden sein.

Das Vorgehen zur Erarbeitung des Projektauftrags wurde bereits in Teil 1 beschrieben.

Projektname:		PROJEKTAUFTRAG	
Projektnummer:			
Projektauftraggeber:		Projektstartereignis:	
Projektleiter:		Projektendereignis:	
Projektstarttermin:		Produktversion:	
Projektendtermin:		Projektkosten:	
Projektauftraggebergremium:			
Name:		Projektrolle:	
Projektteammitglieder:			
Projektziele:			
Projektnichtziele:			

Abb. 7: Projektauftrag
Quelle: PMA-Projekthandbuch, Version 2008

Umweltanalyse und Messpunkte

In der Startphase des Projektes wird die Umfeld-/Umweltanalyse aus der Ideenphase um neue Erkenntnisse aus dem Projektumfeld erweitert und hinsichtlich der internen und externen Faktoren strukturiert. Auf Basis dieser Faktoren werden Maßnahmen zur Unterstützung bzw. zur vorzeitigen Bearbeitung der Punkte definiert. Die Abbildung 8 zeigt die grafische Darstellung einer Umwelt- oder Umfeldanalyse inklusive Maßnahmenplan.

Das Vorgehen zur Erarbeitung der erweiterten Umweltanalyse ist in Teil 1 (Seite 26f.) beschrieben.

Projektmanagement in der Projektstart-Phase

Sachliches Umfeld (Einflussgrößen):

Einflussgrößen	Art des Einflusses	Auswirkung, Konsequenz	Maßnahmen

Umfeld- und Risikomanagement:

■ sachliches Umfeld
○ soziales Umfeld

Soziales Umfeld:

Personen, Interessengruppen	Einstellungen zum Projekt	Bedeutung, Macht (1-5)	+ Erwartungen - Befürchtungen	Maßnahmen, Strategien
•				
•				
•				
•				
•				

Abb. 8: Umwelt- oder Umfeldanalyse inklusive Maßnahmenplan
Quelle: modifiziert nach Patzak, G./Rattay, G. (2004), S. 66f

Entscheidungsmatrix

Die Entscheidungsmatrix bietet eine Möglichkeit, rationale Entscheidungen zu treffen. Verschiedenen Lösungen eines Problems werden Bewertungskriterien gegenübergestellt und dadurch wird die Entscheidungsfindung erleichtert. Die Matrix unterstützt den Projektleiter sowie den Auftraggeber im Rahmen der Entscheidungsfindung.

Zuerst müssen die für die Entscheidung relevanten Bewertungskriterien gefunden und knapp und präzise ausformuliert werden. Anschließend werden diese Kriterien mit einem Punktesystem bewertet. Dabei werden viele Punkte zugeteilt, wenn das Kriterium bei einer Entscheidungsalternative optimal erfüllt, jedoch wenige Punkte vergeben, wenn es kaum erfüllt ist. In der letzten Zeile wird die Summe aller Bewertungen einer Alternative eingetragen. Die Alternative mit der höchsten Summe ist jene, die die Kriterien am besten erfüllt, und diese sollte daher in Betracht gezogen werden.

Alternativen / Kriterien	Alternative 1	Alternative 2	Alternative 3
Kriterium 1	9	3	3
Kriterium 2	2	2	3
Kriterium 3	5	1	3
Kriterium 4	7	10	5
Kriterium 5	6	4	7
Summe	29	20	21

Abb. 9: Beispiel einer Entscheidungsmatrix mit Bewertung von 1 bis 10
(Quelle: eigene Darstellung)

Best Practices

Best Practices streben die Übertragung von individuellem Lernen auf die organisationale Ebene an. Von diesem Ansatz her ähneln sie den „Lessons Learned", weshalb unsere Erläuterungen zu diesen auch hier Gültigkeit haben (siehe Seite 153f). Allerdings werden beim Best-Practice-Sharing ausschließlich erfolgreiche Praktiken aufbereitet und als vorbildhafte Lösung, mit dem Ziel der Nachahmung, anderen Mitarbeitern zugänglich gemacht.

In Projekten verwendet man dieses Werkzeug zur Erarbeitung der Vorbereitung der Aufgabenplanung. Meist findet sich ein ähnliches oder bereits standardisiertes Projekt als Vorlage, auf der aufgebaut werden kann.

Der Prozesskreislauf beginnt mit der Identifikation der besten Problemlösungsstrategie, welche als „die Beste" bezeichnet wird. Die Identifikation kann durch den direkten Vergleich im Rahmen von Benchmarking-Projekten oder über IT-Plattformen geschehen.

Bevor mit dem Auswahlverfahren begonnen werden kann, müssen möglichst objektive Auswahlkriterien festgelegt werden. Um zeitraubende Debatten zu vermeiden, ersetzen manche Unternehmen den Begriff „beste Praktiken" durch „erfolgreich angewandte Praktiken".

Links zu weiteren Tools und Checklisten
- www.pdagroup.at (Werkzeuge für Projektmanager)
- www.p-m-a.at/content.php (Download: Projekthandbuch)
- www.spol.ch (Checklisten)
- www.tic-net.at/index.cfm?n_id=33 (PM-Handbuch)

3.3 Planungsphase

Projektmanagement ist ein Geschäftsprozess, der bewusst gestaltet und dessen Qualität gemessen werden kann. Der PM-Prozess startet mit einem formellen Auftrag und endet mit der Projektabnahme. Dazwischen durchläuft er die in der Abbildung 10 dargestellten Teilprozesse.

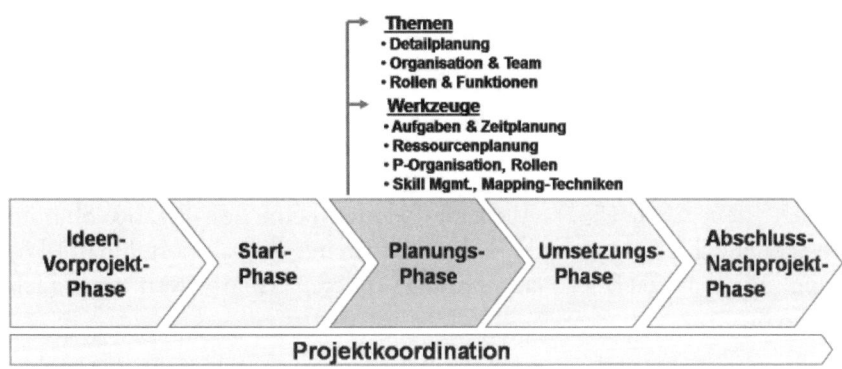

Abb. 10: Projektmanagement als Gesamtprozess: Planungsphase
Quelle: eigene Darstellung

Planungstools

In der Planungsphase werden primär drei Themenfelder bearbeitet:

1. Aufgaben

2. Zeit

3. Ressourcen

Für die Umsetzung dieser Aufgaben stehen im Projektmanagement zahlreiche Werkzeuge zur Verfügung.

Aufgabenplanung (Projektstrukturplan und Arbeitspaketspezifikation)

Die folgenden Abbildungen zeigen einen Projektstrukturplan (Abb. 11) sowie eine Vorlage zur Definition eines Arbeitspaketes (Abb. 12). Es werden die wichtigsten Arbeitspakte in einem Projekt detailliert spezifiziert.

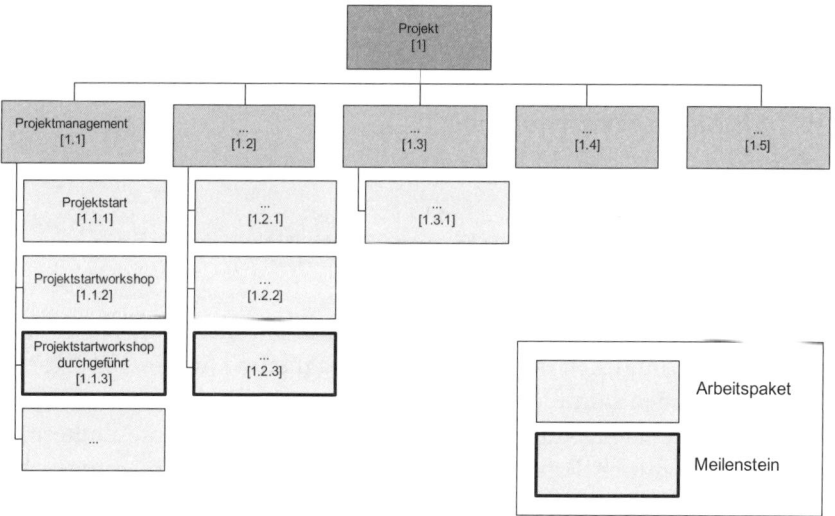

Abb. 11: Projektstrukturplan
Quelle: eigene Darstellung

standard projekthandbuch 001	ARBEITSPAKET-SPEZIFIKATIONEN	
PSP-Code, AP-Bezeichnung	**AP-Inhalt** (*Was soll getan werden?*)	
	AP-Nicht-Inhalte (*Was soll nicht getan werden?*)	
	AP-Ergebnisse (*Was liegt nach Beendigung des Arbeitspaketes vor?*)	
	AP-Leistungsfortschrittsmessung (*Wie wird der Fortschritt gemessen?*)	

Abb. 12: Arbeitspaketspezifikation

Quelle: PMA-Projekthandbuch, Version 2008

Zeitplanung (Meilensteinliste und Gantt-Diagramme bzw. Balkenpläne)

Die Zeitplanung erfolgt in den meisten Projekten mittels Aufgaben- bzw. Meilensteinterminlisten oder über Gantt-Diagramme, wie in Teil 1 (Seite 30ff.) beschrieben wurde. Wesentlich dabei ist, dass alle Aufgaben geordnet in eine Übersicht eingetragen, der Anfangs sowie der geplante Endtermin definiert und mittels Balken gekennzeichnet werden. Veränderungen bei der Umsetzung werden nachgetragen. Die Abbildung 13 zeigt das Beispiel eines vernetzten Balkenplans bzw. eines Meilensteinplans.

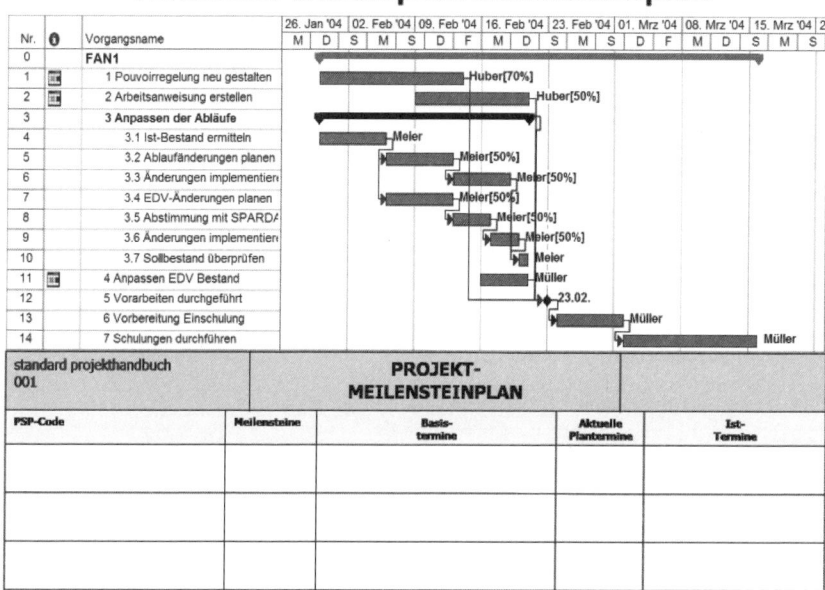

Abb. 13: Vernetzter Balkenplan/Meilensteinplan
Quelle: in Anlehnung an PMA-Projekthandbuch, Version 2008

Die Meilensteinliste gibt eine Übersicht über die wichtigen Termine, das Gantt-Chart über die Details bei den Arbeitspaketen.

Ressourcen (Qualität und Kosten)

Bei den Vorlagen möchten wir die Felder Qualität und Kosten herausgreifen, das Team und die Funktionen werden in der nächsten Phase beschrieben. Es gilt, die Qualität der zu leistenden Arbeit zum einen zu planen und zum anderen in der Folge zu prüfen. Dafür eignet sich das folgende Werkzeug. Die Kostenplanung erfolgt pro Arbeitspaket bzw. in einer aggregierten Zusammenfassung aller Arbeitspakete, wie im nachstehenden Sheet (Abb. 14) definiert wird. Weitere Informationen dazu siehe Teil 1, Seite 35ff.

Projektname Projektnummer	PROJEKTKOSTENPLAN					
PSP-Code	Kostenart	Plankosten	Adaptierte Plankosten	Ist-Kosten	Kostenab-weichung
1.1 Projektmanage-ment	Personal					
	Gesamt					
...	Personal					
1.2 ...	Personal					
	Gesamt					
1.2.1	Personal					
	Gesamt					
1.2.2	Personal					
	Gesamt					
Projektkosten	Personal					
	Gesamt					

Abb. 14: Kostenplanung
Quelle: PMA-Projekthandbuch, Version 2008

Organisation-Team und Rollen-Funktionen

Organisation-Team

Um die Projektorganisation vom Entscheidungsteam über den Auftragge-ber, den Projektleiter und die eingebundenen Projektmitglieder darstellen zu können, wird ein Organisationschart erarbeitet, in dem die einzelnen Personen übersichtlich erkennbar sind (Abb. 15).

Zum Aufbau bzw. zur Auswahl der Teammitglieder siehe auch Seite 35ff.

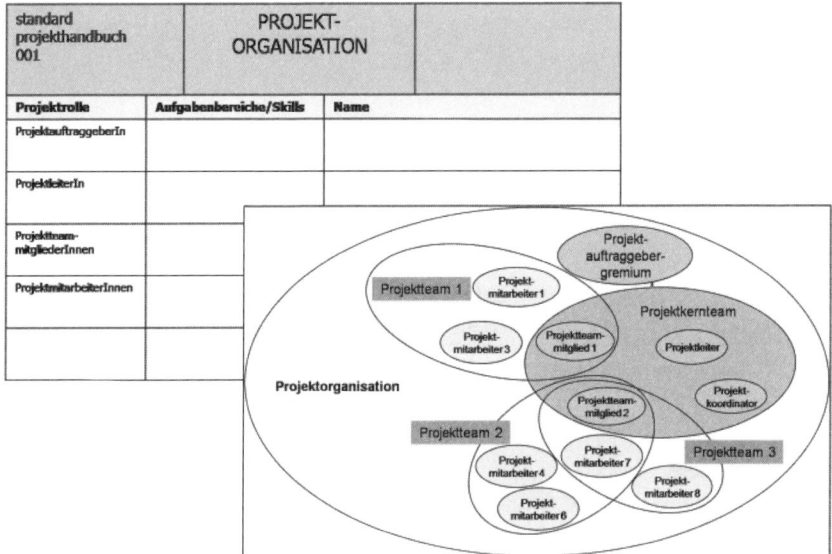

Abb. 15: Projektorganisation
Quelle: in Anlehnung an PMA-Projekthandbuch,Version 2008

Rollen-Funktionen

In Projekten, in denen die Aufgabenverteilung und die Kommunikationsstruktur (wer erhält welche Information zu welcher Zeit) nicht eindeutig ist, werden Übersichtssheets erstellt, in denen die Zusammenhänge eindeutig beschrieben sind (siehe Abb. 16)

Projektname		PROJEKTFUNKTIONEN-DIAGRAMM					
Projektnummer							
		Rollen und interne Umwelten					
PSP-Code	Projektauftrag-gebergremium	Projektleiter	Projektkoordinator	Projektrolle x	Projektumwelt y		
Projektmanagement							
1.1.1	I	D	M	M	I		
1.1.2	I	D	M	M	M		
...							
...		I	M	M	M		

Abb. 16: Projektfunktionen
Quelle: PMA-Projekthandbuch, Version 2008

Weitere Informationen zu Rollen und Funktionen im Projekt siehe Seite 38ff.

Skill-Management

Unter Skill-Management versteht man das zielgerichtete Aufbauen von Fähigkeiten und Fertigkeiten durch Bildungsmaßnahmen. In Projekten ist das Wissen über die Fähigkeiten der Projektmitarbeiter eine wichtige Basis für deren Auswahl. Die Abbildung 17 zeigt Skalierungen für verschiedene Anwendungen des Skill-Managements.

Ausgangspunkt für jede Skill-Management-Implementierung ist die Definition der kurz- und mittelfristigen Anforderungen an Qualifikationen von Mitarbeitern im Unternehmen. Basierend auf den daraus erstellten Soll-Profilen können für einzelne Funktionen verschiedene Karrierestu-

Skalierung für internes Expertenangebot	Skalierung für Deckung mit Stellenprofilen
1. – Grundkenntnisse Mitarbeiter verfügt über erste Erfahrungen	1. – nicht erfüllt
2. – Erweiterte Kenntnisse Mitarbeiter kann selbstständig arbeiten	2. – teilweise erfüllt
3. – Experte Mitarbeiter beherrscht das Fachgebiet	3. – voll erfüllt
4. – Coach / Trainer Mitarbeiter kann andere im Fachgebiet unterrichten	4. – Anforderungen übertroffen

Abb. 17: Skalierungen für verschiedene Anwendungen von Skill-Management
Quelle: eigene Darstellung

fen definiert werden. Die Erfassung der bestehenden Qualifikationsprofile stellt den nächsten Schritt dar. Nach dem Vergleich von Ist- und Soll-Qualifikation beginnt durch individuelle Personalentwicklungsmaßnahmen das zielgerichtete Aufbauen der benötigten Kenntnisse.

Auch ist es sinnvoll, wenn Mitarbeiter ihre eigenen Skills im Unternehmen zur Verfügung stellen. Dadurch können interne Spezialisten leichter gefunden und sinnvoll eingesetzt werden.

Mapping-Techniken

Mapping-Techniken kombinieren Sprache und Bild und repräsentieren dadurch eine „gehirngerechte" Methode, Wissen festzuhalten. Diese Art der Darstellung erleichtert die Strukturierung von Themengebieten und hebt sich von der rein textlichen bzw. verbalen Kommunikation hinsichtlich Übersichtlichkeit, Verständlichkeit und Erinnerungsleistung deutlich ab.

Der Projektstrukturplan stellt das Ergebnis von gemappten Aufgaben dar. Zur Erarbeitung von Aufgaben innerhalb eines Projektes werden Mapping-Techniken angewandt. Die Abbildung 18 zeigt das Beispiel eines möglichen Ablaufschemas für ein Mind Mapping.

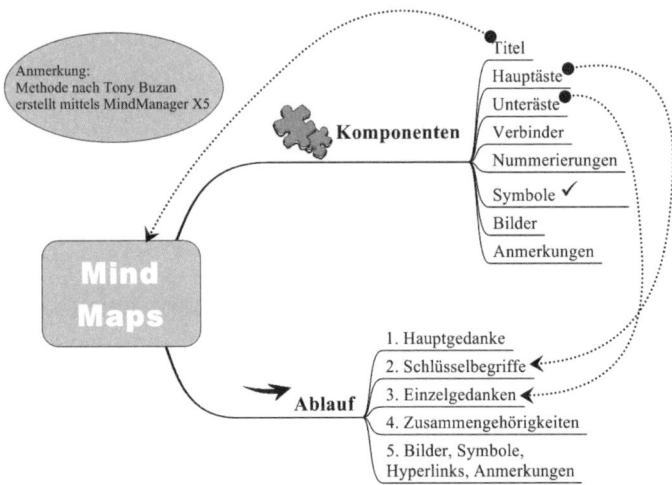

Abb. 18: Ablaufschema und Beispiel für die Anwendung von Mind Mapping
Quelle: eigene Darstellung

In den letzten Jahren wurden verschiedene Darstellungsformen entwickelt. „Cognitive Maps" bilden, ähnlich wie beim Clustering, Ideen als Punkte ab und zeigen die Beziehungen zwischen diesen Ideen als Verbindungen.

Am weitesten verbreitet ist jedoch die Methode des „Mind Mapping". Das Thema ist der Ausgangs- bzw. Mittelpunkt, die zugehörigen Schlüssel-begriffe werden stichwortartig rundherum angeordnet. Diese Hauptäste verzweigen sich weiter in die Einzelgedanken. Da dieses Verzweigen über mehrere Ebenen hinweg erfolgen kann, entsteht eine baumartige Struktur. Zusammengehörige Unteräste werden dann noch durch Pfeile miteinander verbunden und abschließend entsprechende Bilder, Symbole, Hyperlinks und Anmerkungen zu den einzelnen Ästen hinzugefügt.

Links zu weiteren Tools und Checklisten

- www.pdagroup.at (Werkzeuge für Projektmanager)

- www.p-m-a.at/content.php (Download: Projekthandbuch)

- www.spol.ch (Checklisten)

3.4 Umsetzungsphase

Projektmanagement ist ein Geschäftsprozess, der bewusst gestaltet und dessen Qualität gemessen werden kann. Der PM-Prozess startet mit einem formellen Auftrag und endet mit der Projektabnahme. Dazwischen durchläuft er die Teilprozesse, die in Abb. 19 dargestellt sind:

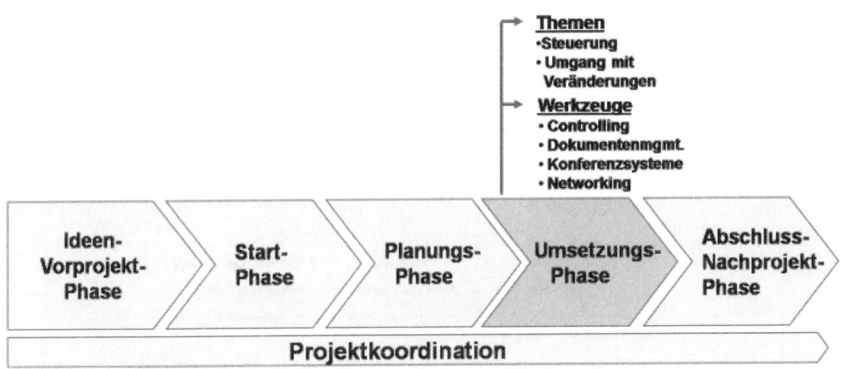

Abb. 19: Projektmanagement als Gesamtprozess: Umsetzungsphase
Quelle: eigene Darstellung

In der Umsetzung steht die laufende Steuerung und Prüfung des Projektes im Mittelpunkt. Dafür wird das Projektcontrolling als Werkzeug angewandt, und in der Folge werden die daraus abgeleiteten Veränderungen umgesetzt. Weitere wichtige Werkzeuge sind die Dokumentation des Projektes als Basis für Anpassungen bzw. zur Sicherung des Projekterfolgs sowie die Anwendung von Tools wie die Netzwerkanalyse oder der Einsatz moderner Konferenzsysteme speziell zur Absprache in räumlich verteilten Projektteams.

Projektcontrolling

Das Projektcontrolling dient zur rechtzeitigen Prüfung des Projektes und zur Ableitung von steuernden Maßnahmen. Dafür wird zum einen auf die Daten der Planung zurückgegriffen (Aufgaben, Zeit, Ressourcen), zum anderen werden weitere Faktoren analysiert und auf Basis der Erkenntnisse Maßnahmen abgeleitet. Projektcontrolling erfolgt zu festgelegten Terminen (Meilensteinen) oder im Bedarfsfall. Die grafische Darstellung eines Projektcontrollingsheets zeigt die Abbildung 20.

Projektcontrolling

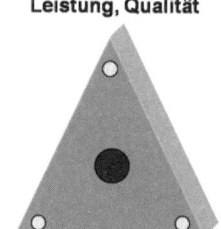

Leistung, Qualität

Produkt/ Objekt	Qualitätskriterium	Ist-Zustand	Abweichung Qualität	Maßnahmen

Termine   Ressourcen

AP	Plankosten	-	Ist-Kosten + Restkosten	=	Erwartete Gesamtkosten	Kostenabweichung zum Projektende	Maßnahmen

Abb. 20: Projektcontrollingsheet
Quelle: eigene Darstellung

Weitere Informationen zum Controllingprozess siehe Seite 51ff.

Diskontinuitätenmanagement

Unter Diskontinuitätenmanagement versteht man primär den Umgang mit Veränderungen im Projekt. Die Veränderungen treten entweder im

Rahmen des Projektcontrollings zu Tage oder entstehen durch Außeneinflüsse (z. B. Änderung des Projektauftrags durch den Auftraggeber).

Im Rahmen des Projektes muss man sich diesen Veränderungen widmen und greift dabei auf bewährte Tools wie z. B. die Umweltanalyse zur Erfassung von Veränderungen des Projektumfeldes zurück und passt die Maßnahmen an.

Weiters greift man beim Eintreffen von Projektrisiken auf die in der Projektstartphase erarbeiteten Szenarien zur Lösung von Problemen zurück. Bei der Bearbeitung von Veränderungen unterstützt auch die Projektdokumentation.

Dokumentenmanagement

Unter Dokumentenmanagement versteht man die Verwaltung von Dokumenten in elektronischen Systemen, wobei mittlerweile auch Audio- und Videodaten eingebunden werden können. Berechtigungskonzepte, Kategorisierung und das Versehen der Dokumente mit Metadaten sind Herzstück eines Dokumentenmanagement-Systems (DMS). Die thematischen Schwerpunkte eines DMS sind in der Abbildung 21 übersichtlich dargestellt.

Statt auf Papier werden Dokumente in verschiedenen Formaten elektronisch archiviert.

Zu einem DMS gehört in der Regel ein Scanner, mit dem Dokumente, die nicht in elektronischer Form vorliegen, durch z. B. ein OCR-Verfahren (Optical Character Recognition/Texterkennung) elektronisch weiterverarbeitbar gemacht werden können.

Gespeicherte Dokumente werden indexiert, um das Wiederauffinden nach den vom Benutzer vorgegebenen Kriterien zu ermöglichen.

Ein DMS unterstützt die Volltextsuche durch alle Dokumente. Suchkriterien können eingegeben und ausgewählt bzw. kann die Suche um Kriterien erweitert werden.

Ein DMS verwaltet und dokumentiert Änderungen an gespeicherten Dokumenten als fortlaufende Versionen.

Ein DMS unterstützt die Arbeit im Team, da alle auf den letzten Stand der Dokumente zugreifen. Über Berechtigungskonzepte wird der Datenschutz gewährleistet.

Abb. 21: Kerneigenschaften eines Dokumentenmanagement-Systems
Quelle: eigene Darstellung

In Projekten ist die Dokumentation von Inhalten und Ergebnissen wichtig. Nur so ist ein Projekt steuerbar bzw. in der Folge nachvollziehbar.

Für die erfolgreiche Umsetzung eines DMS ist vor allem die Auswahl der geeigneten Software ausschlaggebend. Dabei ist es von Vorteil, wenn die unzähligen Dokumente, die jeden Tag gespeichert werden, nach Jahren und Inhalten kategorisiert werden können (vorteilhaft z. B. für die Wirtschaftsprüfung) – so wird der User ohne Verzögerungen fündig.

Bei der Eingabe der Metadaten ist das Erarbeiten von Schlagwortkatalogen ein kritischer Schritt. Der bei weitem häufigste Eintrag „Sonstiges" ist, um erfolgreiche und schnelle Suchvorgänge zu ermöglichen, zu vermeiden. Hier sollte sorgsam und genau angegeben werden, in welche Kategorie dieses Dokument gehört bzw. welche Schlagworte zum Dokument passen.

Konferenzsysteme

Unter dem Begriff „Konferenzsysteme" wird eine Menge von Diensten zusammengefasst, die die Kommunikation in Echtzeit ermöglichen.

Der Vorteil dieser Konferenzsysteme liegt darin, dass die Teilnehmer nicht zur selben Zeit am selben Ort sein müssen, um gemeinsam an einer Aufgabenstellung arbeiten zu können (Einsparung: Reisezeit und -kosten).

In Projekten sind vielfach die Teilnehmer des Projektes nicht zur selben Zeit an einem Ort. Um Kosten einzusparen, können nachfolgend beschriebene Konferenzsysteme eingesetzt werden.

Man unterscheidet folgende Möglichkeiten:

Die **Telefonkonferenz** ist eine Verbindung, mit der zwei oder mehrere Personen gleichzeitig ein Gespräch zu einem Thema führen können. Telefonkonferenzen werden von den gängigen Mobilfunknetzen unterstützt. Weiters können Dienste bei Telefonserviceprovidern in Anspruch genommen werden, die es ermöglichen, sich über eine festgelegte Nummer mit einem Code als vorangemeldeter Teilnehmer einzuwählen und so an einer Konferenz teilzunehmen.

Die **Videokonferenz** ist eine visuelle und sprachliche Verbindung von zwei bzw. mehreren Personen an verschiedenen Standorten, die sich zu einem Thema austauschen wollen. Für die Übertragung von Bild und Ton sind technische Voraussetzungen, wie Videokonferenzsysteme an allen Teilnehmerstandorten und entsprechende Kabelverbindungen, zu schaffen. Moderne Videotechnologien ermöglichen den gemeinsamen Zugriff auf Computer- bzw. Präsentationssysteme.

Im Internet werden unterschiedliche Möglichkeiten zur Kommunikation unterstützt:

- **Chat:** ermöglicht den Austausch in schriftlicher Form in eingerichteten Internet-Chatrooms und kann die Kommunikation in Unternehmen unterstützen.

- **Net-Meeting:** ist eine Form der Kommunikation, die der Videokonferenz entspricht. Die Übertragung erfolgt über das Internet, das in der Regel zu einer langsameren Bildübertragung führt. Damit stellt das Net-Meeting die technische Sparform des Videokonferenzsystems dar.

Der Bedarf an Konferenzsystemen entsteht in Unternehmen dann, wenn sich Personen, die sich kurzfristig abstimmen müssen, nicht am selben Ort befinden. In diesem Fall ist in einem ersten Schritt die geeignete Form der Kommunikationsunterstützung auszuwählen (Übertragung von Ton oder Bild, Ton und Daten). Danach sollte die Anforderung ausgeschrieben und auf Basis der Angebote eine Entscheidung getroffen werden. In der Folge wird die Lösung umgesetzt. Bei einer Videokonferenz beispielsweise wird an jedem Standort das System installiert und getestet. Für Telefonkonferenzen wird ein Anbieter ausgewählt, der diese Leistung offeriert. Abschließend ist die Einschulung der User zur Benutzung des Systems durchzuführen.

Networking

Unter „Networking" versteht man im deutschen Sprachgebrauch „Beziehungen pflegen". Es ist damit ein Synonym für soziale Kontakte unter Gleichgesinnten, die einem bestimmten Zweck dienen.

Projekte stehen meist innerhalb einer Organisation und sind daher von vielen Einflussfaktoren (Darstellung in der Umwelt-/Umfeldanalyse) getragen. Es ist daher wichtig, Kontakte innerhalb eines Netzwerkes zu nutzen und dieses zur Beeinflussung möglicher Sperrfaktoren heranzuziehen.

Die goldene Regel: First give, then take!	Soziale Kompetenz bringt beim Networking Erfolg!	Geduld haben und Zeit investieren!
Wer in einer Interessengemeinschaft zuerst hilft, sich also für die Ziele anderer einsetzt, wirbt einerseits für die eigene Kompetenz und zeigt andererseits soziales Engagement. Wer sich an diese Regel hält, kann sicher sein, dass andere auch bereitwillig helfen, wenn es darauf ankommt.	Nur wer es versteht, auf Gleichgesinnte in einer sympathischen Art und Weise einzugehen und dabei nicht nur sein eigenes Ziel vor Augen zu haben, kann langfristig mit der gewünschten Unterstützung rechnen.	Networking wirkt vor allem langfristig. Es reicht nicht aus, für ein einziges Anliegen kurzfristig eine Interessengemeinschaft zu suchen und auf schnelle Unterstützung und Erfolg zu setzen. Wie Beziehungen im Allgemeinen braucht die Entwicklung von Seilschaften Zeit und Geduld.

Abb. 22: Regeln für erfolgreiches Networking
Quelle: eigene Darstellung

Durch Networking wird versucht, Kooperationen für berufliche oder private Interessengebiete zu finden. Im beruflichen Umkreis können Events und Messen genauso wie das Internet dienlich sein. Aktive Netzwerker arbeiten ständig an und in ihrem Netzwerk, das ein lebendes Gebilde darstellt. Ein wesentlicher Aspekt ist dabei die Integration neuer Kontakte, wobei hier nicht nach Gegensätzen, sondern nach gemeinsamen Interessen gesucht wird. Oberstes Prinzip beim Networking ist „Geben und Nehmen". Im Netzwerk ist jeder ein Gewinner, wobei erfolgreiches Networking weit mehr bedeutet, als nur Gleichgesinnte aufzuspüren, wie der Grafik (Abb. 22) zu entnehmen ist.

Links zu weiteren Tools und Checklisten

- www.pdagroup.at (Werkzeuge für Projektmanager)
- www.p-m-a.at/content.php (Download: Projekthandbuch)
- www.spol.ch (Checklisten)

3.5 Abschluss-/Nachprojektphase

Eine der notwendigsten und wichtigsten Phasen eines Projekts stellt unweigerlich die Projektabschlussphase dar. Zum einen, um den Projekterfolg oder Misserfolg für die Organisation zu sichern und das Ergebnis im Unternehmen zu kommunizieren, zum anderen um den Projektteilnehmern Gelegenheit zu geben, ihren Einsatz zu reflektieren, neue gewonnene Erkenntnisse als eigenes Wissen zu erleben und so auch anderen weitergeben zu können.

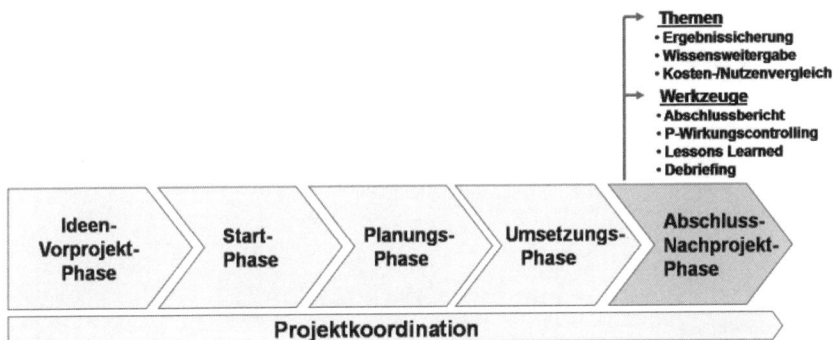

Abb. 23: Projektmanagement als Gesamtprozess: Abschlussphase
Quelle: eigene Darstellung

In dieser Phase muss ein Abschlussbericht in einer Übersichtsform erstellt werden. Zur Übertragung des Wissensgewinns aus dem Projekt in die Organisation kann neben anderen Möglichkeiten die Methode des Debriefings oder auch Lessons Learned eingesetzt werden.

Abschlussbericht

Der Abschlussbericht dient zur Sicherung der Ergebnisse des Projektes und zur späteren Nachverfolgung. Beiliegendes Sheet bietet eine Möglichkeit der übersichtlichen Darstellung der Ergebnisse auf einer Seite (Abb. 24).

Projektname	PROJEKTABSCHLUSSBERICHT
Projektnummer	

Gesamteindruck

Folgende Erfahrungswerte konnten aus dem Projektverlauf gewonnen werden:

Reflexion: Termine/Erfüllen von Arbeitspaketen

Meilensteintrendanalyse – prognostizierte Meilensteine

Reflexion: Ziele

Nachprojektphase

Folgeprojekte

Lessons Learned

Abb. 24: Abschlussbericht
Quelle: Modifiziert nach Patzak, G./Rattay, G. (2004), S. 391

Weitere Informationen zum Projektabschluss siehe Seite 54ff.

Neben dem Abschlussbericht sind Aktivitäten zu setzen, um die Übertragung des gewonnenen Wissens in die Organisation sicherzustellen. Die Verantwortung für diese Weitergabe trägt der Projektauftraggeber. Nachfolgend werden Möglichkeiten zur Übertragung und Weitergabe von Wissen dargelegt.

Projektwirkungscontrolling

Unter Projektwirkungscontrolling versteht man die nachhaltige Sicherung und Prüfung der Projektergebnisse (Abb. 25). Speziell bei Projekten, in denen das Ergebnis nicht unmittelbar in Wert und Nutzen messbar ist, müssen Aktivitäten gesetzt werden, damit der Projektnutzen, der jedem Projekt zugrunde liegen muss, prüfbar wird.

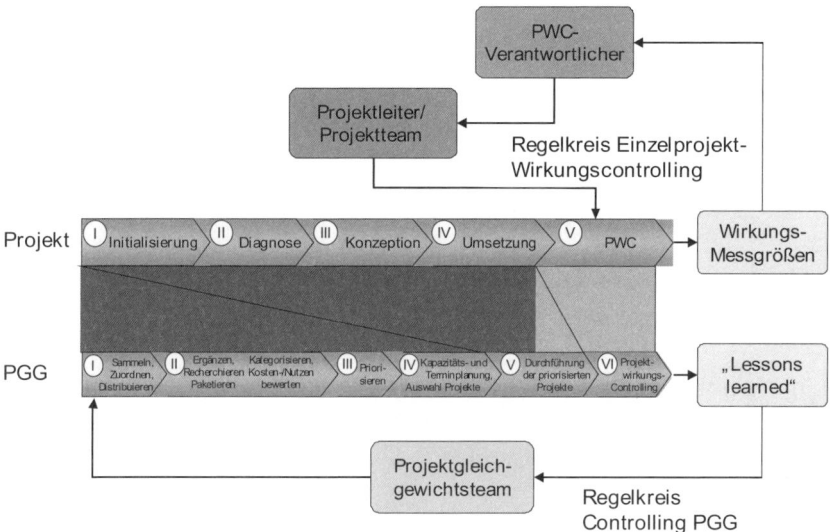

Abb. 25: Kreislauf des Projektwirkungscontrolling
Quelle: Augustin, 1997

Lessons Learned

Lessons Learned sorgen dafür, dass mit Hilfe eines klar definierten und strukturierten Prozesses wesentliche Erfahrungen aufgearbeitet und die dabei gewonnenen Erkenntnisse dokumentiert und weitergegeben werden. Somit wird individuelles und organisationales Lernen unterstützt.

Selten ist ein Projekt so alleinstehend, dass es keine Folgeprojekte oder ähnliche weitere Projekte gibt. Aus dieser Sicht ist es wichtig, die Organisation an den Erkenntnissen des Projektes lernen zu lassen, damit Fehler kein zweites Mal gemacht werden.

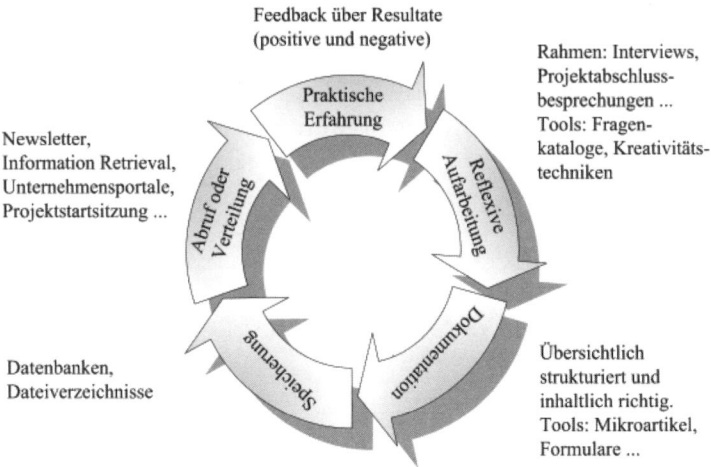

Feedback über Resultate
(positive und negative)

Rahmen: Interviews,
Projektabschluss-
besprechungen ...
Tools: Fragen-
kataloge, Kreativitäts-
techniken

Newsletter,
Information Retrieval,
Unternehmensportale,
Projektstartsitzung ...

Datenbanken,
Dateiverzeichnisse

Übersichtlich
strukturiert und
inhaltlich richtig.
Tools: Mikroartikel,
Formulare ...

Abb. 26: Prozesskreislauf Lessons Learned
Quelle: eigene Darstellung

Für die einzelnen Prozessschritte, die in der Abbildung 26 dargestellt sind, müssen die Verantwortlichkeiten und Methoden festgelegt und entsprechende Tools bereitgestellt werden.

Dabei ist zu entscheiden, wer den letzten Schritt, die Weitergabe der Erkenntnisse, veranlasst: die Nutzer, die bei Bedarf über Suchmechanismen entsprechende Dokumentationen abrufen, oder ein Verteilmechanismus, der mit Hilfe von Profilen potenzielle Interessenten ermittelt und neue Dokumentationen automatisch an diese weiterleitet? Besteht bei der ersten Methode ein erhöhtes Risiko, dass bestehendes Wissen nicht genutzt wird, so kann Letztere leicht zu einer Informationsüberflutung führen.

Debriefing

Debriefings dienen dem Sichern von Wissen nach länger andauernden Tätigkeiten mit speziellem Fokus auf kulturelle und soziale Aspekte.

Sie werden nach Beendigung eines Projektes bzw. dem Austritt oder Arbeitsplatzwechsel eines Mitarbeiters, aber auch zum Abschluss eines Projektes mit den Projektteilnehmern durchgeführt. Die Abbildung 27 zeigt das Beispiel eines Debriefings beim Austritt eines (Projekt-)Mitarbeiters.

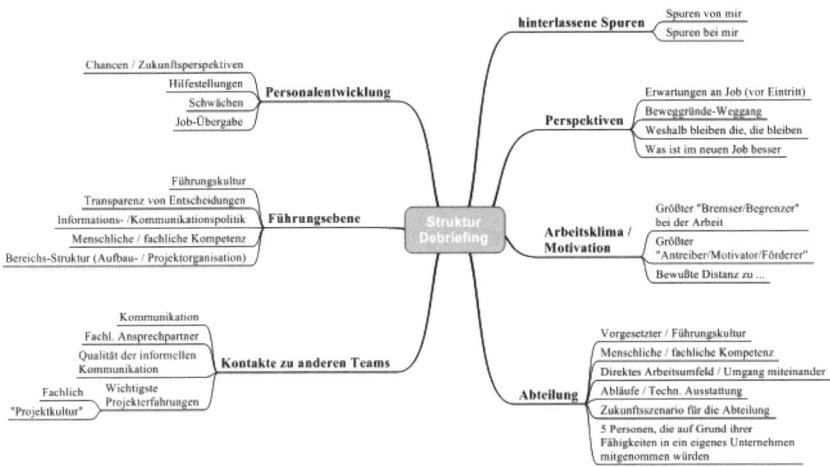

Abb. 27: Beispiel Austritt (Projekt-)Mitarbeiter
Quelle: eigene Darstellung

Debriefings werden meist mittels Fragebogen und strukturierten Interview durchgeführt, wobei sich eine Kombination mit einer adaptierten Art des Story Telling als Interviewtechnik als sehr effizient erwiesen hat.

Um die Emotionen in der Phase der Kündigung oder des Austrittes nicht zu dominant werden zu lassen, werden Debriefings zwei bis sechs Monate nach dem Ereignis, eventuell mit einem eigenen Moderator, durchgeführt. Erst das systematische Bereitstellen der aus den Debriefings gewonnenen Erkenntnisse schafft wirklichen Mehrwert.

Links zu weiteren Tools und Checklisten

www.pdagroup.at (Werkzeuge für Projektmanager)

www.p-m-a.at/content.php (Download: Projekthandbuch)

www.spol.ch (Checklisten)

3.6 Zusammenfassung

Die aufgezeigten Werkzeuge geben einen Überblick über Unterstützungsmöglichkeiten in den einzelnen Phasen des Projektes, um die Aufgaben zu konkretisieren, den Ablauf zu verbessern oder zu beschleunigen bzw. die Erkenntnisse für andere nachvollziehbar zu machen.

Es wurden nur einige wesentliche Werkzeuge beschrieben, da Erkenntnisse, die in laufenden Projekten gemacht werden, auch weiterhin in neue oder überarbeitete Werkzeuge einfließen. Aus dieser Sicht haben wir uns als Autoren entschieden, eine lebende Plattform zu Verfügung zu stellen, auf der wir die aktuellen Tools den Lesern zur Verfügung stellen.

Benützen Sie den nachfolgenden Link mit folgendem Passwort „PraktikerInnen", um sich die neuen Tools herunterzuladen:

http://www.pdagroup.at (Werkzeuge für ProjektmanagerInnen)

Anmerkungen

1   Kilian, D. et al. (2007).

Literaturverzeichnis

Jenny, B. (2005): Projektmanagement, Das Wissen für eine erfolgreiche Karriere, vdf Hochschulverlag an der ETH Zürich, 2. Auflage, http://www.spol.ch/web/buecher_bruno_jenny.html#1

Hagen, S. (2005): Projektmanagement-Handbuch im Internet, www.pm-handbuch.com

Hauser, M./Volonte, K. (2007): Projektmanagement-Handbuch http://www.tic-net.at/index.cfm?n_id=33

Kilian, D./Krismer, R./Loreck, S./Sagmeister, A. (2007): Wissensmanagement – Werkzeuge für Praktiker, 3. Auflage, Linde Verlag, Wien

Patzak, G./Rattay, G. (2004): Projektmanagement – Leitfaden zum Management von Projekten, Projektportfolios und projektorientierter Unternehmen, 4. Auflage, Linde Verlag, Wien

PMA, Projektmanagement Austria, www.p-m-a.at

4. Teil: Projektbeispiele mit Anschlussfragen

4.1 Alpina Druck

Projekt: „Geschäftsprozessverbesserung mit Unterstützung eines IT-Systems"
Interview mit: Prok. Mario Moser, Assistent der Geschäftsführung, Alpina Druck (nachfolgend abgekürzt mit MM)

Geführt von: Dr. Dietmar Kilian, am 19.11.2007 (nachfolgend abgekürzt mit DK)

Frage: Bitte geben Sie uns einen kurzen historischen Überblick über das Unternehmen, die Tätigkeiten und die Produkte.

MM: Die Alpina Druck besteht seit 49 Jahren, bald feiert sie das 50-jährige Jubiläum. Es ist ein Familienunternehmen, welches von zwei Familien (Lechleitner und Friedl) gegründet worden ist. Derzeit sind 85 Mitarbeiter angestellt und der Umsatz beträgt zehn Millionen Euro. Der Markt ist der

Projektname		PROJEKTAUFTRAG		
Projektnummer				
Projektauftraggeber:	Dr. Lechleitner	Projektstarttermin:		15. Nov. 2005
Projektleiter:	M. Moser	Projektendtermin:		30. März 2006
Projektteammitglieder:				
GF und Bereichsleiter		Projektrolle: Mitglieder/Mitarbeit		
Projektziele:				
Erstellung einer Prozesslandkarte mit einer Erfassung der Problemfelder und einer Vorgehens-/Optimierungs-/Maßnahmenplanung, Entscheidungsbasis einer neuen IT-Lösung				
Projektnichtziele:				
Umsetzung/Implementierung der IT-Lösung				
Meilensteine:		Termin:		
• Abnahmeworkshop Prozesslandkarte		11.1.06		
• Abnahme Entscheidungsmatrix IT-Lösung		7.2.06		
• Projektabschlussmeeting		29.3.06		
Unterschriften:				
Auftraggeber		Projektleiter		

Abb. 1: Projektauftrag Alpina Druck
Quelle: eigene Darstellung

gesamte Druckmarkt für Papier und Karton. Es werden alle Waren in diesem Bereich gefertigt, wie Kalender oder Ansichtskarten. Die Ansichtskarten waren von Anfang an eine Nische neben der Tourismuswerbung, und auch heute noch werden 30 bis 35 Prozent des Umsatzes damit generiert.

Frage: Geben Sie bitte einen Überblick über Ihr Projekt, welches Sie nachfolgend vorstellen möchten.

- *Beschreiben Sie den Inhalt des Projektes.*

- *Welche Tätigkeiten zur Vorbereitung wurden für das Projekt durchgeführt?*

MM: Die Einladung zu dem KMU-Projekt (angewandtes Forschungsprojekt am MCI) erfolgte durch die Volksbank, und das Projekt klang sehr spannend. Alpina Druck stand gerade vor der Herausforderung, ein ERP-System bzw. MRS-System oder eine Lösung, die beides kann, wobei die Abgrenzung sehr schwer ist, einzuführen. Dies war der Anlass, sich mit dem Unternehmen und der Ausrichtung des Unternehmens intensiv zu beschäftigen. Die Volksbank lud ein, gemeinsam mit dem MCI an dem KMU-Projekt teilzunehmen.

Anfangs ging der Vorschlag mehr in Richtung Marketing. Alpina Druck sollte sich über die Vermarktung des Digitaldrucks Gedanken machen. Man stellte jedoch relativ schnell fest, dass der Digitaldrucksektor nicht das Kerngeschäft werden wird. Man entschied sich für die ERP-Lösung und beschloss, dass man sich auf das Kerngeschäft, in welchem man seit 50 Jahren tätig ist, konzentrieren und sich hier mit den Geschäftsprozessen auseinandersetzen möchte. Das war der Grundgedanke und dieser wurde auch als Leitmotiv für die weiteren Überlegungen beibehalten. Es wurde eine intensive Prozessanalyse gemacht, wobei man sich vorangehend noch mit der Vision der Alpina Druck, also mit dem Leitbild auseinandersetzte. Das war eigentlich das erste Mal, dass man sich damit in dieser Intensität auseinandersetzte. Übergeordnetes Ziel war es, eine ERP-Lösung zu finden und einen Pflichtenkatalog auszuarbeiten; um das zu erreichen, hat man sich sehr intensiv mit den Prozessen im Unternehmen beschäftigt.

- *Welche Ziele und Nichtziele wurden definiert und dokumentiert?*

MM: Es gab eine Beschreibung des Projekts, wobei man hier nur definierte, dass das Prozessmanagement im Vordergrund stehe, weil das Prozessmanagement als Schritt in Richtung ERP-Lösung wichtig war. Es wurde ein Prozess-Mapping gemacht, wodurch man Problemfelder entdeckte, an denen man auch außerhalb des ERP-Systems arbeiten kann, und an denen man nach wie vor arbeitet.

Der Projektstart war demnach offen, die Problemstellung wurde erst in der zweiten Phase des Projektes näher definiert. Vor allem weil man am Anfang noch den Marketinggedanken im Kopf hatte und im Zuge des intensiven Dialogs mit den Betreuern und anderen Unternehmen erkannte, dass Prozessmanagement für Alpina möglich ist. Und man beschäftigte sich dann damit. Bis zum ersten Workshop war nicht hundertprozentig klar, wohin es wirklich gehen wird, aber der Prozessgedanke und die Auseinandersetzung mit Stärken und Schwächen des Unternehmens waren definitiv ein Ziel.

- *Wie erfolgte die Planung der nachstehenden Punkte: Aufgaben, Zeit, Meilensteine, Ressourcen inklusive Kosten?*

MM: Es hat eine Aufgaben- und eine Zeitplanung gegeben, hierbei wurde das Unternehmen gut unterstützt durch das MCI. Es gab eine Auflistung der Workshops sowie deren Inhalte und einen Zeitplan, der immer eingehalten wurde. So gesehen war es sehr gut geplant. Man war froh, dass man hier eine externe Hilfe hatte, denn das Projektmanagement-Know-how war zu dieser Zeit im Unternehmen nicht sonderlich stark ausgeprägt.

- *Wie wurde das Team ausgewählt, die Organisation umgesetzt und festgehalten?*

MM: Das Projekt wurde von Herrn Dr. Lechleitner gewonnen, dieser nahm Herrn Moser mit, da er gesehen hatte, dass es für Herrn Moser Anknüpfungspunkte gab, welche teilweise durch das Studium, teilweise durch persönliches Interesse bedingt waren. Gemeinsam haben sie begonnen, an dem Projekt zu arbeiten und eine Projektorganisation aufgestellt. Diese bestand aus einem Projektausschuss, der übergeordnet war, sowie aus einem internen und einem externen Projektleiter. Interner Projektleiter war Dr. Lechleitner, Herr Moser wurde ihm als Projektmitglied zur Seite gestellt. Der externe Projektleiter war der Geschäftsführer des ERP-Systems, aber erst nachdem man das ERP-System als Ziel definiert hatte und wusste, in welche Richtung man gehen wollte. Intern wurde jedoch hauptsächlich mit Dr. Lechleitner kommuniziert und er leitete auch das Projekt.

Der Auftraggeber war auch Leiter des Projektes und holte sich Herrn Moser als Koordinator zur Seite. Zusätzlich gab es den übergeordneten Projektausschuss, der vor allem aus den Gesellschaftern des Unternehmens bestand. Hier gab es einen sehr regen Austausch.

Frage: Beschreiben Sie bitte den Ablauf des Projektes aus folgenden Sichtweisen:

- *Wurde auf den definierten Inhalt und die Zielerreichung auch während des Projektes geachtet?*

- *Wie erfolgte die Steuerung des Projektes inklusive der definierten Maßnahmen?*

MM: Es begann mit einem Aufgabenpaket, welches beinhaltete, dass man sich mit dem Thema Prozessmanagement intensiv auseinandersetzen sollte. Das passierte mehr oder weniger im Selbststudium. Herr Lechleitner und Herr Moser haben sich in die Literatur vertieft und kamen dabei schon zu einigen Schlüssen, die hilfreich waren, um einen möglichen Weg herauszufinden. Im Rahmen der Workshops wurde man immer näher an die Thematik herangeführt. Man hat sich im Vorhinein schon mit dem Thema „Leitbild und Vision" intensiv auseinandergesetzt und sehr viel Energie investiert.

Nun ging es darum, die einzelnen Prozesse zu erfassen. Hierfür hat man sich sehr viel Zeit gelassen, und im Rahmen der Workshops erfuhr man, wie man eine Prozessanalyse macht und wie man die Problemfelder analysiert und ausarbeitet.

Dann ging es darum (in einem Workshop), wie man eine Entscheidungsmatrix aufbaut. Hierbei waren mehrere Personen beteiligt, einerseits alle Personen des Projektteams sowie Personen, die eigentlich nichts mit der IT zu tun hatten. Das war der Schritt, wo man sagte, man würde neben der Prozessoptimierung, die bereits sukzessive gemacht wurde, auch die Untersuchung für eine IT-Lösung durchführen. Diese wurde, rückblickend selbstkritisch betrachtet, nur oberflächlich umgesetzt.

Es ging dann darum, die ersten Erfolge nachhaltig zu sichern; dabei stieß man auf die Temp-Methode, mit der man den Ist-Zustand analysierte und Ziele für die nächsten Jahre definierte. Vor einigen Monaten hat man mit dieser Methode die eigene Einschätzung erneuert. Dabei haben wichtige Entscheidungsträger teilgenommen und es war eine spannende Sache. Man hat gesehen, dass sich viele Bereiche verbessert haben, trotzdem bleibt noch viel Arbeit, und die Herausforderung, viele Bereiche zu optimieren, besteht weiterhin.

Folgende Ziele standen dann im Vordergrund:

- Alle Prozesse dokumentieren

- Entscheidung für Systemunterstützung, die Problemfelder bereinigt

- Umsetzung der Entscheidung

Die Umsetzung dieser Ziele stellt einen permanenten Prozess dar. Es gibt jedoch noch ein weiteres Ziel, das damals noch nicht klar war, jetzt jedoch, nachdem man ein wenig Abstand gewonnen hat, definiert werden kann. Der erste Schritt war, sich mit den Zielen, Werten und der Richtung auseinanderzusetzen. 1991/92 hat die Geschäftsführung von Senior auf Junior gewechselt, damals setzte man sich mit Zielen, Werten und Visionen auseinander und der Weg, diese Ziele zu erreichen, stand fest, aber in diesen zehn Jahren hat sich viel getan und verändert. Durch die Auseinandersetzung mit diesen Themen ist jetzt im Unternehmen viel passiert und das ist eigentlich ein Ergebnis. Es war ein wichtiger Schritt, wieder in diese Richtung zu denken, und daraus ergab sich das Ergebnis.

Die Temp-Methode hat unterstützend gewirkt, um die Ziele der Veränderung begleitend zur ERP-Auswahl zu realisieren. Hätte man so eine Methode wie die Temp-Methode nicht angewendet, hätte die Gefahr bestanden, dass nach Abschluss des Projektes und der Entscheidungen die Nachhaltigkeit verloren gegangen wäre. Man hätte dann die Entscheidung gehabt und das Projekt wäre abgeschlossen gewesen. Die Temp-Methode nimmt man jedoch gerne aus dem Projekt mit und führt sie kontinuierlich weiter.

Man hat demnach, parallel zum Projektmanagement und zur Realisierung des Projektes, die Temp-Methode zur langfristigen Absicherung umgesetzt.

- *Gab es geplante und ungeplante Veränderungen und wie sind Sie damit umgegangen?*

MM: Geplante und ungeplante Veränderungen wurden bereits beschrieben. Es gab ja die ursprüngliche Idee des Marketings und es kam zur Organisationsentwicklung. Eher ungeplant war es auch, dass seitdem ein positiver Prozess im Unternehmen stattfindet. Man setzt sich immer wieder mit bestimmten Themen auseinander, das hat es vorher eigentlich nicht gegeben.

- *Wie erlebten Sie die Zusammenarbeit im Team und mit dem Auftraggeber?*

MM: Die Zusammenarbeit war angenehm. Der Projektleiter hat seine Rolle sehr erst genommen. Die Projektmitglieder und Fachexperten, die immer wieder herangezogen wurden, waren zuerst immer skeptisch gegenüber den Methoden. Beispielsweise bei der Matrixmethode. Man sitzt mit Karten in einem Raum, das ist für einen Produktionsbetrieb eher ungewöhnlich. Aber schon nach kurzer Zeit konnte jeder den Grundgedanken nachvollziehen, jeder war involviert und arbeitete mit. Die Leute im Projekt kommunizierten intensiver als sonst miteinander. Teilweise hatte die Kommunikation einen informellen Charakter, man hat also nicht immer alles protokolliert. Die Kommunikation verlief aber sehr gut und kameradschaftlich. Es wurden immer alle Projektbeteiligten stark in die Entscheidungsprozesse eingebunden.

Frage: Was waren die positiven Erfahrungen in Ihrem Projekt?

- *Arbeit mit und im Team*

- *Umgang mit Konflikten*

MM: In diesem Projekt gab es keine Konflikte. Natürlich fragt man zuerst: „Warum wird das gemacht? Die Zahlen sind doch in Ordnung, warum geht man diesen Weg und warum investiert ein Geschäftsführer diese Zeit?" Das Wesentliche war aber, dass das Projekt gut funktionierte.

- *Change im Projekt*

MM: Anfänglich gab es kein hundertprozentiges Ziel, da man andere Parameter hatte, aber die Ziele des Workshops wurden eingehalten. Man hat die Prozesse modelliert und die Problemfelder ausgearbeitet und daran gearbeitet. Der Großteil konnte bewältig werden, der Rest wird gerade noch bearbeitet. Das ERP-System wurde mittlerweile ausgewählt, man ist derzeit in der Beta-Phase. Anfang 2008 wird man damit in Richtung Produktion gehen. Das Thema Temp-Methode wurde bereits besprochen.

- *Abschluss*

MM: Es wurde schon im letzten Workshop definitiv angesprochen, dass das Projekt abgeschlossen sei. Wir haben aber gleichzeitig neue Ziele definiert. Ein tolles Ziel, das sich ergeben hat, ist ein zweijähriges Forschungsprojekt, das immerhin zwei Millionen Euro schwer ist. Gleichzeitig passiert auch viel in der Denkweise der Mitarbeiter. Außerdem konnten gute Projekte für die Zukunft abgeleitet werden. Dieses Projekt war demnach der Einstieg, das KMU-Projekt ist zu Ende, alles andere sind Einzelprojekte. Jetzt hat man jedoch schon Erfahrung gesammelt, und man geht ganz anders in Projekte hinein. Mit dem ERP ist die Dokumentation eine andere, aber die Grundgedanken sind alle aus dem KMU-Projekt entstanden.

Frage: Wo konnten Sie im Projekt Verbesserungspotenziale erkennen?

- *Arbeit mit und im Team*
- *Umgang mit Konflikten*
- *Change im Projekt*
- *Abschluss*

MM: Das Projekt ist abgeschlossen und Folgeprojekte werden anders konzipiert werden, beispielsweise die Doppelfunktion des Geschäftsführers als Auftraggeber und Projektleiter. Solche Konstellationen versucht man heute zu vermeiden. Projekte werden nun anders aufgebaut, aber ohne das KMU-Projekt hätte man diese Wege nicht erkannt.

Frage: Was würden Sie aus heutiger Sicht anders machen?

- *Vorprojekt und Analyse*
- *Projektstart und Auftrag*
- *Planung und Durchführung*
- *Abschluss und Reflexion*

MM: Der ursprüngliche Ansatz, das Projekt so aufzubauen, war richtig! Aus der heutigen Sicht würde man es natürlich anders machen, da man einiges an Zeit hineingesteckt hat und die Erfahrung mit Projekten hinzukommt. Wenn man jedoch davon ausgeht, wie es damals war: Man dachte, man würde sich einem kleinen Projekt nähern und schauen, was daraus wird. Man hatte zwar ambitionierte Ziele, aber man wusste nicht, was daraus entstehen würde, und konnte es auch nicht wissen. Das hat das Projekt dann vom Umfang her größer gemacht, und das Projektteam war eigentlich zu klein. Heute stellt man Überlegungen bezüglich des Aufwandes bereits vor dem Projektbeginn an und dementsprechend werden dann die Kompetenzen verteilt.

Wesentliche Erkenntnisse aus dem Projekt sind demnach der Bereich Projektplanung und Organisation und vor allem die Dokumentation. Diese war zwar gut, aber im Vergleich zu heute war das Projekt weniger umfangreich. Heute hat man Projekthandbücher, die lückenlos ausgefüllt werden, und somit hat das Ganze eine andere Qualität.

Die Projekte werden jetzt vom Start bis zum Ende geplant und die Reflexion wird umfangreicher und genauer gemacht. Themen wie Umfeldanalysen wurden damals nur andiskutiert, Dinge wie einen Projektstrukturplan hat man zwar irgendwo gemacht, aber in dieser Weise gibt es das nicht mehr. Heute wird alles dokumentiert und man hält sich an die Richtlinien, weil die Komplexität gestiegen ist.

Es ist also eine Projektmanagement-Kultur entstanden und der Umgang der Personen mit dem Projekt ist anders. Man hat jetzt Projekte, wo auch Personen, die nicht Projektmitglieder sind, involviert sind. Diese werden zu den Workshops eingeladen. Diese Workshop-Kultur hat es zuvor nicht gegeben, das war alles produktive Zeit. Jetzt setzt man sich die eine oder andere Stunde zusammen und arbeitet einen ganzen Vormittag an einem Ziel und setzt sich Ziele für das nächste Meeting.

Die Mitarbeiter sehen auch den Nutzen dieser Arbeit. Gerade wurde in einem Wirtschaftsmagazin veröffentlicht, dass die Alpina Druck in Tirol die umsatzstärkste Druckerei ist. Die Alpina Druck arbeitet mit modernen Materialien, und der Erfolg ist spürbar. Das Unternehmen kann Dinge sehr rasch umsetzen. Projektmanagement wird vom Unternehmen nicht als Tool gesehen, um über einen langen Weg zu einem Ziel zu kommen, sondern man sieht jetzt Teilprojekte, die weniger lange dauern. Man erkennt, dass wenn man strukturiert an ein Projekt herangeht, und das kann man mit so einem Projekt gut, dann kommt der Erfolg oder die Einsicht, was man hätte anders machen können, und das Ganze verläuft nicht so im Sand. Die frühere Herangehensweise, wo man ambitionierte Ziele hatte und die Leute auswählte, die sich damit auseinandersetzen sollten, und irgendwann zwei Jahre später fragte, was denn daraus geworden sei, gibt es nicht mehr. Heute gibt es Regelkreise, wo man sich intensiv mit den Zielen auseinandersetzt und eine Zeitplanung erstellt.

So wird die Nachhaltigkeit für das Unternehmen geschaffen und der langfristige Erfolg gesichert.

DK: *Vielen Dank für das Gespräch.*

Anschlussfragen

- Ist die Umsetzung von Projektmanagementkonzepten in Kleinunternehmen sinnvoll?
- Welche Veränderungen im Unternehmen wurden durch das Projekt in Gang gesetzt?
- Welche Verbesserungspotenziale für die Umsetzung ähnlicher Projekte können Sie für sich als Leser erarbeiten?

4.2 austriamicrosystems AG

Projekt „Errichtung einer Chip-Testfabrik auf den Philippinen"
Interview mit: Paul Winkler, Head of Strategic Projects austriamicrosystems AG (nachfolgend abgekürzt mit PW)

Geführt von: Markus Weigl, MSc, am 09.08.2007 (nachfolgend abgekürzt mit MW)

Frage: Bitte geben Sie uns einen kurzen historischen Überblick über das Unternehmen, die Tätigkeiten und die Produkte.

MW: *Ich bedanke mich sehr herzlich für die Gelegenheit, mit Ihnen gemein-*

sam ein so spannendes internationales und interkulturelles Projekt beleuchten und reflektieren zu dürfen. Bevor wir in das Projekt einsteigen, darf ich Sie bitten, uns einen kurzen Überblick über das Unternehmen austriamicrosystems AG sowie deren Tätigkeiten und Produkte zu geben.

PW: Die austriamicrosystems AG mit Firmensitz in Unterpremstätten bei Graz zählt weltweit zu den führenden Unternehmen in der Entwicklung und Herstellung von hoch integrierten analogen Schaltkreisen (sogenannten „integrated circuits" oder ICs). Die austriamicrosystems AG versteht sich hier als spezialisierter Halbleiteranbieter: Als dieser entwickeln und fertigen wir branchenführende Standard-Analogprodukte und kundenspezifische Lösungen an der Schnittstelle zwischen der digitalen und der analogen Welt, in der wir alle leben.

Prinzipiell kann man den Markt für Halbleiter unterteilen in CPUs (wie z. B. Intel), in Memory- bzw. Speicherbausteine und in das sogenannte Analog-Segment, das mit etwa 40 Milliarden US-Dollar im Jahr 2007 17 Prozent des weltweiten Halbleitermarktes ausmacht. austriamicrosystems ist ausschließlich in diesem Bereich tätig und versteht sich hierbei als ein weltweiter Nischenanbieter mit klarer Fokussierung auf seine Kernkompetenzen und seine spezifischen Stärken.

Unser Unternehmen fokussiert sich auf die Bereiche Power Management, Sensoren und Sensorschnittstellen, tragbare Audiosysteme und Automobilzugangssysteme und bedient die Märkte Communications, Industry & Medical und Automotive. Daneben agiert austriamicrosystems auch als sogenannte „Full Service Foundry", das heißt, es werden auch Wafer für andere Unternehmen produziert, die entweder über keine eigene Fertigung oder nicht über die von austriamicrosystems angebotenen Spezialprozesse wie Hochvolt- oder Silizium-Germanium-Prozesse verfügen. Außerdem haben wir eine enge Kooperation mit IBM, innerhalb derer gemeinsam ein Prozess entwickelt wird, im Rahmen dessen austriamicrosystems insbesondere seine spezielle Kompetenz im High-Voltage-Chip-Bereich einbringt.

Durch die Kombination von mehr als 25 Jahren System-Know-how und Erfahrung im analogen Chipdesign mit eigenen hochmodernen Produktions- und Testanlagen kann austriamicrosystems auf alle Vorteile eines vertikal integrierten Full-Service-Anbieters zurückgreifen. Mikrochips der austriamicrosystems AG sind weltweit und in fast allen Lebensbereichen anzutreffen – in Mobiltelefonen, MP3-Playern, GPS-Empfängern und anderen tragbaren Geräten, in Herzschrittmachern, Blutzuckermessgeräten, bildgebenden medizinischen Geräten wie Computertomographen und digitalen Röntgengeräten, Wegfahrsperren mit Funkschlüssel, Keyless-Go-Systemen, elektronischen Stabilitätsprogrammen (ESP) und elektronischen Stromzählern, um nur einige Beispiele zu nennen, wie unsere Produkte das tägliche Leben erleichtern.

Im Wesentlichen bietet somit austriamicrosystems im Bereich analoger Halbleiter über die gesamte Wertschöpfungskette hinweg alle relevanten Dienstleistungen an: beginnend mit Produktdesign über die Produktion von Wafern über Frontend- und Backend-Services bis hin zum Testen der Produkte.

MW: Wie stellt sich die historische Unternehmensentwicklung von austriamicrosystems dar?

PW: Unser Unternehmen wurde 1981 als ein Joint-Venture zwischen einem amerikanischen Halbleiterunternehmen und der damaligen Voest Alpine AG gegründet: Das spürt man auch heute noch am beispielsweise eher informellen Umgangston im Unternehmen. 1992 erfolgte der Börsegang an der Wiener Börse als erstes europäisches Halbleiterunternehmen. Im Jahr 2000 wurde das Unternehmen durch ein „public-to-private" von Permira, dem größten europäischen Private-Equity-Fund, von der Börse genommen, um den Bau der neuen 200mm-Wafer-Fertigung und eine Neuausrichtung für profitables Wachstum des Unternehmens zu ermöglichen. 2004 erfolgte der neuerliche Gang an die Börse, diesmal in Zürich.

MW: Austriamicrosystems versteht sich als sehr internationales Unternehmen: Wie stellt sich das in der unternehmensinternen Arbeitsteilung dar?

PW: Im gesamten Unternehmen sind mehr als 1000 Mitarbeiter in Europa, Amerika, Afrika und Asien beschäftigt, wobei der Mitarbeiterschwerpunkt aktuell eindeutig auf den Standort Österreich ausgerichtet ist. Die einzige Wafer-Fabrik im Eigentum des Unternehmens befindet sich am Firmenstandort Unterpremstätten bei Graz. Austriamicrosystems besitzt Entwicklungsstandorte (sogenannte „Design Center" für Produktentwicklung) bzw. Vertriebsstandorte in Italien, Deutschland, Frankreich,

Finnland, Schweden, Großbritannien, der Schweiz, den USA, Südafrika, Japan, Singapur, Hongkong, China, Taiwan, Indien, Philippinen und Südkorea. Darüber hinaus haben wir aktuell auch einen internationalen Produktionsstandort außerhalb Österreichs, die Chip-Test-Fabrik auf den Philippinen, über welche wir im Rahmen des zu betrachtenden Projekts hier noch näher sprechen werden.

Traditionell versteht sich austriamicrosystems als spezialisierter Dienstleister im Bereich Kundeneinzelfertigung mittlerer Stückzahlen, wobei sich dies in den letzten Jahren verschoben hat. Diese Historie zeigt unter anderem auch Auswirkungen und Konsequenzen im Bereich der Unternehmenskultur, als dass eine durchgehende Orientierung an Prozessen und Regularien nicht im Fokus liegt, sondern das Thema „exception handling" höchste Priorität genießt. In diesem Bereich sind wir auch sehr gut.

Diese kulturelle Komponente zeigt selbstverständlich auch Auswirkungen auf die Art und Weise der Projektabwicklung innerhalb unseres Unternehmens.

Projektname	PROJEKTAUFTRAG		
Projektnummer	austriamicrosystems AG		
Projektauftraggeber:	Gesamtvorstand	Projektstarttermin:	03.10.2005
Projektleiter:	Paul Winkler	Projektendtermin:	03.04.2006
Projektteammitglieder:			
Paul Winkler	Projektrolle: Projektmanager		
Wolfgang Peisser	Projektrolle: Projekt Owner (Linienverantwortung und Betrieb)		
Projektziele:			
Standortevaluierung und -bestimmung sowie Errichtung einer Chip-Testfabrik in Asien			
Projektnichtziele:			
keine expliziten Projektnichtziele			
Meilensteine:		Termin:	
• Entscheidung Standort und Beginn Local Setup:		15.11.2005	
• Beginn Produktivbetrieb der Chip-Test-Fabrik:		03.04.2006	
Unterschriften:			
Auftraggeber		Projektleiter	

Abb. 2: Projektauftrag austriamicrosystems AG
Quelle: eigene Darstellung

Frage: Geben Sie bitte einen Überblick über Ihr Projekt, welches Sie nachfolgend vorstellen möchten.

- *Beschreiben Sie den Inhalt des Projektes.*

- *Welche Tätigkeiten zur Vorbereitung wurden für das Projekt durchgeführt?*

MW: Das stellt einen sehr passenden Ansatzpunkt für eine Überleitung zur Betrachtung des gegenständlichen Projekts dar: Könnten Sie hier bitte im ersten Ansatz einmal einen Überblick über den Inhalt des bereits kurz angesprochenen Projekts „Aufbau einer Testfabrik auf den Philippinen" geben?

PW: Hierfür muss ich als Basis noch kurz den grundlegenden Produktions- und Prozessablauf in unserem Unternehmen darstellen, um darauf aufbauend die konkrete Ausgangssituation für dieses Projekt skizzieren zu können: Die Produktion innerhalb der Halbleiterbranche teilt sich grundlegend in vier wesentliche Stufen auf: Die erste Stufe stellt das sogenannte „Frontend" dar, in der die Wafer fabriziert werden (Wafer sind Siliziumscheiben, in unserem Fall im Durchmesser von 200mm, die das Trägermaterial für die zu produzierenden Chips sind, aus denen zwischen einigen hundert und bis zu 30.000 Chips je Scheibe produziert werden). Eine weitere vorgelagerte Stufe ist die Produktion der Masken, die aber noch zur Entwicklung zu zählen ist. Die Masken werden aufgrund der Zeichnung der Chips im Design produziert und bilden die Grundlage für die Chipproduktion. Zur Herstellung eines Wafers sind bis zu 35 unterschiedliche Masken erforderlich, die in ebenso vielen Belichtungsschritten die vom Designer entwickelte CAD-Zeichnung, mittels eines photolithografischen Prozesses unterstützt, durch zahlreiche chemische und physikalische Schritte auf den Wafer bringen. Im Anschluss an die Produktion der Wafer erfolgt das Testen der Funktionsfähigkeit, der sogenannte „Wafer-Sort" (Testen der Chips am fertigen Wafer); dies geschieht ebenfalls bei uns im Haus in Unterpremstätten. Danach werden die Wafer assembliert, das heißt, sie werden zersägt und in Gehäuse montiert, es werden Drähte angebracht und so weiter: Dieser „Assembly"-Schritt wird nur mehr im Ausnahmefall durch austriamicrosystems selbst übernommen und mehrheitlich durch externe Sublieferanten in Asien durchgeführt.

Diese Trennung hat sich insbesondere auch deswegen durchgesetzt, weil diese Produktionsstufe nicht dieselben „Reinraum"-Bedingungen benötigen wie das sogenannte „Frontend" und personalintensiver (und damit kostenintensiver) sind und ursprünglich daher auch diese Schritte in der gesamten Branche rascher outgesourced werden konnten bzw. mussten. Zwischenzeitlich finden Sie natürlich in Asien hochqualitative Frontend-Produktionsstätten.

Nach dem Assembly stellt das „Testing" (Testen der fertigen Chips) die vierte Stufe der Chipproduktion dar. Dazu wurden die Chips bis Anfang 2006 von Asien wieder nach Unterpremstätten geliefert. Im Bereich des Testens der fertigen Chips gibt es hier wiederum eine ganze Reihe von technischen Feinheiten zu berücksichtigen.

Die spezifische Ausgangskonstellation für das Projekt „Aufbau einer Test-fabrik auf den Philippinen" war der kritische Engpass an hochqualifizier-ten Ingenieuren im Bereich Testen der fertigen Chips im Raum Graz. Der Markt für hochqualifizierte Techniker in diesem Segment mit ca. fünf bis zehn Jahren Erfahrung ist in Österreich – bis auf Infineon, Villach – nicht entwickelt. Aufgrund dieses sehr engen Marktes gibt es als Alternative nur die langfristige Entwicklung eigener Ressourcen aus dem Kreise von Uni-versitätsabsolventen. Diese Situation entwickelte sich vor ca. zwei Jahren sehr kritisch, sodass auch hier sehr konkret über eine Auslagerung nachge-dacht werden musste.

MW: Und die Option, aus dem Ausland Experten an den Standort Österreich zu ziehen?

PW: Tun wir zum Teil: Wir haben allein hier am Standort 28 unterschied-liche Nationalitäten bzw. viele Personen, die nicht Deutsch sprechen. Dies geht bis zum Vizepräsident-Level.

Man sieht sich hier aber sehr hohen emotionalen, sozialen und auch finan-ziellen Kosten, welche mit solchen Übersiedlungen einzelner Fachkräfte verbunden sind, konfrontiert. Die tatsächliche soziale Integration, und zwar insbesondere des familiären Umfelds, gestaltet sich hier manchmal leider viel schwieriger als die Integration der ausländischen Experten in den Arbeitsprozess selbst, was wiederum oftmals sehr negative Auswirkun-gen auf die Zufriedenheit der Arbeitnehmer schafft.

MW: Somit haben Sie sich aus diesen Gründen als Unternehmen bewusst entschieden, die Test-Phase zu verlagern?

PW: Ja, und zwar standen uns hierfür zwei Varianten zur Verfügung: Entweder wir sourcen das vollständig aus und vergeben das Testen an einen der Assemblierer in Asien, die ohnehin den Schritt des Testens durchführen können. Oder wir versuchen selbst eine Test-Fabrik im Ausland hochzuziehen.

Diese Entscheidungen sind alles in allem relativ informell getroffen worden.

MW: *Was darf man sich in diesem Zusammenhang unter einer informellen Entscheidung vorstellen?*

PW: Die Strategie wurde im kleinen Kreis von Vorstand und Fachabteilung vorbereitet und dann zwischen Vorstand und Aufsichtsrat diskutiert und beschlossen.

- *Wie erfolgte die Planung der nachstehenden Punkte: Aufgaben, Zeit, Meilensteine, Ressourcen inklusive Kosten?*

MW: *Wie wurde nach der Entscheidung die Planung der Aufgaben konkretisiert? Wie wurde hier konkret vorgegangen?*

PW: Der Leiter der Fachabteilung Test in Unterpremstätten wurde beauftragt, dieses Projekt umzusetzen, er trug damit die Gesamtverantwortung sowohl für das Projekt als auch für den täglichen Test-Betrieb in Unterpremstätten und auf den Philippinen.

Als Projektleiter wurde eine Person aus dem Bereich Test nominiert. Er begann unmittelbar, die Standortauswahl vorzubereiten.

Ich wurde im Rahmen meiner Funktion als Head of Strategic Projects als Projektleiterstellvertreter benannt. Mein Beitrag zum Projekt war nicht Test-Fachwissen, sondern die Themen Organisation, SAP und IT. Wir mussten zum ersten Mal zwei Produktionsstandorte integrieren, sowohl im Sinne der Arbeitsabläufe, der buchhalterischen Abrechnung als auch im Sinne der IT-Systeme. Mein IT-Background und meine langjährige Projektmanagementerfahrung mit den damit vorhandenen Kommunikationskanälen zum Top-Management wurden als wichtige Ergänzung zum Fachwissen der Personen aus dem Test angesehen. Die eigentliche IT-Verantwortung lag natürlich beim Leiter der IT-Abteilung.

Nach ca. sechs Monaten Projektlaufzeit übernahm der damalige Projektleiter die Verantwortung Test-Development und zog sich aus dem Projekt „Aufbau Testfabrik Philippinen" zurück: Als Konsequenz wurde mir die Gesamtprojektleitung übertragen.

MW: Darf ich noch einmal auf das Stichwort „Standortwahl" zurückkommen? Wie wurde das Projekt in diesem Zusammenhang – abhängig von der Betrachtungsperspektive – in der Projektvorbereitungs- bzw. Projektkonzeptionsphase angegangen? Welche Schritte fanden hier ab dem Zeitpunkt der Entscheidung für das Projekt und der damit verbundenen Beauftragung statt? Ich gehe davon aus, dass es im Zusammenhang z. B. mit der Thematik „Standortwahl" durchaus noch zu einer Untergliederung diverser Subaktivitäten gekommen ist?

PW: Der damalige Gesamtprojektleiter und ein lokaler Ansprechpartner aus Indien, mit dem wir regelmäßig zusammenarbeiten, begaben sich auf „location-finding-missions" in Indien, Malaysien, Indonesien und auf den Philippinen und begutachteten diverse mögliche Standorte.

MW: Wurden hierfür vorab Kriterienkataloge oder strukturierte Bewertungsraster entwickelt und verwendet?

PW: Natürlich wurde bewertet und verglichen. Wie so oft war das Ergebnis aber eine Folie mit fünf Punkten und drei Pros und Cons. Was wir üblicherweise nicht machen, und da stehe ich auch dazu, ist ein tief gegliederter Entscheidungsbaum, da wir hier nur eine Pseudogenauigkeit erreichen, welche uns keinen Mehrwert bietet. Vieles ist in diesem Zusammenhang trotzdem eine Bauchentscheidung und wird im Nachhinein plausibilisiert.

Letztendlich war die Location im Carmelray Industrial Park II in Calamba, Laguna, auf den Philippinen die ansprechendste. Die Philippinen haben sich auch wegen ihres einerseits sehr guten Englischniveaus (aufgrund der jahrzehntelangen Präsenz der Amerikaner) und der damit verbundenen geringen Sprachbarrieren sowie aufgrund der Tatsache, dass es sich hierbei um ein katholisches Land handelt, was eine kleinere kulturelle Barriere bedeutet, empfohlen. Diese Aspekte wurden bei uns sehr bewusst diskutiert.

Zusätzlich kam hier noch zum Tragen, dass wir mit dem Kauf der Halle ein bereits eingespieltes lokales Team mit übernehmen konnten: Der General Manager, die Leiterin von Personal und Finanzen sowie der Facility Manager des Standorts wechselten mit Erfahrung aus einer sehr nahe verwandten Branche zu uns. Dies hat uns wirklich sehr geholfen!

MW: Das glaube ich gerne. Sie haben also auch in diesem Zusammenhang ganz bewusst von Beginn an auf lokales Know-how gesetzt und dieses wenn möglich vom lokalen Markt zugekauft.

PW: Ja, das war ein Glücksgriff!

* *Welche Ziele und Nichtziele wurden definiert und dokumentiert?*

MW: Darf ich noch einmal auf die prinzipiellen Ziele und auch Nichtziele des Projekts, die definiert und vielleicht auch dokumentiert wurden, zurückkommen? Es erscheint mir für ein grundlegendes Set-up wesentlich, diese Aspekte zu berühren. Klarheit und Transparenz über gewisse Eckwerte im Projekt scheinen hier sehr wichtige Orientierungsrichtlinien für das weitere Vorgehen zu schaffen.

PW: Ein ausschlaggebender Punkt war hier – wie bereits erwähnt – die Tatsache, dass wir in Österreich kein ausreichendes Angebot an dafür qualifizierten Personen vorfinden konnten.

Ein zweites Ziel stellt hier das Thema „niedrige Lohnkosten" dar, welches sich in diesen Ländern auch mit einer vergleichbaren Qualität bzw. dem erforderlichen Kompetenzniveau erzielen lässt. Das macht einmal im Zeitablauf, bis sich diese Länder angleichen, dramatisch viel aus. Andererseits müssen Mehraufwände bedingt durch die Distanz und Kommunikationsverluste gegengerechnet werden.

Ein dritter Punkt geht daraus hervor, dass wir bislang unsere Wafer zum Assemblieren nach Asien schickten, und diese wiederum zum Testen nach Unterpremstätten gesandt wurden; nach erfolgreichem Abschluss der Testphase wurden viele Chips wiederum zum Kunden nach Asien versandt: Einsparungen in diesem Zusammenhang bringen sowohl Logistikkosten- als auch Lieferzeiteinsparungen.

Den vierten relevanten Punkt stellt die Verminderung des Währungsrisikos dar: Kosten am Standort in Österreich fallen in Euro an, Umsatzerlöse am Markt zu einem wesentlichen Anteil in Dollar. Dies stellt ein beträchtliches finanzielles Währungsrisiko dar, welches das Unternehmen unter anderem dadurch vermindern kann, indem auf den Philippen z. B. Löhne in Dollar abgerechnet werden. Dies ist ein implizites Hedging. Tatsächlich stellt dies auf einer High-Level-Ebene auch ein Finanzierungsinstrument dar.

MW: Das stellt durchaus einen sehr intelligenten Nebeneffekt dar, wenn dies miteinander verbunden werden kann.

PW: Natürlich spürten wir im Laufe dieses Projekts durchaus auch Gegenwind. Immer wieder konnte man Aussagen von durchaus sehr guten Mitarbeitern in Unterpremstätten hören, in denen sehr offen hinterfragt wurde, warum man diesem Projekt helfen sollte, da dies langfristig die eigenen Jobs gefährden würde.

Diese Aussagen haben sicherlich in gewisser Art und Weise auch ihre Berechtigung, jedoch ist auf dieser Welt nicht nur alles schwarz oder weiß: Hier ist es notwendig, die Grautöne zu betrachten und zu differenzieren. Außerdem war klar definiert, dass dieses Projekt der Expansion dient und nicht dem Jobabbau in Österreich.

MW: Gab es auch explizite Nichtziele in diesem Projekt?

PW: Nein, nicht in diesem Projekt.

• *Wie wurde das Team ausgewählt, die Organisation umgesetzt und festgehalten?*

MW: Wie hat sich die Projektorganisation dargestellt und wie ist man an die personelle Besetzung des Projektteams herangegangen? Im Kontext der Projektleitung haben Sie das ja schon ausführlich dargestellt; was gäbe es in diesem Zusammenhang vielleicht noch zu erwähnen?

PW: Im Prinzip war die Herangehensweise informell wie immer: Aufgrund der notwendigen Umbau-, Infrastruktur- und Investitionsthemen wurden die Leiter Facility Management, Purchase, Human Ressource, Finance und IT ins Team geholt, die ihrerseits ihre Mitarbeiter aus ihren Abteilung mit entsprechenden Aufgaben betrauten.

Die Thematik der Projektorganisation oblag von Anfang an meiner Person, wobei ich von Anbeginn an einen wöchentlichen ein- bis zweistündigen Projekt-Jour-Fixe als zentrales Abstimmgremium etabliert habe, in dem die wesentlichen und grundlegenden organisatorischen Themen besprochen wurden. Mir war es hier immer wesentlich sicherzustellen, dass die Leute auch außerhalb dieses Meetings miteinander reden.

Frage: Beschreiben Sie bitte den Ablauf des Projektes aus folgenden Sichtweisen:

• *Wurde auf den definierten Inhalt und die Zielerreichung auch während des Projektes geachtet?*

• *Wie erfolgte die Steuerung des Projektes inklusive der definierten Maßnahmen?*

MW: *Wie stellte sich der Ablauf des Projekts dar? Wie wurden der Inhalt und die Ziele weiterhin im Auge behalten bzw. wie wurde das Projekt gesteuert?*

PW: Im Oktober 2005 erreichte uns der Auftrag, einen Standort in Asien hochzufahren: Das Ziel war eine Produktivsetzung des Werks mit 1. April 2006 – also innerhalb von sechs Monaten. Zu diesem Zeitpunkt war aber auch der Standort als solcher noch nicht definiert. Das klang für uns damals in Wahrheit fast unmöglich. Aber wir haben es geschafft.

Natürlich half uns hier durchaus der Zufall: Ende November 2005 konnte der Standort in Calamba fixiert werden und es konnte – wie bereits erwähnt – auch das lokale Managementteam inklusive Facility Management mit übernommen werden, welche umfassendes lokales Know-how über weitere notwendige Schritte mitbrachte. Der Standort als solcher befindet sich in einer Zollfreizone, wodurch es klar definierte Regelungen gibt, wie hier ein solches Engagement hochzufahren ist. Vor Weihnachten konnte die Gründung der lokalen Firma auf den Philippinen erfolgreich abgeschlossen werden.

Alles in allem waren wir hier sehr erfolgreich! Und je krasser und zeitlich radikaler sich das angepeilte Vorgehen darstellt, desto mehr muss man auch von einem reinen formalen Vorgehen abgehen. Natürlich birgt dies das Risiko, dass wenn man etwas in den Sand setzt, dies noch gründlicher daneben geht, weil hier auch keine substantielle Risikoabsicherung erfolgt. Lassen Sie es mich bildlich ausdrücken: Selbstverständlich klettert man ohne Seil schneller als mit Sicherung, aber wenn man herunterfällt, ist man auch schneller tot bzw. zumindest schwer verletzt.

MW: *Das heißt, Sie haben in diesem Zusammenhang ganz bewusst Abstand* *genommen von solchen Aspekten wie formal dokumentiertem Auftraggeber, Reportingrichtlinien, regelmäßigen Steering-Committee-Sitzungen?*

PW: Nein, nein. Solche Abläufe wurden durch mich natürlich schon so eingezogen. Wir verwenden aber keine formalen Projektaufträge: So etwas habe ich zeit meines Lebens innerhalb einer Firma nicht gesehen.

Klar ist, dass wir das Projektgeschehen als solches dokumentiert haben. Hier sehe ich auch keine Alternative, alleine auch im Sinne der eigenen Absicherung und des Nachweises einzelner Aktivitäten. Insofern wurden auch die „weekly meetings" protokolliert, und es wurde ein Projekt-Folder hochgezogen, in dem sich die einzelnen Sub-Projekte, wie Facility, IT etc., in Unterstrukturen wiedergefunden haben und innerhalb dieser Strukturen die einzelnen Teilprojektteams auch verpflichtet waren, Task- und Status-Listen zu führen, welche jederzeit aktualisiert einsehbar sein mussten.

So etwas haben wir natürlich, und solche Dinge müssen auch sein! Aber wir fokussieren uns hier wirklich nur auf die Aspekte, welche uns in der Praxis einen Nutzen bzw. Mehrwert bringen. Und hier zählt schlussendlich wiederum die Erfahrung der einzelnen Beteiligten.

MW: Wurden Sie hier auch mit Planwerten für einzelne Teilaspekte, wie z. B. im Zusammenhang mit Budgetwerten für den Umbau einzelner Komponenten, und einem in diesem Zusammenhang verfolgten laufenden Plan-Ist-Controlling konfrontiert?

PW: Ja, natürlich. Budgetwerte wurden für das Gesamtprojekt vorgegeben, der Zeitplan umfasste einen Ramp-up-Plan sowie einen detaillierten Personalaufbauplan inklusive beschriebener Skill-Level und dafür eingeplanter Lohnkosten und sonstige verbundene Themen. Wichtig ist in diesem Zusammenhang, dass die Verantwortung für die einzelnen Teilpläne aus meiner Sicht der Gesamtprojektleitung hier klar beim jeweiligen funktionalen Teilprojektteam, wie z. B. bei Human Ressource für das Thema des Personalaufbauplans, lag. Alles in allem wurde dies jeweils in etwa in einer Excel-Matrix und in einer Powerpoint-Präsentation pro Subprojektteam zusammengefasst und dokumentiert, und natürlich wurde dies laufend überprüft und angepasst.

MW: Wie und wann erfolgte die Überprüfung und die Anpassung dieser Teilpläne? Innerhalb der „weekly meetings"?

PW: Innerhalb der „weekly meetings" wurde nur überprüft, ob die jeweiligen Teilpläne aktuell sind, ob diese prinzipiell in Ordnung gehen bzw. ob es dazu Fragen gibt. In den „weekly meetings" fand ganz bewusst keine Sacharbeit statt: Mir war von Anfang an sehr wichtig, dies richtig aufzusetzen und klarzustellen.

Der Mitarbeiter aus dem Human Ressource muss hier z. B. einfach mit dem lokalen Verantwortlichen vor Ort sprechen, wie hier die Rekrutierung der noch fehlenden Mitarbeiter vor sich gehen soll.

In diesem Zusammenhang bin ich als Projektleiter wirklich ein ziemlicher Extremist: Innerhalb der gesamten Bandbreite möglicher Ansätze bin ich ein überzeugter und radikaler Vertreter dafür, dass es meine Aufgabe als Projektmanager ist, die einzelnen Personen dazu zu bringen, dass sie ihren Job und ihre Aufgaben selbst und eigenverantwortlich wahrnehmen und durchführen.

Wenn ich versuche, alles im Detail zu verstehen, verliere ich mich in einem Detail und kann das Gesamtprojekt nicht steuern.

MW: Ja, das kann ich sehr gut nachvollziehen. Die spannende Frage ist wohl, wie Sie es schaffen, die Personen dazu zu bringen, hier diese Eigenverantwortung immer im ausreichenden Maße wahrzunehmen.

PW: Reden. Mit den Leuten reden. Und natürlich Resultate überprüfen.

MW: Aber auch hier gibt es ja verschiedene Stile.

PW: Richtig. Ich vereinbare mit den Leuten Milestones im Sinne von relevanten Teilergebnissen. Wenn die einzelnen Personen dann aber auch Task-Listen von mir wollen, wie sie am besten zu diesen Milestones kommen, sehe ich das ganz klar als ihre fachliche Aufgabe: Diese Task-Listen müssen sie selbst erstellen.

MW: Und Sie werfen dann gemeinsam mit den fachlich Verantwortlichen einen Blick darauf?

PW: Nein, nicht einmal das. Ich überprüfe, ob diese Person die Task-Liste überhaupt pflegt. Das mache ich anhand des Änderungsdatums, was wiederum relativ simpel vonstattengeht.

Wenn hier nicht z. B. anhand der relevanten Task-Liste gearbeitet wird,

wird dies knallhart innerhalb der nächsten Sitzung angesprochen und dargestellt. Um nicht zu sagen: bloßgestellt. Solche Dinge gehören dann ganz klar in das Gremium. Die einzelnen Personen müssen sich dann auch hinstellen und sagen: „Ich habe meine Hausaufgaben nicht gemacht."

Wichtiger für mich ist: Ich erfahre durch die laufenden Diskussionen immer wieder, was die aktuellen Hauptknackpunkte sind. Diese spreche ich dann auch aktiv bei den jeweiligen Personen an: Kennst du dieses Thema? Tust du etwas dagegen? Was tust du dagegen? Bis wann bekommst du dieses Thema geregelt bzw. bis wann ist das Problem behoben? Und wenn ich eine Aussage bekomme, dass dieses spezifische Thema bis in zwei Wochen geregelt respektive abgearbeitet ist, dann bohre ich hier nach zwei Wochen wieder nach.

Die Personen werden als Konsequenz über kurz oder lang sehr vorsichtig damit, was sie versprechen, weil ich diese Hauptecksteine überprüfe, nicht die Details: Die Details schaue ich mir gar nicht an. Sinngemäß sage ich: Wenn du mir die Haupt-Milestones lieferst, so wie du es vorschlägst, abänderst oder gegebenenfalls zumindest rechtzeitig aktiv von dir heraus eskalierst, wenn es nicht machbar ist, dann traue ich dir so weit, dass ich die Details nicht kontrolliere.

Ab und an muss man natürlich durchblitzen lassen, dass man selbst auch etwas versteht, um hier präventiv dem Schicksal zu entgehen, dass man nur als „Drüberflieger" betrachtet wird.

Letzten Endes handelt es sich um Beziehungsprobleme. Und hier sehe ich auch eine meiner Hauptaufgaben.

Ich behaupte nicht, dass dies der einzig mögliche Stil ist. Ich behaupte nur, dass man einen Stil vertreten muss, der zur eigenen Person passt: Wenn man hier halbwegs authentisch ist, dann wird man das schon hinbekommen. Es geht auch formeller, keine Frage.

Dadurch, dass ich das auch in der Gruppendynamik einigermaßen unverletzt durchstehe, ist es auch im Gesamtergebnis sehr effizient: Ich erhalte relativ wenige E-Mails, ich werde relativ wenig in Details involviert; aber dort, wo es knackt, bekomme ich diese Informationen freiwillig und frühzeitig mitgeteilt. Weil man mich so einschätzt, dass ich sehr stark versuche, objektiv zu sein und Lob und Kritik neutral zu verteilen, werden negative

Rückmeldungen meinerseits auch nicht persönlich genommen, sondern akzeptiert.

MW: Das heißt, wenn ich es richtig verstanden habe, es gab bei diesem Projekt im Vorfeld keinen detaillierten Projektplan?

PW: Es gab nie einen detaillierten übergeordneten Projektplan. Wir hatten nur so Grobszenarien wie: Wir wollen bis Mitte Jänner dies und das. Natürlich hatten wir Task-Listen mit Fertigstellungsdatum in Excel, sowohl insgesamt wie auch für jede einzelne Teilgruppe. Aus Projektleitungssicht interessierten mich pro Team jeweils vielleicht ein oder zwei Punkte und den Rest beachtete ich bewusst nicht. Aber ich hatte verlangt, dass diese Teams die Task-Listen detailliert führen und dokumentieren. Im Laufe dieser „weekly meetings" wurde der einzelne Teilplan präsentiert und kommentiert: Aus der langfristigen Verlässlichkeit der Einhaltung verschiedener Aussagen und Zusagen konnte ich letztendlich die Qualität der Projektarbeit erkennen.

• *Gab es geplante und ungeplante Veränderungen und wie sind Sie damit umgegangen?*

MW: Traten Konstellationen auf, in denen es ungeplante Veränderungen innerhalb des Projekts gab?

PW: Aus Leitungssicht nein. Natürlich hatten wir mit gewissen Dingen technische Probleme, aber diese wurden aus dem Teilprojekt heraus berichtet und wenn notwendig eskaliert.

MW: Um darauf aufbauend Gegensteuerungsmaßnahmen zu finden und sinnvoll damit umzugehen?

PW: Genau. Insofern war das dann damit schon in Ordnung.

Diese projektorganisatorischen Fragestellungen und Eskalationsprozesse waren etwas, was ich definitiv von Anfang an straff geführt habe. Das war auch ein ganz klares Learning aus meinen vorangegangenen Projekterfahrungen, wie z. B. im Rahmen der unternehmensweiten SAP-Einführung. Hier sehe ich auch ganz klar meinen Wertbeitrag.

Im Zusammenhang mit dem weiteren Projektzeitablauf bauten wir nach dem Auffinden des Gebäudes dieses in zwei Monaten um: Und das hieß Doppelboden einziehen, abdichten, Lüftungen und Klimaanlagen einbauen und Ähnliches. In diesem Zusammenhang gab es einen ganzen Haufen lustiger technischer Überraschungen, welche hier auch als Beispiele für geplante bzw. ungeplante Veränderungen im Rahmen des Projekts dienen können:

Der Umbau einer einfachen Halle zu einer für die Halbleiterfertigung bzw. deren Test geeigneten Halle stellt ganz spezifische Qualitätsanforderungen, die wir als europäisches Unternehmen sehr gut kennen und managen können. Die lokalen Kräfte vor Ort sind prinzipiell sehr gut ausgebildet, aber hatten hier bislang keine Erfahrungen mit den spezifischen Anforderungen im Halbleitersegment, weshalb die Führung von Österreich aus erfolgen musste. In diesem Kontext kam erschwerend hinzu, dass wir als Unternehmen zu Beginn des Projekts noch keine Erfahrungswerte hatten, wie Filipinos im Arbeitskontext agieren.

Um aus dem Bereich der technischen Probleme hier vielleicht einige plakative Beispiele zu nennen:

In Österreich ist uns bekannt und bewusst, dass ein Dach eine gewisse Stärke haben muss, um zwei Meter nassen Schnee aushalten zu können. Nur wie übersetze ich diese Anforderungen auf die Notwendigkeit, dass das Dach einen Taifun auf den Philippinen aushalten muss?

MW: Wie sind Sie konkret mit dieser Situation umgegangen?

PW: Wir haben uns beraten lassen. Im Großen und Ganzen hat es auch funktioniert, wenngleich dies eine iterative Annäherung war: Beim ersten Taifun ist das Wasser knapp unter dem Dach waagrecht in die Halle eingedrungen.

Oder das Thema Klimaanlage: In Österreich heizt eine Klimaanlage im Winter und kühlt (in Relation) ein wenig im Sommer. Auf den Philippinen fällt offensichtlich die Notwendigkeit einer Heizung aus; viel relevanter ist jedoch, dass im Zusammenhang mit der Dimensionierung der Klimaanlage die 90-prozentige Luftfeuchtigkeit berücksichtigt werden musste. Da hier in diesem Zusammenhang und im Kontext einer folgenden stufenweisen Kapazitätserweiterung der Halle die Klimaanlage im ersten Schritt nicht zwangsweise überdimensioniert werden sollte. Es musste hier also ein Konzept erstellt werden, um die Klimaanlage schrittweise während der laufenden Produktion zu erweitern. Keine ganz triviale Problemstellung.

In der Folge hatten wir die Klimaanlage installiert, fuhren mit den ersten zwei Maschinen den Testbetrieb an, konnten allerdings die Halle nicht stabil bekommen: Die Halle war und blieb feucht. Das Problem bestand darin, dass selbst der erste Teil der Klimaanlage für den Testbetrieb dieser ersten zwei Maschinen zu überdimensioniert war, da die Halle letztlich auf drei Einheiten, sprich dreißig Maschinen, ausgelegt wurde. Somit erzeugten diese ersten zwei Maschinen zu wenig Wärme, um ein Anspringen der Klimaanlage sicherzustellen, wodurch wiederum die Halle feucht blieb. Diese Problemstellung kann in Österreich aufgrund der grundlegend anderen Luftfeuchtigkeit und geringeren Temperatur so nicht auftreten.

MW: Und wie haben Sie das Problem gelöst?

PW: Wir beheizten die Halle kurzfristig mit mobilen Heizgeräten, wobei wir hier zwischenzeitlich auch mit anderen Lösungsvarianten experimentiert hatten, wie z. B. die Temperatur noch weiter abzusenken, um dadurch ein Anspringen der Klimaanlage zu garantieren, was aber wiederum ein Ausfallen der Test-Maschinen und Programme zum Resultat hatte, da diese für solche niedrigen Temperaturen nicht ausgelegt waren. Dieses Problem beschäftigte uns ca. drei Monate lang.

Die ursprüngliche Rechnung war richtig im Sinne des Ziels: Dass der Weg dahin anders läuft, war uns allerdings im ersten Ansatz überhaupt nicht bewusst.

• *Wie erlebten Sie die Zusammenarbeit im Team und mit dem Auftraggeber?*

MW: Lassen Sie mich in diesem Zusammenhang eine Frage hinsichtlich der erlebten Zusammenarbeit im Team bzw. auch der Zusammenarbeit mit dem Auftraggeber stellen: Wie nahmen Sie diese Formen der Zusammenarbeit wahr?

PW: Der Auftraggeber war der Vorstand. Die Zusammenarbeit kann ich nur mit absolut problemlos umschreiben. Es wird nicht erwartet, dass keine Probleme auftreten; das, was erwartet wird, ist eine angemessene Vorgehensweise angesichts eines aufgetretenen Problems und eine Darstellung, welche Maßnahmen ergriffen werden. Auch hier soll es dann einen angemessenen Zeithorizont zur Problembehebung geben.

Zum Team ist zu sagen, dass wir – obwohl wir natürlich unterschiedlichste Persönlichkeiten sind – darauf angewiesen waren und sind, dass jeder seinen Part erfüllt.

Frage: Was waren die positiven Erfahrungen in Ihrem Projekt?

• *Arbeit mit und im Team*

• *Umgang mit Konflikten*

• *Change im Projekt*

• *Abschluss*

MW: *Wie würden Sie also zusammenfassend die Zusammenarbeit im Team selbst beschreiben?*

PW: Unauffällig. Hier gab es keine Reibereien, die den normalen Rahmen gesprengt hätten.

Nach der Umbauphase wurde auf den Philippinen vor Ort stärker Personal aufgenommen. Als explizite Politik wurde jeder neu aufgenommene Mitarbeiter, bis auf die sehr operativ tätigen Operatoren, einerseits zum Anlernen, aber auch um in das firmeninterne Netzwerk eingebunden zu sein bzw. sich selbst den Grundstock eines solchen Netzwerks schaffen zu können, für drei Monate nach Unterpremstätten geholt.

Auf der anderen Seite war innerhalb des ersten Projektjahres immer mindestens eine Person vom österreichischen Staff auf den Philippinen vor Ort. In diesem Zusammenhang wurde aber sehr bewusst vorab die Entscheidung getroffen, keine permanent vor Ort befindliche österreichische Aufsichtsperson zu platzieren. Dies hätte ja nicht zwangsläufig der Leiter des lokalen Werks sein müssen, sondern es wären auch andere Varianten, wie z. B. ein Test-Operations-Abteilungs- oder Gruppenleiter oder aber z. B. auch ein junger Controller denkbar gewesen, um z. B. generell auf Abläufe einen Blick zu werfen und die Kommunikationsprobleme zu synchronisieren. Dies war Company-Policy seitens des Vorstands und auch unternehmensintern nicht in Frage gestellt, wiewohl dies von diversen Kontakten aus der Branche als sehr kritisch eingeschätzt und als wagemutig beurteilt wurde. Diese Vorgehensweise ging sehr gut auf und kann rückblickend als sehr positiv bewertet werden.

Frage: Wo konnten Sie im Projekt Verbesserungspotenziale erkennen?

- *Arbeit mit und im Team*
- *Umgang mit Konflikten*
- *Change im Projekt*
- *Abschluss*

MW: *Lassen Sie uns in diesem Zusammenhang einen Blick auf die Verbesserungspotenziale im Projekt werfen, welche auch sehr stark aus interkulturellen Thematiken heraus entstanden sind: Welche würden Sie hier sehen?*

PW: Natürlich hatten und haben wir interkulturelle Kommunikationsprobleme. Angefangen damit, wirklich alle unsere Mitarbeiter dazu zu bewegen, alle Dokumentationen auch tatsächlich auf Englisch abzufassen, sodass sich Kontakte zwischen allen Ebenen und Schichten zwischen Österreich und den Philippinen etablieren können.

MW: *Also informelle Netzwerke schaffen und schärfen.*

PW: Na klar. Das ist auch eine der Aufgaben, die ich als eine meiner typischen Kernaufgaben verstanden habe und verstehe. Letzten Endes war dies auch der Grund, weshalb ich insgesamt dreimal ca. drei Wochen durchgehend vor Ort war.

Aufgrund meiner generalistischen Ausrichtung war mein Ansatz, immer zu beobachten, wo es aktuell am meisten klemmt, wo man Abläufe verbessern kann bzw. wo es gegebenenfalls Kommunikationsprobleme gibt. Hierzu war es wesentlich, dass ich öfter auch längere Zeit vor Ort war, um immer wieder die wesentliche informelle Kommunikation pflegen zu können und nebenbei zu ca. 50 Prozent auch von dort die Aufgaben mit zu erledigen, die ich in Österreich zu verantworten habe. Hierdurch konnte ich über die Zeit natürlich ganz andere Einblicke gewinnen.

MW: *Wie hat sich nun zusammenfassend im Rahmen dieses Projekts der Zeitplan dargestellt?*

PW: Oktober 2005 erfolgte der Auftrag seitens des Vorstands an das Projektleitungsteam für die Errichtung einer ausländischen Test-Fabrik in Asien mit der Vorgabe, dass diese innerhalb der nächsten sechs Monate den Produktivbetrieb aufzunehmen habe. Anfangs hatte das Projektteam bezüglich der sehr engen zeitlichen Vorgaben große Bedenken, aber letzten Endes konnte mit 1. April 2006 die erste Maschine produktiv gesetzt werden. Der Personalstand des lokalen Personals hat sich zwischenzeitlich von anfänglich ca. 20 Mitarbeitern auf aktuell ca. 70 Mitarbeiter erhöht, wobei wir derzeit auch intensiv über weitere Ausbaupläne nachdenken. Aufgrund der Notwendigkeit, hier auch für nur eine Maschine sofort mit einem Dreischichtbetrieb starten zu müssen, entwickelt sich der Personalbedarf entsprechend zügig.

MW: Lassen Sie mich hier noch eine Frage anschließen: Wurden die aufzubauenden lokalen Mitarbeiter in diesem Zusammenhang, gegebenenfalls auch nur partiell, als ein Teil des Projektteams betrachtet oder als ein Ergebnis des Projekts?

PW: Eine sehr spannende Frage, die ich mir bislang so noch nie gestellt habe. Ich möchte das so formulieren: Wir betrachteten das philippinische Unternehmen von Anfang an als eine selbstständige Einheit innerhalb unseres Unternehmens und verstanden unsere Aufgabe sehr stark darin, dieser lokalen Operations Unit beim Aufbau unterstützend zur Hand zu gehen und Starthilfe zu geben. Also in diesem Sinne waren sie wohl keine Projektteammitglieder. Das ist aber wohl Ansichtssache. Besonders vor dem Start des eigentlichen Produktionsbetriebs kann man das auch anders sehen.

Hier kommen wir auch schon zu den massiven Kulturunterschieden, die man am Anfang so gar nicht wahrnehmen würde: Innerhalb des philippinischen Kulturkreises ist es üblich, auch im Arbeitsleben einen sehr viel freundlicheren und respektvolleren Umgang miteinander zu pflegen, als wir dies beispielsweise in Österreich gewohnt sind, wo im beruflichen Miteinander durchaus offene und kritische Worte an der Tagesordnung stehen; das fällt unsereins schon gar nicht mehr auf. Aber so verhält man sich auf den Philippinen nicht.

Zusätzlich wird auf den Philippinen auch noch sehr hierarchisch gedacht. Dies kann man oberflächlich daran erkennen, dass zum Beispiel auch innerhalb der lokalen Hierarchie ein Vorgesetzter oft mit „Sir" angesprochen wird.

MW: *Bedeutet dies auch, dass Probleme als solches nicht offen angesprochen werden?*

PW: Das ist eine Konsequenz daraus. Das fällt einem allerdings auch wirklich erst nach einiger Zeit auf; im ersten Ansatz ist der freundliche Umgangston ja auch sehr angenehm und durchaus erholsam.

Meine Bestrebungen, eine persönlichere Beziehung zu den lokalen Angestellten aufzubauen, wurden anfangs von Filipinos innerhalb ihrer kultureller Normen als schlicht nicht denkmöglich angesehen – als Manager der Zentrale! Durch zum Beispiel persönlichere Gespräche, das Herzeigen privater Urlaubsfotos, gemeinsame Lokalbesuche und immer wieder informelle Kommunikation gelang dies aber in der Folge wohl ganz gut, denke ich.

MW: *Können Sie uns vielleicht ein Beispiel geben, wie es Ihnen gelungen ist, in diesem interkulturellen Kontext das gegenseitige Verständnis zu stärken und damit gegebenenfalls auch einen aktiveren und konstruktiven Umgang mit Konflikten zu etablieren?*

PW: Es war mir ein Anliegen, der lokalen Mannschaft vor Ort darzulegen, wie gewisse E-Mails und Formulierungen aus der Zentrale in Österreich vom Ton her tatsächlich gemeint sind – nämlich nicht so scharf und unhöflich, wie diese aus Sicht der Filipinos ankommen. Zum anderen war es mir wichtig, ein Verständnis dafür zu schaffen, dass Nachrichten in der den philippinischen Höflichkeitsstandards entsprechenden Form in der Zentrale – mangels aus österreichischer Sicht wahrgenommener Dringlichkeit – oftmals keine Beachtung finden. Ich drängte sehr stark darauf, dass die lokale Mannschaft als Konsequenz entweder einen Mentor in Unterpremstätten findet, der die aktuellen Themen in einer für österreichische Ohren adäquaten Art und Weise klar und dringlich anspricht, oder aber dass der eigene Ton in der Kommunikation verschärft wird.

MW: *Und was war die Konsequenz daraus? Was änderte sich?*

PW: Änderungen erfolgen hier sehr langsam und Schritt für Schritt.

MW: *Ja, wenn Menschen sich selbst und ihre Verhaltensweisen verändern, dauert das wohl im Sinne eines nachhaltigen Erfolgs immer am längsten.*

PW: Ja. Es erforderte dauerndes Einwirken. Letzten Endes kam es hier auch zum einen oder anderen Konflikt auf der Führungsebene, weil von Seiten der Philippinen hier Probleme nicht schnell genug kommuniziert bzw. angesprochen wurden.

Als Unterstützung holten wir uns dann eine sehr erfahrene philippinische Personalberaterin mit langjährigem internationalem Hintergrund in das Unternehmen vor Ort. Diese Dame signalisierte uns, dass ein typisches Problem von lokal gegründeten Unternehmen mit westlichen Muttergesellschaften darin besteht, dass alle diese Muttergesellschaften gerne mehr aktiven Widerspruch und Eigeninitiative seitens der lokalen Mitarbeiter sehen würden, welchen sie von den lokalen Arbeitnehmern aus ihrer Sicht zu wenig bekommen. In Unternehmen auf den Philippinen, die von japanischen Unternehmen gegründet werden, stellt sich dieser Sachverhalt jedoch teilweise umgekehrt dar. Sprich: Die Japaner bevorzugen eher einen obrigkeitshörigen Stil.

Aus Sicht dieser Personalberaterin offenbart sich aktuell hinsichtlich der philippinischen Kultur und dieser starken Distanz und Höflichkeit ein generell immer stärker werdender Anpassungsdruck, weil viele junge philippinische Arbeitnehmer mit internationalem Arbeitshintergrund sich diesem zunehmend verschließen und dies zudem in der internationalen Kommunikation als schwieriges Hindernis wahrgenommen wird. Dies aus der Sicht einer Philippinin.

Einen weiteren sehr interessanten Randaspekt stellt dar, dass die Philippinen im Grunde immer noch ein Matriarchat sind, und die Frauen im Vergleich zu uns wirklich spürbar mehr Gewicht im Arbeitsalltag besitzen.

MW: *Wann kam das Projekt als solches zum Abschluss und wie stellte sich der Abschluss als solches dar bzw. was war daran aus Ihrer Sicht bemerkenswert?*

PW: Das Projekt läuft immer noch. Ich stelle hier auch immer noch den Projektleiter, wobei sich mein diesbezügliches Arbeitspensum aktuell sehr reduziert darstellt.

Dazu muss ich ausführen, dass es im Rahmen dieses Projekts einen Punkt gab, den wir wirklich vollkommen übersehen bzw. unterschätzt hatten: Wie ich schon erläutert habe, stellen die Prüfprogramme und die für die Prüfungen benötigte Hardware ein sehr heikles Thema dar, da diese auch im Betrieb selbst höchst sensibel auf diverse Umweltvariablen reagieren.

Beispielsweise sahen wir uns bei einem speziellen Chip eine Zeit lang mit extremen Problemen konfrontiert. Die Prüfung dieses Chips, die in Unterpremstätten klaglos vollzogen werden konnte, war auf den Philippinen nicht erfolgreich. Die Ursache lag, wie sich nach längerer Suchphase herausstellte, darin, dass sich das Erdmagnetfeld auf den Philippinen von dem in Unterpremstätten unterscheidet.

Das alleine stellt allerdings nur ein symptomatisches Beispiel dafür dar, dass wir nur über einen Produktionsstandort verfügten. Als Konsequenz war es bislang nicht notwendig, viele Prozesse und Vorgehensweisen in unserem Unternehmen im Hinblick auf das Thema Testing wirklich durchgängig sauber abzuschließen. Der Grund hierfür liegt darin, dass die Prüfroutinen an einem Standort (in Unterpremstätten), auf einer Maschine, in einer Schicht, bei einem Los und einer Nadelkarte getestet und fertiggestellt wurden. Falls sich dann in der Folge in der Produktion ein Roll-out auf mehrere Maschinen als notwendig herausgestellt hatte, kam es in der Folge zwar meist zu Problemen; diese konnten dann aber aufgrund der kurzen Wege flexibel und unbürokratisch im Rahmen des „exception handlings" behoben wurden.

Im Zusammenhang mit einer weitreichenden Internationalisierung und erhöhten Anforderungen an die Qualität der Produktionsprozesse funktioniert dies klarerweise so nicht mehr. Dies zeigte sich anhand der ersten zwei an den neuen Standort gelieferten Prüfprogramme: Diese konnten lange Zeit nicht stabilisiert werden.

MW: *Es handelt sich hierbei also um ein ganz klares Prozessthema bzw. um die Notwendigkeit der Stabilisierung der einzelnen betroffenen Geschäftsprozesse und Prozessschritte.*

PW: Ja. Es war für uns überraschend, dass die erwiesenermaßen sehr hohe Produktqualität unserer Chips bislang auch mit diesem Prozessansatz im Bereich der Prüfung einhergehen konnte. Aber wie bereits erwähnt, haben sich die Voraussetzungen in den letzten Jahren geändert. Nicht zuletzt brachte dies unser Projekt sehr deutlich ans Tageslicht.

Der beschriebene Sachverhalt ist auch der Grund, weshalb wir 2007 unser Werk auf den Philippinen nicht mit Vollauslastung fahren konnten; sonst hätten wir schon mit Mitte 2007 die gesamte Kapazität genutzt. Dies hätte bedeutet, dass wir in die Diskussion und die Planung eines zweiten Standorts eingestiegen wären, was sich nun in Summe um ca. ein Jahr verzögern wird, weil wir schleppender ausbauen und den Betrieb verzögert anfahren.

Dies führte dazu, dass die Planvorgaben schwerer realisiert werden konnten, einhergehend mit einer notwendigerweise geänderten Beurteilung der Wirtschaftlichkeit. Als Konsequenz kam es zu massiven Diskussionen um die weitere Vorgehensweise und erhöhtem Druck in der Produktion Unterpremstätten.

Das hat uns in diesem Projekt am meisten zurückgeworfen. Daran hatte vor Beginn des Projekts keiner gedacht, zumindest nicht in diesem Ausmaß.

MW: Sie meinen damit, dass es sich hierbei um ein Thema handelt, welches auch bei keiner eventuell durchgeführten Projektrisiko- oder Projektumfeldbetrachtung Beachtung gefunden hätte?

PW: Das kann ich jetzt so nicht wirklich hundertprozentig beantworten, da wir hier im Vorfeld keine diesbezügliche Abschätzung strukturiert und formalisiert durchgeführt hatten. Gefühlsmäßig würde ich aber sagen, dass dies innerhalb des Unternehmens so keinem der Beteiligten im Vorfeld bewusst war.

Was im Sinne eines Musters auch gut auf die Prozessebene passt bzw. mit dem Thema Prozesse zusammenhängt, ist hier das generelle unterschiedliche Vorgehen der Asiaten im Zusammenhang mit Prozessen und Problemen. Asiaten gehen hier grundsätzlich strukturierter und sauberer vor, wohingegen wir hier eher „flexibles Ausnahmehandling" als sinnvolleren Ansatz betrachten und betreiben.

Ich will das jetzt hier nicht grundsätzlich bewerten, da es wohl beide Ansätze im jeweilig adäquaten Umfeld benötigt bzw. beide Varianten jeweils ihre Stärken und Vorteile besitzen: So wird der kreative „Ausnahmenhandler" für die Entwicklung sicherlich besser geeignet sein, wohingegen der strukturierte Ansatz seine Stärken eher in der Produktion zur Geltung bringen können wird.

Unsere philippinischen Mitarbeiter glaubten anfangs nicht, dass wenig dokumentierte Prozessabläufe existierten und diese nun durch das neue

Werk selbst zu erstellen waren. Dies war in ihrem kulturellen Verständnis schlichtweg nicht vorstellbar.

MW: Die Mitarbeiter zu einer dementsprechenden Eigeninitiative zu motivieren war somit sowohl hinsichtlich des eigentlichen Projektteams und der jeweiligen Subprojektteams als auch in der Zusammenarbeit mit dem philippinischen Werk von zentraler Bedeutung?

PW: Exakt. Hier war es im ersten Ansatz auch zentral, den Personen die Scheu zu nehmen, eigenverantwortlich aufzutreten, indem ich ihnen signalisierte, dass sie von meiner Seite Rückendeckung für eigeninitiatives Handeln erhalten: Man schreibt eine E-Mail, in dem man die aus seiner Sicht bestmögliche Vorgehensweise darlegt und hält fest, dass falls innerhalb von drei Tagen kein Widerspruch rückgemeldet wird, man dieses Vorgehen so umsetzt. In 90 Prozent der Fälle kommt es zu keiner Rückmeldung unter gleichzeitigem Miteinbezug der Verantwortlichkeit auf die Person, die dieses Vorgehen so stillschweigend akzeptiert hat.

MW: Ich denke, es ist wesentlich, in diesem Zusammenhang festzuhalten, dass sich hier wohl sehr stark die spezifische Unternehmenskultur von austriamicrosystems manifestiert.

PW: Ja, das stimmt sicherlich. Dem Kern nach wird innerhalb unseres Unternehmens Eigeninitiative und tatsächliches unternehmerisches Handeln auf jeden Fall belohnt. In diesem Sinne gibt es keine wirklichen Tabus.

MW: Sie haben im Laufe unseres Gesprächs einen Aspekt angedeutet, auf den ich gerne noch im Zusammenhang mit dem Umgang mit Change (Management) im Projekt vertiefend eingehen würde. Sie haben erwähnt, dass es seitens der österreichischen Mitarbeiterschaft anfänglich teilweise ausgesprochene Ängste und Befürchtungen hinsichtlich der entstehenden internen Konkurrenz im Unternehmen und der damit verbundenen Bedrohung des eigenen Arbeitsplatzes durch das Werk auf den Philippinen gab. Wie wurde das bearbeitet und welche Erfahrungen positiver oder vielleicht auch nicht so positiver Natur konnten Sie hier im Rahmen des Projekts machen?

PW: Ich glaube, die Grundhaltung im Gesamtunternehmen hat sich dadurch nicht verändert. Gefährdet ist hier immer die Masse der Leute, wie z. B. Operator, wohingegen gut ausgebildete Personen immer nachgefragt werden.

Es wurde hier alles in allem in diesem Zusammenhang mangelhaft kommuniziert bzw. einfach nicht in der üblichen Offenheit.

Alle diejenigen, die im Projekt zumindest punktuell stärker involviert waren und vielleicht auch für einen bestimmten Zeitraum lokal vor Ort waren, haben zwischenzeitlich einen gänzlich anderen Bezug dazu entwickeln und aufbauen können.

MW: Am Standort Unterpremstätten wurde dieses Thema aber nicht explizit angesprochen bzw. bearbeitet, wenn ich das richtig interpretiere?

PW: Wir publizieren üblicherweise innerhalb von austriamicrosystems sehr gerne und offen Projektaufträge und Erfolgsberichte: Dies wurde für dieses Projekt in deutlich geringerem Ausmaß gemacht. Das sagt schon sehr viel aus.

MW: Was ist Ihre Vermutung, warum dies hier als Ausnahme gehandhabt wurde?

PW: Ganz einfach, um diese Spannungen nicht zusätzlich zu schüren.

MW: Und denken Sie, dass sich dies als konstruktiv und erfolgreich dargestellt hat oder vielleicht eher in die Gegenrichtung ausgeschlagen ist?

PW: In Summe macht dies für das Projekt wohl wenig Unterschied. Im Gesamten denke ich aber, dass so eine Strategie nicht besonders gut und hilfreich ist, auch im Sinne einer Gesamtstimmung am Standort Unterpremstätten, in welche das spezifische Projekt als Teilelement hereinspielt.

MW: Darf ich noch einmal auf das Thema Projektabschluss zu sprechen kommen? Ich habe verstanden, das Projekt hat sich verlängert.

PW: In diesem Zusammenhang steht die Grundsatzentscheidung aus, wie hier 2008 und 2009 weiter vorgegangen werden soll. Weiters muss ich immer im Hinterkopf haben, dass ich die Dinge zwar so angehe, wie sie aktuell beschlossen sind, dass sich diese Dinge aber sehr bald auch dramatisch verändern können. Wir sind zu klein, um nicht auf sich eventuell öffnende Marktchancen zu reagieren. Oder wenn beispielsweise ein oder zwei Großabnehmer aufgrund verschiedener Ursachen sich selbst mit ihren Endprodukten Nachfrageeinbrüchen am Weltmarkt gegenübersehen, bedeutet dies für uns klarerweise ein verzögertes Wachstum und dadurch kann sich auch budgetär die Notwendigkeit, ein Projekt zeitlich zu verschieben, ergeben.

Jedes Projekt muss in unserem Unternehmen diese Flexibilität an den Tag legen können und dies auch aushalten können.

MW: Das heißt, wenn ich Sie richtig verstehe, dass das Verständnis, wie in Ihrem Unternehmen mit Zielen und Zielanpassungen umgegangen wird, hier auch längst über den traditionellen Controlling-Ansatz und der damit verbundenen Plan-Ist-Abweichungsanalyse hinausgewachsen ist und einem auch projektorientierten „Beyond-Budgeting"-Gedanken folgt, was wiederum gut in die von Ihnen beschriebene Unternehmenskultur und die gelebte Handlungsfreiheit passen würde.

PW: Wir haben in diesem Zusammenhang gar keine andere Chance. Ich sehe mich immer wieder vor der Situation, mit massiven Veränderungen umgehen zu müssen bzw. auch selbst massive Veränderungen im Unternehmen einleiten zu müssen.

MW: Und wie schaffen Sie es, in diesem hochdynamischen Umfeld die notwendige Stabilität für sich selbst und ihr Arbeitsumfeld zu schaffen?

PW: Intuition, Hausverstand und Bauchgefühl. Ich lebe davon, Entwicklungen bis zu einem gewissen Grad vorherzusehen. Und dann eine (aus meiner Sicht Pseudo-)Sicherheit an andere weiterzugeben, indem ich erkläre, die Gesamtverantwortung zu übernehmen, und die Sicherheit vermittle, dass sie als Personen nicht gefährdet sind.

Frage: Was würden Sie aus heutiger Sicht anders machen?

- *Vorprojekt und Analyse*
- *Projektstart und Auftrag*
- *Planung und Durchführung*
- *Abschluss und Reflexion*

MW: Wenn Sie jetzt noch einmal auf dieses Projekt zurückschauen: Was würden Sie aus heutiger Sicht anders machen? Vielleicht in der Phase „Vorprojekt und Analyse"? Vielleicht im Zusammenhang mit dem Thema „Projektstart und Auftrag"? Oder der Thematik „Planung und Durchführung"? „Abschluss und Reflexion"?

PW: Nicht in diesem Projekt. Ich meine, natürlich sind wir um Erfahrungen reicher, keine Frage. Aber was wollen Sie denn anders machen, wenn Sie nur ein halbes Jahr Zeit bekommen? Wir mussten hier schnellstens ins Arbeiten kommen, einen wöchentlichen Meeting Schedule etablieren und uns, wenn es Probleme gab, zwischenzeitlich informell und schnell abstimmen.

MW: Gibt es vielleicht aus Ihrer Sicht in der Vorprojektphase, sprich vor der Auftragserteilung an das Projektteam, Aspekte, die man aus Ihrer Sicht rückwirkend anders handhaben hätte können?

PW: Ja, sicher – laut Theorie kann ich alles anders machen: Man könnte eine umfassendere Kosten-Nutzen-Rechnung aufstellen, nicht nur eine Personalrechnung, um ein solches Projekt loszutreten. Man könnte ein Risikomanagement einziehen, welches darstellt, was es mich als Unternehmen kostet, wenn wir hier eine zeitliche Verzögerung von beispielsweise einem halben Jahr erzielen, welche letzten Endes dann ja auch eingetreten ist. Man könnte vergleichen, was uns dies alles in der Vergangenheit gekostet hat. Wie wir hier vorgegangen sind, entspricht nicht völlig der Theorie, das steht außer Frage und das ist mir bekannt.

Es wäre auch fein, diese Punkte abzuarbeiten. Nur müsste man hierfür zusätzliche Kapazitäten bereitstellen. Man kann aber schlussendlich auch alles „zerreden" und „zu Tode planen".

Ich kann die der Projektbeauftragung vorangegangene Entscheidung jetzt nicht zurücknehmen, somit ist es dann viel wichtiger, dass ich die damit verbundenen Probleme und Themenstellungen mit Nachdruck vorantreibe und Lösungen zuführe.

Unter den gegebenen firmenkulturellen Parametern innerhalb unseres Unternehmens würde ich somit nichts ändern; unter anderen Umfeldbedingungen würde ich es selbstverständlich viel formeller und strukturierter angehen.

MW: Herr Winkler, ich danke Ihnen vielmals für das Gespräch und die äußerst spannenden und interessanten Einblicke, die Sie uns ermöglicht haben.

Anschlussfragen

- Welche Erfahrungswerte nehmen Sie in diesem Zusammenhang aus dem vorliegenden Projektbeispiel für sich selbst mit?

- Welche Beispiele im Zusammenhang mit internationaler Kommunikation und interkulturellem Lernen nehmen Sie aus der Beschreibung dieses Projekts als Anregung für künftige ähnliche Situationen für sich selbst mit?

- Welche Aspekte (aus den Bereichen Strategie, Struktur, Kultur) werden im Zusammenhang mit Veränderungen in dieser Projektbeschreibung betont und welche alternativen Vorgehensweisen wären gegebenenfalls auch denkbar?

4.3 ILF Beratende Ingenieure

Projekt: „Planung und Errichtung eines Skigebietes in Sotschi"
Interview mit: Jürgen Nachbaur, Projektleiter, Projektmanagement, ILF Beratende Ingenieure ZT GesmbH (nachfolgend abgekürzt mit JN)

Geführt von: Martin Hauser, am 10.12.2007 (nachfolgend abgekürzt mit MH)

Frage: Bitte geben Sie uns einen kurzen historischen Überblick über das Unternehmen, die Tätigkeiten und die Produkte.

JN: Die ILF ist ein international tätiges Ingenieur- und Beratungsunternehmen. Mit ihren Leistungen unterstützt ILF anspruchsvolle Kunden bei der erfolgreichen Realisierung bedeutender Industrie- und Infrastrukturprojekte.

Die Gründung des Unternehmens erfolgte im Jahr 1967 durch Pius Lässer in Innsbruck. Mit dem Beitritt von Adolf Feizlmayr wurde das Unternehmen 1969 zur Ingenieurgemeinschaft Lässer-Feizlmayr (ILF) erweitert. ILF ist ein komplett eigenständiges Unternehmen. Von vielen Konkurrenten unterscheidet sich ILF dadurch, komplexe Ingenieurbauwerke als Gesamtplaner oder Generalunternehmer aus einer Hand zu entwickeln und zu realisieren. Für einen Bauherren ist das interessant, weil ILF alle wichtigen Fachbereiche wie Wasserbau, Maschinenbau, Elektrotechnik usw. abdeckt. In den ILF Hauptstandorten Innsbruck und München sowie in mehr als zwanzig Niederlassungen und Tochtergesellschaften weltweit arbeiten 1300 Mitarbeiter. Die Kernkompetenzen und Geschäftsbereiche sind unter anderem Produktionsanlagen, Pipelinebau, Kraftwerksbau, Wasserbau, Kläranlagenbau, Verkehr, Tunnelbau, Hochbau und Alpintechnik. Alle ILF-Büros sind nach ISO 9001 zertifiziert.

Projektname: Roza Khutor	PROJEKTAUFTRAG		
Projektnummer A834			
Projektauftraggeber:	Roza Khutor	**Projektstarttermin:**	Mai 2005
Projektleiter:	Dipl.-HTL-Ing. Claus-Jürgen Nachbaur	**Projektendtermin:**	Herbst 2009
Fachabteilungen: Hochbau, Statik, Verkehrswegebau, Wasserbau, Alpintechnik, E-Technik, Maschinenbau			
Projektziele:			
Planung und Errichtung eines Skigebietes in Sotschi mit kompletter Infrastruktur wie Wegen, Wasser-, Abwasser-, Energieversorgung und Elektrotechnik sowie Pisten und Liftanlagen mit den dazugehörigen Lawinenschutzmaßnahmen, Schneeanlagen, verschiedenen Restaurants mit Shops und Skiverleih und Ticketierung.			
Meilensteine:		**Termin:**	
• Einreichplanung		31. Oktober 2005	
• Baubeginn		Mai 2006	
• Bauende		November 2007	
Unterschriften:			
Auftraggeber		**Projektleiter**	

Abb. 3: Projektauftrag ILF

Quelle: eigene Darstellung

Frage: Geben Sie bitte einen Überblick über Ihr Projekt, welches Sie nachfolgend vorstellen möchten.

• *Beschreiben Sie den Inhalt des Projektes.*

JN: Es handelt sich auch für uns als ILF Generalplaner um ein Sonderprojekt in Sotschi, Russland, wo 2014 die olympischen Winterspiele stattfinden werden. Wir sind seit zweieinhalb Jahren mit diesem Projekt, der Errichtung eines Skigebietes, befasst. Es geht dabei um die Planung und Errichtung der kompletten Infrastruktur wie Wege, Wasser-, Abwasser-, Energieversorgung und Elektrotechnik sowie Pisten und Lifte mit den dazugehörigen Lawinenschutzmaßnahmen, Schneeanlagen, verschiedene Restaurants mit Shops und Skiverleih bis zur Ticketierung.

Also ein Skigebiet samt Infrastruktur auf die grüne Wiese. All das sollte von einem Generalplaner, der in einer internationalen Ausschreibung gesucht wurde, geleistet werden. Es geht dabei um sämtliche Planungsschritte wie Gesamtkonzept, Einreichprojekt mit Umweltbetrachtung und Zivilschutz, Bauausschreibung und Baurealisierung.

Das Projekt besteht aus drei Phasen, wobei die Phase 1 ein Investitionsvolumen von ca. 150 Millionen Euro hat. Die Phase 1 beinhaltet acht Lifte und ca. 120 ha Pisten für Anfänger, mittlere und sehr gute Skifahrer. Eine Talstation mit Skishop und Restaurant, eine Mittelstation bei 1100 m, genannt Roza Khutor Lodge, mit Drei-Sterne-Restaurants und eine Bergstation mit einem Restaurant auf 2300 m. Phase 2 und 3 ist eine Erweiterung von Liften und Pisten sowie die Errichtung weiterer Gebäude.

Zu Sotschi selbst: Sotschi ist ein Badeort. Das Monaco der Russen, ein Sommerurlaubsort direkt am Schwarzen Meer mit ca. 80.000 Betten. Man fliegt Sotschi über Moskau kommend direkt über das Schwarze Meer an, und in ca. 45 Minuten ist man im Kaukasus auf 500 m und kann sofort skifahren gehen bis auf 2300 hm. Der Schnee ist feuchter als in Österreich, und es gibt Schneehöhen von vier bis fünf Metern.

• *Welche Tätigkeiten zur Vorbereitung wurden für das Projekt durchgeführt?*

JN: Es gab Kontakte über die österreichische Botschaft in Russland und es wurde, wie gesagt, ein Generalplaner gesucht. Es gab für dieses Projekt bereits einen Masterplan einer kanadischen Firma. Bedingung war auch eine russische Ingenieurlizenz, die ILF mit der Niederlassung ILF Moskau vorlegen konnte. Mit dieser Lizenz konnten wir als Generalplaner im Jahr 2004 dieses Projekt gewinnen. Der geplante Start war 2004. Der eigentliche Start erfolgte dann im Mai 2005. Das Ziel des Auftraggebers war zu diesem Zeitpunkt, dass bis Oktober 2005 ein Einreichprojekt fertiggestellt wird, das den russischen Behörden vorgelegt werden kann (ein Einreichprojekt, das den russischen Normen entspricht).

- *Welche Ziele und Nichtziele wurden definiert und dokumentiert?*

JN: Das Ziel war am Anfang sehr klar definiert. Einreichung im Oktober 2005, Vergabe im Frühjahr 2006, Baubeginn im Mai 2006, und im November 2007 sollte das Skigebiet eröffnen werden. Da die Entscheidung für die Olympiade 2014 dazwischen gekommen ist, wurde der Terminplan noch einmal überarbeitet, und jetzt ist das Fertigstellungsziel Herbst 2009.

- *Wie erfolgte die Planung der nachstehenden Punkte: Aufgaben, Zeit, Meilensteine, Ressourcen inklusive Kosten?*

JN: Auf Grundlage des Masterplanes und der Aufgabenstellung des Bauherren wurde eine Projektplanung mit Meilensteinen festgelegt, mit dem bereits erwähnten Terminziel Oktober 2005 – Einreichung bei der Behörde, dann Ausschreibung Generalunternehmer und Start der Bauarbeiten Mai 2006.

Die Ressourcenplanung ergibt sich aus der Aufgabenstellung des Bauherren. Entsprechend den Anforderungen werden die für die Bearbeitung erforderlichen Fachbereiche definiert, die Leistungen beschrieben und den einzelnen Fachabteilungen zugeordnet. Dort werden die fachlich zuständigen Mitarbeiter nominiert und entsprechend den Leistungsinhalten dem Projekt für die erforderliche Dauer zugeteilt. Durch diese Zuordnung von Personen zum Projekt können auf Grundlage der internen Verrechnungssätze die Budgets festgelegt werden.

- *Wie wurde das Team ausgewählt, die Organisation umgesetzt und festgehalten?*

JN: Bei ILF sind Sonderprojekte in der Projektmanagement-Abteilung angesiedelt. In diesem Projekt hatte ich die Projektleitung. Im Projektteam waren die entsprechenden Fachabteilungen (Hochbau, Statik, Verkehrswegebau, Wasserbau, die Alpin-, die E-Technik, die Heizungs- und Lüftungstechnik) vertreten, die alle bei ILF Innsbruck stationiert sind. Alle Fachabteilungen bzw. deren Mitarbeiter sind mir als Projektmanagement-Abteilung unterstellt und übernehmen jeweils ihren fachlichen Aufgabenbereich im Projekt.

Frage: Beschreiben Sie bitte den Ablauf des Projektes aus folgenden Sichtweisen:

* *Wurde auf den definierten Inhalt und die Zielerreichung auch während des Projektes geachtet?*

JN: Die wesentlichste Maßnahme für die Einhaltung der im Auftrag definierten Inhalte und Ziele ist die gezielte Information der am Projekt beteiligten Personen. Dies wird in Form eines Kick-off-Meetings und in regelmäßigen internen Abstimmungsgesprächen durchgeführt.

Die Aufgabenstellung des Bauherren wurde in eine Konzeptplanung eingearbeitet. Entsprechend dem Planungsfortschritt, mindestens aber einmal pro Monat, erfolgten Abstimmungen mit dem Bauherrn. Das Gesamtergebnis der Konzeptplanung wurde beim obersten Bauherrn drei Tage lang präsentiert und dort erfolgte die Freigabe.

Bis August 2005 konnte der Projektplan eingehalten werden. Danach erfolgte in Zusammenarbeit mit ILF Moskau die notwendige Anpassung an die russischen Normen. Zwischen den europäischen Normen und den russischen Normen gibt es doch erhebliche Unterschiede, die diesen Schritt notwendig machten, um bei den russischen Behörden eine allen Vorgaben entsprechende Einreichplanung vorlegen zu können (z. B. Brandschutz, Hygienevorschriften etc.).

Infolge gewisser Sonderwünsche des Bauherrn gerieten wir ein wenig in Verzug. Die Einreichung bei den russischen Behörden erfolgte dann im November 2005.

Es folgte ein zweiter Auftrag, eine Generalunternehmerausschreibung für die gesamten Bauarbeiten, die wir dem Bauherrn empfohlen haben. Europäische Bauunternehmen, die in Russland über einen Unternehmensstandort verfügen, haben sich für dieses Projekt interessiert. Die Generalunternehmerausschreibung wurde in ca. zwei Monaten erstellt und den Anbietern zur Angebotslegung übergeben. In der Zwischenzeit wurde die Einreichplanung geprüft und die Baugenehmigung erteilt.

Als Generalunternehmer waren nach der „shortlist" noch zwei Unternehmen im Rennen, aber dann erfolgte keine Vergabe durch den Bauherrn, da im Mai 2006 die Olympiabewerbung in Sotschi bereits im Gespräch war. Durch diese Olympiabewerbung ergab sich die Chance auf föderale Gelder für dieses Skigebiet.

Obwohl keine Vergabe durchgeführt wurde, erteilte uns der Bauherr den Auftrag zur Ausführungsplanung. Aber eine Ausführungsplanung ohne Unternehmer ist nicht so einfach. Wir haben den Auftrag trotzdem angenommen, und seitdem sind wir am Arbeiten.

- *Wie erfolgte die Steuerung des Projektes inklusive der definierten Maßnahmen?*

JN: Da ich in der Projektmanagementabteilung tätig bin, hatte ich zwei Funktionen. Ich war verantwortlicher Projektleiter und Hauptansprechpartner für den Bauherrn und gleichzeitig war ich verantwortlich für das Projektcontrolling.

Unterstützt wurde ich bei der Steuerung des Projekts durch einen Projektassistenten, was bei dieser Projektgröße erforderlich war. Das Projektcontrolling war ein laufender Prozess. Es gab monatliche Meetings mit dem Auftraggeber. Die Ergebnisse dieser Meetings wurden in internen Projektbesprechungen an die Fachabteilungen weitergegeben und die erforderlichen Maßnahmen terminisiert.

- *Gab es geplante und ungeplante Veränderungen und wie sind Sie damit umgegangen?*

JN: Bis Mai 2006 bis zur Vergabe des Generalunternehmers war alles klar. Dann kam eine ungeplante Veränderung – die Olympiade. Der Bauherr wollte abwarten. Wir sollten zwar mit der Ausführungsplanung starten, aber wegen der Olympiade gab es Veränderungen. Zum Beispiel mussten FIS-Standards in die Pistenplanung mit aufgenommen werden.

Aufgrund immer neuer Ideen waren wir gezwungen, das Projekt mit einem kleinen Team weiterzufahren. Bis heute sind wir mit dem Bauherrn immer wieder über Projektänderungen in Verhandlungen.

Wenn ein Projekt gestoppt wird, ist das bei uns aufgrund der derzeitigen Auftragslage für die Fachabteilungen nicht so problematisch. Wenn sich im Verlauf eines Projekts herausstellt, dass mit Verzögerungen zu rechnen ist, erfolgt eine Meldung an die Fachabteilungen, die personellen Ressourcen für andere Projekte einzusetzen.

Als Projektleiter bin ich für dieses Projekt abgestellt und kann kein anderes Projekt übernehmen, da der Bauherr ja immer den gleichen Projektleiter haben möchte. Aber ein Leitsatz der ILF ist, ein angefangenes Projekt auch abzuschließen.

Der Terminplan hat sich geändert. Der neue Termin für die Fertigstellung der 1. Phase ist der Herbst 2009. Damit hat sich das Projekt um zwei Jahre verschoben.

• *Wie erlebten Sie die Zusammenarbeit im Team und mit dem Auftraggeber?*

JN: Das ganze Projektteam hier bei ILF Innsbruck hat mir zugearbeitet. In der Konzeptphase bin ich als Projektleiter mit der Präsentation der Planungen befasst gewesen. Das wurde mit der Zeit immer fachspezifischer. Wenn es z. B. um die Vorstellung der Schneeanlage usw. ging, war die Unterstützung des jeweiligen Fachspezialisten notwendig, der dann zu dem Bauherrentermin nach Moskau mitgeflogen ist. Aus Kostengründen wurde versucht, die Besuche der Fachspezialisten möglichst gering zu halten.

Beim Auftraggeber gab es ebenfalls ein Projektteam, das aus dem Direktor und zwei Ingenieuren bestand. Die Zusammenarbeit funktionierte bis vor zwei Monaten einwandfrei, dann gab es auch hier eine Veränderung. Vom Bauherrn wurden diese Personen aus dem Projekt abberufen. Wir haben nun nur noch eine Person aus dem alten Projektteam. Wir fangen aber faktisch bei der Stunde Null an.

Positiv an der bisherigen Zusammenarbeit war, dass es beim Bauherrn im Projektteam einen österreichischen Direktor gab, damit waren die Sprachprobleme geringer und das gegenseitige Verständnis in fachlichen und architektonischen Details gewährleistet.

Sonst waren wir gezwungen, mit Dolmetschern zu arbeiten. Sämtliche Pläne, technische Beschreibungen, Schriftverkehr, Zeitpläne, Kostenbeurteilungen usw. mussten in russischer Sprache an den Bauherrn übergeben werden.

Die besondere Herausforderung ist natürlich folgende: Wir haben gewisse Vorstellungen, wie ein internationales Projekt abzulaufen hat, dafür gibt es einen zertifizierten Ablauf bei der ILF. In Russland gibt es eine andere Mentalität und die Russen sind nicht immer einfach zu überzeugen. Sie haben ihre eigenen Ideen und da ist dann schon sehr viel Überzeugungsarbeit notwendig. Aber letztendlich gilt der Wunsch des Bauherrn.

Der Projektkoordination zu ILF Moskau lag in meiner Verantwortung.

Für die Besprechungen mit dem Bauherrn erfolgte eine Abstimmung mit dem Büro Moskau, wer bei den jeweiligen Terminen unterstützend dabei sein wird.

Frage: Was waren die positiven Erfahrungen in Ihrem Projekt?

• *Arbeit mit und im Team*

JN: Bei ILF sind wir bei Projekten schon sehr professionell unterwegs. Das ist unser tägliches Geschäft. Wir bilden unsere Mitarbeiter für die Projektarbeit auch sehr gut aus. Innerhalb von sechs bis sieben Wochen eine Ausschreibung mit 1300 Seiten und über 100 Plänen zu erstellen und gleichzeitig ins Russische zu übersetzen, funktioniert nur, wenn alle im Team gut zusammenarbeiten. Es war schon ein bisschen am Limit, aber es hat funktioniert. Wichtig ist bei uns in den Abteilungen, früh genug den Ressourcenbedarf anzumelden. Diesen Standard in der Zusammenarbeit und der Qualität der Arbeit auch auf unsere Auslandsbüros zu übertragen, wird noch eine gewisse Zeit benötigen.

Bei ILF Moskau arbeiten in erster Linie russische Mitarbeiter, aber auch Ingenieure aus der Ex-DDR, die russisch sprechen. Als Generaldirektor ist ein russischer Staatsbürger von Vorteil.

• *Umgang mit Konflikten*

JN: Ja, natürlich gab es Konflikte, weil wir unter Zeitdruck arbeiteten. Als Projektleiter macht man Druck, weil gewisse Meilensteine zu erbringen sind. Und wenn es ein Problem gab, hat der Bauherr natürlich bei uns angerufen. Wir haben für diese Probleme bis jetzt immer eine Lösung gefunden.

Frage: Wo konnten Sie im Projekt Verbesserungspotenziale erkennen?

• *Arbeit mit und im Team*

JN: Für die Ausführungsplanung erstellt ILF Innsbruck das Vorprojekt. Dieses wird dann an ILF Moskau übergeben, die teilweise mit Subunternehmern die Planung nach den russischen Normen vervollständigt.

Dafür haben wir versucht, in Moskau einen guten Projektkoordinator für die Subunternehmer einzusetzen. Den mussten wir in der Zwischenzeit leider durch eine andere Person ersetzen. Für die künftige Personalauswahl müssen wir da sorgfältiger vorgehen, da wir als ILF für das Projekt schließlich hauptverantwortlich sind.

Als ILF stellen wir an Subunternehmer bestimmte Erwartungen. Die Pläne haben nicht nur den russischen Standards, sondern auch unseren Qualitätsstandards zu entsprechen.

Generell ist es im Moment nicht einfach, in Moskau Ingenieure zu finden, da dort derzeit ein Bauboom herrscht.

Frage: Was würden Sie aus heutiger Sicht anders machen?

• *Vorprojekt und Analyse*

JN: Ich habe am Projektanfang unsere Geologen für drei Wochen dorthingeschickt mit dem Auftrag: Ihr schaut euch das Gebiet einfach an. Von dem Know-how profitieren wir heute noch. Die Kartierung war wirklich hervorragend und das war eine sehr gute Basis für das gesamte Projekt. Dieser Einsatz hat sich rentiert.

Der Ablauf der Konzeptplanung ist gut gelaufen. Im Nachhinein kann man sagen, man hätte früher mit der Anpassung an die russischen Normen beginnen sollen. Wenn möglich sollte der Inhalt der russischen Einreichung schon früh genug abgeklärt werden. Wenn man das zeitgerecht weiß, kann man die Konzeptplanung schon in Richtung Einreichung aufbauen, das hätte uns wahrscheinlich zeitliche Vorteile gebracht.

- *Projektstart und Auftrag*

JN: Der Projektstart, würde ich sagen, war in Ordnung.

- *Planung und Durchführung*

JN: Der Planungsablauf verlief sehr zufriedenstellend. Jedoch sind wir wie bei jedem Projekt abhängig von den Entscheidungen des Auftraggebers. Im Nachhinein war die Bauverzögerung aufgrund der Olympiade die richtige Entscheidung des Bauherrn.

Der Bauherr muss sich jedoch im Klaren sein, dass die erfolgreiche Einreichung nur die Phase 1 beinhaltet. Wir haben den Bauherrn mehrmals darauf hingewiesen, dass jede Änderung gegenüber der Einreichung mit den zuständigen Behörden neu abzustimmen ist. Generell würde ich sagen, wir haben das Projekt sicherlich ganz gut gestartet, und das Projektmanagement hat funktioniert.

- *Abschluss und Reflexion*

JN: Wir hoffen jetzt, dass die anstehenden Projektänderungen rasch geklärt werden. Der Bauherr hat sich noch etwas Bedenkzeit erbeten. Wir haben in der Zwischenzeit jedoch an der Ausführungsplanung weitergearbeitet, da sich an den Liftanlagen und verschiedenen Pisten keine Änderungen ergeben haben. Bis heute wurden Rodungen an den Pisten durchgeführt, drei Lifte aufgebaut, und die ersten Gebäude sind in Bau.

Derzeit sind die Abklärungen für die Restaurants und die erforderliche Infrastruktur im Gange. Wir hoffen, dass wir bis Ende Februar 2008 eine klare Aufgabenstellung erhalten.

Dann stehen wir jedoch vor der Herausforderung, dass mit den Bauarbeiten im April bzw. Mai 2008 unbedingt begonnen werden muss, damit die Fertigstellung bis Herbst 2009 erfolgen kann. Deshalb erbringen wir zurzeit Vorleistungen.

- ***MH:** Danke für das Gespräch.*

Anschlussfragen

- Welche Professionalisierungsmöglichkeiten für das Projektmanagement internationaler Projekte können Sie für sich aus dieser Projektdarstellung ableiten?
- Welche Erfolgsfaktoren gelten Ihrer Erfahrung nach insbesondere für Großprojekte mit mehrjähriger Laufzeit?
- Welche Strategien bzw. Vorgehensweisen wählen Sie in Ihren Projekten in Situationen, wo es zu Änderungen bzw. Erweiterungen im Projektauftrag kommt?

4.4 SOS Kinderdorf

Projekt: „Erarbeitung einer internationalen Bildungspolitik für SOS-Kinderdorf"
Interview mit: Dr. Barbara Schratz, Leiterin des Formal Education Expert Team, SOS-Kinderdorf International (nachfolgend abgekürzt mit BS)

Geführt von: Martin Hauser, am 28.11.2007 (nachfolgend abgekürzt mit MH)

Frage: Bitte geben Sie uns einen kurzen historischen Überblick über das Unternehmen, die Tätigkeiten und die Produkte.

BS: SOS-Kinderdorf ist eine seit 1949 bestehende und weltweit in 132 Ländern tätige Entwicklungsorganisation, die zusammen mit Kindern und Familien in schwierigen Lebenslagen aktiv wird, um ihnen ein Zuhause zu ermöglichen, ihnen hilft, ihre Zukunft selber zu gestalten und zur Entwicklung ihrer Gemeinden beiträgt. In Innsbruck befindet sich der Dachverband, in dem alle Vereine von SOS-Kinderdorf International organisiert sind. Die Herausforderungen unserer Organisationsform sind die vereinsmäßige, föderalistische Strukturierung sowie die sozio-kulturellen, ökonomischen, organisationshistorischen und sprachlichen Verschiedenheiten, die eine sehr komplexe Organisationsdynamik erzeugen.

203

Projektname	PROJEKTAUFTRAG		
Projektnummer			
Projektauftraggeber:	SOS-Kinderdorf International	Projektstarttermin:	Nov. 2006
Projektleiter:	Dr. Barbara Schratz	Projektendtermin:	Dez. 2006
Projektteammitglieder:			
International besetztes Projektteam		Projektrolle: Mitglieder/Mitarbeit	
Projektziele:			
Erarbeitung einer internationalen Bildungspolitik von SOS-Kinderdorf. Es sind Kernausagen für die international gültige Bildungsarbeit von SOS-Kinderdorf in einer „Formal Education Policy" zu erarbeiten.			
Meilensteine:		Termin:	
• Erste Berichtslegung		April 2007	
• Zweite Berichtslegung		Juni 2007	
• Projektabschlussmeeting		Dezember 2007	
Unterschriften:			
Auftraggeber		Projektleiter	

Abb. 4: Projektauftrag SOS Kinderdorf
Quelle: eigene Darstellung

Frage: Geben Sie bitte einen Überblick über Ihr Projekt, welches Sie nachfolgend vorstellen möchten.

• *Beschreiben Sie den Inhalt des Projektes.*

BS: Bildung ist ein zentrales Anliegen von SOS-Kinderdorf. In dem Projekt „Formal Education Policy" geht es um die Erarbeitung der internationalen Bildungspolitik von SOS-Kinderdorf. SOS-Kinderdorf führt derzeit weltweit 241 Kindergärten und Frühförderungsprogramme, 174 Schulen und 61 Berufsausbildungszentren. Dabei erhalten mehr als 130.000 Kinder und junge Menschen einen täglichen Zugang zu qualitätsvoller Bildung, den sie ohne die Angebote von SOS-Kinderdorf nicht hätten. Aufgabe des Projekts war es, einerseits die bestehende Praxis der Bildungsangebote durch SOS-Kinderdorf zu erfassen. Daneben gibt es in der Entwicklungszusammenarbeit und in der Pädagogik relevante Trends, die ebenfalls erfasst wurden. Aus diesen Grundlagen sollten Kernaussagen für die international gültige Bildungsarbeit von SOS-Kinderdorf in einer „policy" erarbeitet werden.

Dieses Projekt steht nicht für sich alleine, sondern ist eingebettet in die generelle Politikentwicklung und die strategische Organisationsentwicklung von SOS-Kinderdorf International.

Das Projekt selbst wurde über den Zeitrahmen Herbst 2006 bis Ende 2007 angesetzt. Das Projektteam wurde entsprechend vorgegebener Anforderungskataloge besetzt und umfasste neun Fachleute aus verschiedenen Ländern und Kontinenten.

• *Welche Tätigkeiten zur Vorbereitung wurden für das Projekt durchgeführt?*

BS: Das Projekt ist Teil einer Reihe von Policy-Entwicklungen der Organisation, die derzeit durchgeführt werden, z. B. zu HIV/Aids oder Kindern mit Behinderung. Für eine Policy-Entwicklung werden vorab inhaltlich relevante Studien in Auftrag gegeben. Eine allgemeine Studie erfasste und dokumentierte die Rechtsverletzungen, denen Kinder ohne elterliche Betreuung ausgesetzt sind. Der Mangel an Zugang zu Bildung ist dabei nur eine der vielen Missachtungen der UN-Kinderrechtskonvention, mit denen benachteiligte Kinder weltweit konfrontiert sind.

Für unser Projekt gab es auch eine Studie, die sich speziell mit der Situation von Bildung in den Entwicklungsländern befasste – dort sind die meisten Bildungseinrichtungen von SOS-Kinderdorf zu finden – sowie eine Erhebung, welche anderen Akteure der Zivilgesellschaft, z. B. andere NGOs, bildungspolitische Aktivitäten diesbezüglich setzen. Organisationsintern gab es auch noch eine Erhebung über die derzeit bestehende Bildungspraxis von SOS-Kinderdorf, deren Ergebnisse zentrale Bedeutung für das Projekt hatten.

Neben diesen inhaltlichen Vorbereitungen gibt es Rahmenvorgaben durch die Auftraggeber, z. B. Projekt-Flow-Charts, in denen Zeitvorgaben und Schnittstellen mit relevanten Stakeholdern wie Entscheidungsträgern oder Feedbackpartnern vorgegeben waren. Darüber hinaus gibt es grundlegende Vorgaben, unter welchen Voraussetzungen alle Policies von SOS-Kinderdorf International entwickelt werden müssen: Die UN-Kinderrechtskonvention als Referenzrahmen und die Entwicklung des Kindes muss im Zentrum stehen. Alle Kinder unserer Zielgruppe – das sind Kinder ohne elterliche Betreuung oder Kinder, die in Gefahr sind, die elterliche Betreuung zu verlieren – müssen von den Maßnahmen, die in den Policies genannt werden, profitieren und partizipieren können – Kinder haben eine Stimme und werden auch entsprechend gehört.

Policies dürfen darüber hinaus nicht diskriminierend sein, sie sollen eine Lernmöglichkeit für alle Beteiligten und Betroffenen darstellen, als Referenzrahmen für Kooperationen und Partnerschaften mit anderen Akteuren der Zivilgesellschaft dienen und zur effektiven Implementierung in allen Programmen von SOS-Kinderdorf führen.

Für die Besetzung der Expert-Teams und der Teamleitungen gibt es Anforderungskataloge, sowohl was Kompetenzen, Erfahrung, Organisations- und Fachkenntnisse, aber auch Sprachkompetenz und repräsentative Verteilung der Länder betrifft.

Entsprechend dieser Rahmenbedingungen und der Zielvorgabe, dem Policy Scanning, muss das Expertenteam, das an der Policy arbeitet, sein Projekt planen und durchführen und wird auch daran gemessen. Ich habe als Projektleiterin zusätzlich mit relevanten Stakeholdern und den Projektteammitgliedern Interviews geführt, um deren individuelle Vorstellungen zu erfassen und auch, um soweit als möglich die „hidden agendas" und versteckten Erwartungen abzuklären.

• *Welche Ziele und Nichtziele wurden definiert und dokumentiert?*

BS: Ein Nichtziel wurde nicht definiert, das eindeutige Ziel ist das Vorliegen der Bildungspolitik von SOS-Kinderdorf International entsprechend der Rahmenvorgaben. Die Auftragsklärung erfolgte zwischen dem Leiter der Abteilung Strategy and Policy Development und mir als Projektleiterin.

• *Wie erfolgte die Planung der nachstehenden Punkte: Aufgaben, Zeit, Meilensteine, Ressourcen inklusive Kosten?*

BS: Zeit, Ressourcen und Meilensteine wurden seitens der Auftraggeber vorgegeben bzw. geklärt. Der Zeitrahmen war vorgegeben: November 2006 bis Dezember 2007, erste Berichtslegung im April 2006, zweite im

Juni 2006, dazwischen eine Feedbackschleife, in die ca. 16 Länder einbezogen wurden. Das „Diskussionspapier", also ein erster Entwurf der Policy, wurde im August verlangt, danach gab es noch eine zweite Feedbackschleife von weiteren 19 Ländern bis Ende Oktober, und im Dezember musste das Papier vorliegen. Entsprechend dieser Zeitvorgaben orientierten wir uns als Team mit unserer teaminternen Aufgabenplanung.

Bezüglich Ressourcen gab es ein kleines Budget für Dolmetscher und Beratungsleistung, die anderen Kosten (Reisekosten etc.) wurden von den Budgets der Teammitglieder bzw. ihrer Vereine sowie der Gastgeberländer, in denen die Arbeitstreffen stattfanden, getragen. Vorgabe an die Linemanager bzw. Vorgesetzten der jeweiligen Teammitglieder war, die an dem Projekt mitarbeitenden Kollegen für die Dauer des Projekts für 25 Prozent ihrer Arbeitszeit freizustellen. Leider war das in kaum einem Fall wirklich so, sodass die meisten Teammitglieder diese neue und zusätzliche Aufgabe neben ihrem normalen Arbeitspensum bewältigen mussten.

- *Wie wurde das Team ausgewählt, die Organisation umgesetzt und festgehalten?*

BS: Das Team wurde auf Basis der folgenden Kriterien nominiert: derzeitiger Aufgabenbereich, inhaltliche Kompetenz, Sprachkompetenz, interkulturelle Kompetenz, Erfahrung und Leadership, repräsentative Verteilung der Mitglieder auf alle Kontinente. Der letzte Punkt ist in einer Organisation wie der unseren besonders wichtig, denn durch die föderalistische Struktur benötigt es partizipative Prozesse, um das „ownership" der Länder über die Ergebnisse zu fördern, sodass globale Policies von den Ländern auch mitgetragen werden. Daher auch die intensive Einbindung so vieler Länder in die Feedbackschleifen.

Arbeitssprache war Englisch, allerdings waren die Sprachkompetenzen der Teilnehmer unterschiedlich. Die Teilnehmer des Projektteams kamen aus Mexiko, Bolivien, Estland, Nepal, Deutschland, Österreich, Burundi und Ghana. Die Kollegin aus Mexiko sprach zwar etwas Englisch, für eine fachlich fundierte Arbeit benötigte sie allerdings Dolmetscher. Die Dokumente, die verwendet bzw. erstellt wurden, mussten ebenfalls aus den Landessprachen ins Englische und wieder zurück in die Sprachen der Länder übersetzt werden. Diese Schritte müssen immer eingeplant werden, ebenso die damit verbundenen Kosten, Ressourcen und die Zeit.

Die Dokumentation des Projekts fand über eine eigene Intranetsite statt. Ein Teammitglied hatte die Aufgabe, die Feedbackschleifen zu betreuen, d. h. einerseits die Fragebögen für die Feedbackrunden zu erarbeiten, andererseits auch die Feedbacks auszuwerten. Die Feedbacks aller 35 Länder sind ebenfalls auf dieser Intranetsite dokumentiert – in diesem Sinn haben also mehr als 25 Prozent der Organisation an der Policy mitgearbeitet. Das fördert Ownership, also die Prozesseignerschaft sowie die Identifikation mit dem Ergebnis.

Frage: Beschreiben Sie bitte den Ablauf des Projektes aus folgenden Sichtweisen:

* *Welche speziellen Bedingungen gab es in diesem Projekt?*

BS: Eine ziemliche Herausforderung war der Zeit- und Ressourcenplan. Das Projekt wurde nicht im Rahmen der regulären Budgetierungspläne abgewickelt, sondern ungeplant mitten in einem Arbeitsjahr, daher mussten die Kosten dafür und auch die Arbeitszeiten im bereits bestehenden Budget und Jahresplan untergebracht werden. Ein Großteil der Projektarbeit fand virtuell, also z. B. via E-Mail, über Dokument-Sharing und in den Diskussionsforen der Intranetsite etc. statt, aber das ist für manche meiner Kollegen nicht so einfach.

Ein Kollege musste z. B. manchmal in die Stadt fahren, und das kann eine bis zu zwei Stunden dauernde Fahrt über eine Schlaglöcherpiste bedeuten, damit er überhaupt Zugang zu einem funktionierenden Internet hatte, denn entweder gab es an seinem Arbeitsort Stromausfall oder irgendjemand aus der Nachbarschaft hatte die Kabel gekappt. Wir hatten auch alle Zeitzonen in unserem Team vertreten, daher waren Telefonkonferenzen – z. B. auch aufgrund von lokalem Stromausfall – schwierig zu organisieren. Da alle Teammitglieder ja ihre jährlichen Arbeitspläne bereits hatten und nicht frei verfügbar waren, war es eine besondere Herausforderung, herauszuarbeiten, wann wir uns zu den drei vom Auftraggeber geplanten Meetings treffen konnten. Überdies mussten wir rechtzeitig günstige Flüge bekommen. Versuchen Sie mal, von Cochabamba in Bolivien nach Katmandu zu reisen, das ist nicht so einfach und Sie benötigen Visa selbst für das Warten auf manchen Flughäfen, wenn Sie kein EU-Bürger sind! Es war auch sehr spannend, die Orte für die Meetings zu definieren, weil wir zwei Mal in Ländern gearbeitet haben, in denen wir niemanden aus dem Team hatten und uns immer auf Kollegen verlassen mussten, die wir davor nicht kannten, die aber unser Arbeitstreffen vor Ort organisieren sollten. Die Auswahl des Arbeitsortes beruhte vorrangig auf der Verfügbarkeit von Einrichtungen von SOS-Kinderdorf, die eine solche Arbeitsgruppe auch entsprechend unterbringen können.

Diese organisatorischen Rahmenbedingungen und Herausforderungen waren allerdings nicht so schwierig und gehören in unserer Organisation bei Projekten eher zum Alltag als zur Ausnahme. Die größeren Herausforderungen sind die inhaltlichen. Es gibt sozio-kulturelle Unterschiede, divergierend gewachsene historische Verständnisse sowie unterschiedliche Organisationslogiken und Vor-Ort-Bedingungen. Um eine Bildungspolitik, die global gültig sein soll, qualitätsvoll entwickeln zu können, bedarf es daher eines konsensualen Raumes, in dem sich alle Beteiligten und Betroffenen über ihre realpolitischen Gegebenheiten hinweg treffen können. Das Thema Bildung hat es dabei einfacher als andere Themen, denn es ist sowohl eine politische, professionelle wie eine Herzensangelegenheit in unserem Team. Diesen konsensualen, intermediären Raum zu konstituieren und zu befüllen, das war die größte Herausforderung für uns alle. „Lernen ist das Persönlichste auf der Welt. Es ist so eigen wie ein Gesicht oder wie ein Fingerabdruck. Noch individueller als das Liebesleben" sagte Heinz von Förster, Begründer der Kybernetik bzw. des Konstruktivismus. Bildung und Erziehung als organisierte Prozesse des Lernens in eine globale Bildungspolitik zu fassen, ist eine entsprechend große Herausforderung für eine Organisation, die international in vielen Kulturen arbeitet.

• *Zu welchen Zeitpunkten im Projektverlauf fanden Meetings statt?*

BS: Wir mussten uns an den bereits vorgegebenen Meilensteinen und Zeitvorgaben orientieren. Das bedeutete, ein Meeting sobald als möglich nach der Benennung des Teams, um arbeitsfähig zu werden und den Arbeitsplan zu erstellen, die Aufgaben zu klären und zu verteilen, die Logistik abzuklären und die teaminternen Meilensteine und Schnittstellen zu definieren. Das dritte Meeting musste vor Abgabe der Policy im Dezember, aber nach der zweiten Feedbackschleife stattfinden, das zweite Meeting war eher frei nach unserem Ermessen wählbar, wie es für uns inhaltlich und arbeitsmäßig am sinnvollsten erschien. Daher fanden die Arbeitstreffen schlussendlich Ende Jänner in Benin, Mitte Mai in Paraguay und Anfang November in Nepal statt.

- *Wie hat sich die Zusammenarbeit durch die Meetings entwickelt?*

BS: Vor dem ersten Meeting war die Zusammenarbeit schleppend, da sich niemand kannte. Wir investierten daher im ersten Meeting ausreichend Zeit in Teambuilding. Außerdem waren wir in einem Ausbildungszentrum in Westafrika untergebracht, wo wir wenig Möglichkeit hatten, am Abend etwas zu unternehmen, daher waren wir rund um die Uhr als Team zusammen und konnten uns gut kennenlernen. Die virtuelle Zusammenarbeit danach hat zwar zwischen den Teilnehmerinnen und mir gut funktioniert. Die einzelnen Sub-Arbeitsgruppen zu spezifischen Themen haben auch zusammengearbeitet, aber nicht sehr pro-aktiv. Es benötigte viel Investment von meiner Seite und konstantes Kontakthalten, um die Prozesse im Fluss zu halten. Das ist nachvollziehbar, denn es ist sehr schwierig, wenn die Eigenrealität des normalen Arbeitsalltags vor Ort wieder greift und so ein Projekt, wie schon erwähnt, eben noch zusätzlich zu den schon bestehenden Aufgaben dazukommt. Die Teammitglieder müssen, zurück vor Ort in ihren Realitäten, Prioritäten setzen, wodurch solche Konzeptarbeit eben weniger „dringend" ist als andere Aufgaben.

Mit jedem Meeting hat sich die Qualität der Zusammenarbeit und die Interaktion zwischen den Teammitgliedern erhöht. Ich mache das z. B. an der Anzahl von eingebrachten Ideen oder auch dem Rücklauf von E-Mail-Anfragen sowie der direkten Korrespondenz zwischen den Teammitgliedern fest.

- *Gab es im Team unterschiedliche Hierarchieebenen aus der Stammorganisation, die vertreten waren, und hat das eine Bedeutung für die Zusammenarbeit gehabt?*

BS: Die Hierarchieebenen waren gegeben. Einerseits komme ich als Teamleiterin aus „der Zentrale", also dem Dachverband aus Innsbruck. Manche der Kollegen arbeiten auf regionaler oder kontinentaler Ebene, andere direkt in den Programmen vor Ort.

Was ich als besondere Bereicherung erlebte, war die hohe Bereitschaft aller Teammitglieder, sich in den Meetings und schlussendlich im gesamten Projekt auf diesen gemeinsamen konsensualen Raum einzulassen und die Kompetenzen der Einzelnen wahrzunehmen, zu schätzen, zu fördern, über alle Hierarchieebenen oder kulturelle Unterschiede hinweg. Das hat bedeutet, dass je nachdem, ob es eher um programmrelevante oder strategische Themen ging, diejenigen Kollegen führend waren, die aus dieser jeweiligen Praxis kommen. Das Team hat es geschafft, die Unterschiedlichkeit als bereichernde Qualität zu leben. Ich habe selten ein Team erlebt, das wie dieses bereit war, sich so zuzuhören und dabei das Gemeinsame vor das Eigene zu stellen.

• *Was haben Sie in Sachen Teambuilding unternommen?*

BS: Wir haben Partizipation – das ist derzeit ein Schlagwort bei uns – wirklich gelebt. Wir haben eine gemeinsame virtuelle „Reise" aus unseren Ländern und Wirklichkeiten zu der gemeinsamen Aufgabe, zu diesem intermediären Raum gemacht. Das war durch die inhaltliche und didaktisch-methodische Gestaltung der ersten Arbeitswoche möglich, in der wir gemeinsam Verantwortung für den Prozess übernommen haben. Selbstverständlich gab es auch die üblichen „Icebreaker" und „Energizer", an denen alle Mitglieder gemeinsam und abwechselnd teilgenommen haben und die durch die multikulturelle Teamzusammensetzung sehr abwechslungsreich und amüsant waren.

Informell hat geholfen, dass bei jedem Meeting ein Geburtstag anfiel, was wir entsprechend gefeiert haben. Darüber hinaus gab es an den Abenden oder während der Fahrten zu den verschiedenen Programmbesichtigungen viele Möglichkeiten zu Diskussionen und Gesprächen über die eigene Arbeitswirklichkeit sowie über gemeinsame Veränderungs- und Entwicklungsanliegen.

Der wichtigste Gelingensfaktor in diesem Team war, dass Bildung allen Teammitgliedern ein persönliches und professionelles Anliegen ist und sie diese Policy-Arbeit als Chance für sich, ihren Arbeitsbereich, vor allem aber die Situation von benachteiligten Kindern und Familien in ihren Ländern verstehen. Daher haben sich alle gegenseitig als Unterstützungssystem für ein gemeinsames Anliegen verstanden. Das Anliegen mag vielleicht in Pokhara etwas anders aussehen als in Tema, aber das Ziel bleibt das gleiche: Bedingungen für Bildung zu schaffen, die helfen, den Kreislauf von Armut, Benachteiligung, Gewalt und Marginalisation zu durchbrechen und Kindern und jungen Menschen ein Handwerkszeug mit auf den

Weg zu geben, das es ihnen erlaubt, ein erfülltes und menschenwürdiges Leben zu leben.

- *Gab es geplante und ungeplante Veränderungen im Projekt und wie sind Sie damit umgegangen?*

BS: Es gab ungeplante Veränderungen, die sich vor allem auf den Zeitrahmen und die inhaltliche Ausrichtung beziehen. Auch die formalen Kriterien, wie eine Policy von SOS-Kinderdorf International auszusehen hat, haben sich im Laufe des Projekts verändert. Manche der Veränderungen waren leicht einzuarbeiten, andere bedeuteten, dass das vorgesehene Projektende nicht eingehalten werden konnte bzw. dass sich der Auftrag auch veränderte.

Frage: Was waren die positiven Erfahrungen in Ihrem Projekt?

- *Arbeit mit und im Team*

- *Umgang mit Konflikten*

- *Change im Projekt*

- *Abschluss*

BS: Beeindruckend war für mich die schon erwähnte Bereitschaft aller Teammitglieder, das Gemeinsame zu suchen und auch zu finden, ohne dabei die notwendige Differenz aufzugeben. Der Humor im Umgang mit den großen und kleinen Herausforderungen, getragen von dem Anliegen, einen sinnvollen Beitrag für die soziale Realität in vielen Ländern der Erde zu leisten. Die Bereitschaft, voneinander zu lernen, nachzufragen und nicht von persönlichen Projektionen auszugehen.

Für uns alle war dieses Jahr eine große professionelle Bereicherung: Wir alle mussten uns mit Aspekten von Bildung auseinandersetzen, die davor nicht zu unserem beruflichen Alltagsrepertoire gehörten. Die Besuche in Schulen und Kindergärten sowohl von SOS-Kinderdorf als auch von anderen Anbietern oder in den öffentlichen Schulen der jeweiligen Länder haben uns den Blick auf die Wirklichkeit in all ihren Facetten geöffnet und auch das Anliegen für Bildung an sich und für Qualitätsstandards in Bildungsprozessen verstärkt. Wir alle haben aus dieser Projektarbeit Motivation und Neues gewonnen und die erfolgreichen Rückwirkungen in die Organisation sind schon in kleineren und größeren Beispielen sichtbar geworden. Dabei ist der Lernprozess der einzelnen Teilnehmer nicht das Einzige, auch die Länder, in denen die Arbeitsworkshops stattfanden, und die Länder, die in die Feedbackschleifen einbezogen waren, überall waren die Menschen an den Diskussionen beteiligt und es hat dementsprechend eine Auseinandersetzung über Bildung, Bildungsqualität und Bildungsstandards gegeben, die ohne dieses Projekt niemals so in Gang gekommen wäre. Das ist hoffentlich bereits ein erster Schritt in Richtung zielgerichteter Implementierung.

Ein besonders herausfordernder, weil in dieser Dimension noch nicht zuvor praktizierter Aspekt war die Beteiligung von Kindern und jungen Menschen. In manchen Ländern ist die aktive Teilnahme von Kindern selbstverständlich, und es gibt genügend Prozessmoderatoren, die solche Prozesse entsprechend begleiten können. In anderen Ländern steht man der Kinderpartizipation noch eher skeptisch gegenüber, und es gibt auch keine qualifizierten Prozessbegleiter. Wir als Team hatten keine besondere Erfahrung, wie man „kindgerechte" Policies schreibt, dafür aber eine gute Beraterin aus Uganda, die uns half, eine Kinderversion zu erarbeiten, die dann auch in den Ländern getestet und bearbeitet wurde.

* *In welcher Phase befindet sich das Projekt jetzt?*

BS: Wie gesagt, bedingt durch verschiedene Änderungen arbeiten wir noch an manchen Teilen und sprachlichen Formulierungen. Der neue Zeitplan sieht vor, dass unterschiedliche Stakeholder sich noch bis ca. März 2008 mit dem Papier beschäftigen, worauf es dann zur offiziellen Annahme kommt.

* *Ist das Projekt damit abgeschlossen?*

BS: Das Projekt Policy-Entwicklung wird damit abgeschlossen sein. Die Implementierung wird ein neues Projekt.

Frage: Wo konnten Sie im Projekt Verbesserungspotenziale erkennen?

* *Arbeit mit und im Team*

* *Umgang mit Konflikten*

- *Change im Projekt*

- *Abschluss*

BS: Das ist eine schwierige Frage, weil ich durch dieses Projekt ja recht motiviert wurde. Ich denke, dass ich trotz aller Rahmenvorgaben noch deutlicher die Ziele mit den relevanten Interessenvertretern und meinem direkten Auftraggeber klären würde. Viele der kleineren oder größeren Herausforderungen der drei Projektteams, die gleichzeitig an der Entwicklung ihrer Policies gearbeitet haben, wurden kürzlich in einem gemeinsamen Arbeitsgespräch mit den Auftraggebern aufgenommen und der Rahmenkatalog für die Entwicklung neuer Policies wird entsprechend adaptiert. Das sind aber weniger Aspekte des Projektmanagements per se, sondern Fragen, wie gutes Projektmanagement in unserer Organisation mit ihren komplexen strukturellen, kulturellen, budgetären und anderen Herausforderungen überhaupt umgesetzt werden kann. Eine Erkenntnis aus diesen Projekten ist, dass diejenigen, die in solchen Projektteams gearbeitet haben, anderen Teams mit ähnlichen Aufgabenstellungen als Berater zur Seite gestellt werden, um aus den schon gemachten Erfahrungen sinnvoll zu lernen.

Eine gemeinsame Erkenntnis ist, dass Beteiligungsprozesse in Projekten Zeit benötigen, vor allem wenn Kinder und junge Menschen teilnehmen sollen. Darauf wird in der zukünftigen Projektplanung ebenfalls mehr Rücksicht genommen ebenso wie in der Ressourcenabsicherung bzw. der notwendigen Freistellung von Kollegen, die zukünftig an solchen Projekten mitarbeiten sollen.

MH: Frau Schratz, ich bedanke mich für das Gespräch.

Anschlussfragen

- Wie gehen Sie mit der Situation knapper personeller und finanzieller Ressourcen in einem herausfordernden Projekt um?

- Welche Maßnahmen setzen Sie in virtuellen Teams, um die Zusammenarbeit auf eine gute Basis zu stellen?

- Wie sichern Sie in Ihren Projekten das entstandene Know-how nachhaltig für künftige Projekte ab und in welcher Form steht es Projektleiter und Projektteams zur Verfügung?

4.5 Stadt Wien

Projekt „SAP-Einführung und – Roll-out im Magistrat der Stadt Wien"
Interview mit: Herrn Oberamtsrat Ernst Menner, MBA, Fachbereichsmanager Haushalt und Buchführung in der Magistratsabteilung MA 6 (Rechnungsamt), Magistrat der Stadt Wien, Verantwortlicher für die Projektabwicklung SAP innerhalb der Stadt Wien (nachfolgend abgekürzt mit EM)

Geführt von: Markus Weigl, MSc, am 01.08.2007 (nachfolgend abgekürzt mit MW)

Frage: Bitte geben Sie uns einen kurzen historischen Überblick über das Unternehmen, die Tätigkeiten und die Produkte.

MW: *Sehr geehrter Herr Menner, bevor wir in die inhaltliche Thematik einsteigen, ist es mir ein Anliegen, Ihnen für die Bereitschaft zu danken, die komplexe Projektsituation einer der im öffentlichen Bereich international innovativsten und führenden SAP-Implementierungen bei der Stadt Wien gemeinsam zu beleuchten und zu reflektieren. Mir ist bewusst, dass wohl jeder mit der Stadt Wien als Begriff etwas verbindet; darf ich Sie vielleicht trotzdem einladen, unseren Lesern hinsichtlich des Tätigkeits- und Wirkungsbereichs der Stadt Wien und der damit verbundenen Produkte einen kurzen Überblick zu geben, um hier den Hintergrund für uns besser zu beleuchten?*

EM: Gerne. Die Stadt Wien zählt in etwa 65.000 Mitarbeiterinnen und Mitarbeiter und wirtschaftet jährlich mit einem Budget von ca. zehn Milliarden Euro. In Summe umfasst unser Wirkungsbereich ungefähr 80 Abteilungen, welche verschiedene Geschäftsbereiche abdecken: Wie wir intern beschreiben, begleiten und unterstützen wir „von der Wiege bis zur Bahre" das gesamte Leben unserer Bürgerinnen und Bürger: Beginnend bei den Geburtenstationen im Krankenanstaltsbereich bis zur Begräbnisabwicklung im Friedhofsbereich. Wien ist gleichzeitig Bundesland wie Stadt. Unsere Tätigkeit umfasst daher sowohl die Aufgaben der Länder als auch die der Gemeinden. Die Tätigkeit der Stadt Wien geht aber sehr wohl darüber hinaus und inkludiert auch im privatwirtschaftlichen Bereich einige Tätigkeitsfelder, die vielleicht nicht so bekannt sind: Wir verkaufen zum Beispiel Blumen in unseren Gärtnereien, wir mieten und vermieten Gegenstände, wir besorgen Parkplatzbewirtschaftungen und sonstige Tätigkeiten.

Alles, was im Bereich einer kommunalen Verwaltung anfällt, tun wir bewusst selbst. Wir haben also sehr wenige Bereiche, welche wir ausgelagert haben. Die Stadt Wien erledigt z. B. auch die Wasser-, Kanal- und Müllabfuhrversorgung im Kommunalbereich. Aus heutiger Sicht ist auch nicht absehbar und erwartbar, dass hier Reduktionen und Auslagerungen stattfinden werden: Die Stadt Wien möchte diese Bereiche bewusst behalten, obwohl hier natürlich immer in der politischen Diskussion debattiert wird, was ein öffentlicher Bereich an Leistungen anbieten soll und was nicht. Wir sind überzeugt, dass wir auch aufgrund der Nicht-Gewinnorientierung konkurrenzfähig bleiben.

All dies erfordert vielleicht mehr Personal, wir denken aber, dass wir dadurch letzten Endes auch sehr stark zur Attraktivität und hohen Lebensqualität der Stadt Wien im internationalen Vergleich beitragen. In diesem Zusammenhang ist es uns auch ein großes Anliegen, sowohl unsere politischen als auch unsere privatwirtschaftlichen Kontakte intensiv zu nutzen und auszubauen. Als ein aktuelles Beispiel darf ich hier vielleicht den Rathausplatz im Zentrum Wiens anführen, der über das Jahr intensiv privatwirtschaftlich genutzt wird. In der Sommerzeit findet auch jetzt wieder, wie in den letzten Jahren, ein Filmfestival, begleitet von einem reichhaltigen kulinarischen Angebot, großen Zuspruch und Akzeptanz.

Projektname	**PROJEKTAUFTRAG**		
Projektnummer	**Magistrat der Stadt Wien**		
Projektauftraggeber:	MD Dr. Ernst Theimer	**Projektstarttermin:**	23. 05. 2002
Projektleiter:	HR Franz Döller	**Projektendtermin:**	01. 01. 2010
Projektteammitglieder:			
OAR Ernst Menner, MBA	Projektrolle: Operativer Projektleiter, verantwortlich für Projektabwicklung SAP innerhalb der Stadt Wien		
Projektziele:			
Einführung und Roll-Out von betriebswirtschaftlichen Basisfunktionen im Rechnungswesen mittels SAP in allen Magistratsabteilungen der Stadt Wien			
Projektnichtziele:			
Realisierung von Effizienzeinsparungen durch neue Prozesse (→ Linienverantwortung)			
Meilensteine:		**Termin:**	
• Abschluss Vorstudie und Projektbeauftragung:		23.05.2002	
• Testphase und Abschluss Entwicklung erstes Template:		01.10.2003	
• Abschluss des Roll-Outs inkl. Vertiefung und Verbreiterung:		01.01.2010	
Unterschriften:			
Auftraggeber		**Projektleiter**	

Abb. 5: Projektauftrag Magistrat der Stadt Wien
Quelle: eigene Darstellung

Eine Reihe von kulturellen und gesellschaftlichen Einrichtungen der Stadt Wien versuchen hier ganz bewusst laufend dazu beizutragen, Wien immer lebenswerter zu machen und auch dafür sind diese 65.000 Mitarbeiterinnen und Mitarbeiter da.

Im Rechnungswesen selbst – ich bin ja organisatorisch dem Rechnungsamt der Stadt Wien, der sogenannten Magistratsabteilung MA 6, welche die Gesamtprojektverantwortung für das SAP-Projekt wahrnimmt, zugeordnet – bearbeiten wir ca. 1,6 Millionen Eingangsrechnungen jährlich. Wir stellen in etwa sieben Millionen Ausgangsrechnungen jährlich aus, wobei wir diese Dienstleistung für alle Dienststellen der Stadt Wien, die sogenannten Magistratsabteilungen, übernehmen. Somit umfassen unsere Rechnungen beispielsweise so unterschiedliche Leistungen wie den Wohnbereich über die Parkraumbewirtschaftung bis hin zum Krankenanstaltenbereich. Weiters wickeln wir für alle Bereiche der Stadt das Rechnungswesen ab, und zwar von der öffentlichen Darstellung, der Kameralistik bis zur Bilanz und Gewinn- und Verlustrechnung, die wir für jeden einzelnen Bereich erstellen. Darüber hinaus decken wir hier durch ein Projekt, welches wir im Rahmen dieses Gesprächs auch noch im weiteren Detail beleuchten werden, die Kostenrechnung für alle Bereiche ab.

Frage: Geben Sie bitte einen Überblick über Ihr Projekt, welches Sie nachfolgend vorstellen möchten.

• *Beschreiben Sie den Inhalt des Projektes.*

• *Welche Tätigkeiten zur Vorbereitung wurden für das Projekt durchgeführt?*

MW: *Ich denke, das gibt uns ein gutes Stichwort, um das Projekt im Überblick zu beleuchten: Könnten Sie hier bitte den Inhalt des Projekts als solches im Wesentlichen skizzieren, um uns eine erste Orientierung zu geben?*

EM: Unser ursprünglicher Projektauftrag war, im Magistrat der Stadt Wien im Bereich Rechnungswesen sogenannte betriebswirtschaftliche Basisfunktionen mit Schwerpunkt Kostenrechnung zur Verfügung zu stellen, wobei sich bei der Stadt SAP als das Werkzeug herausgestellt hat, welches zum Einsatz und zur Verwendung kommen soll.

Der grobe Zeitplan des Projekts lässt sich zusammenfassend so darstellen, dass mit einer Vorprojektphase, welche mit der Evaluierung von SAP als dem geeigneten Werkzeug im Mai 2002 abgeschlossen wurde, begonnen wurde. Die Auftragserteilung erging durch den Auftraggeber, Magistratsdirektor Dr. Ernst Theimer, an das Rechnungsamt der Stadt Wien, die Magistratsabteilung MA 6, auch genannt „Die 6er", die Projektverantwortung und -umsetzung für das Großprojekt „Einführung und Roll-out betriebswirtschaftlicher Basisfunktionen mit SAP im Magistrat der Stadt Wien" zu übernehmen.

Aufbauend auf eine Projektvorbereitungsphase, in der alle notwendigen infrastrukturellen und organisatorischen Grundlagen geschaffen wurden, wurde bewusst das Vorgehen gewählt, zuerst im Rahmen eines sechsmonatigen Zeitrahmens sich intensiv anhand eines sogenannten „Laborsystems" mit SAP vertraut zu machen und anhand dieser Testumgebung verschiedene Ansätze einer Umsetzung auszuprobieren. In der Folge wurde ab 2003 ein sogenannter „Blueprint", also ein Konzept für ein alle notwendigen Anforderungen abdeckendes System, erstellt und daraufhin folgend in verschiedenen Roll-out-Phasen SAP sukzessive in den einzelnen Magistratsabteilungen implementiert. Aktuell stehen wir hier bei in etwa drei Viertel des Weges und haben gegenwärtig noch eineinhalb Jahre Roll-out und ca. 20 Dienststellen im Rahmen der SAP-Implementierung vor uns. Alle anderen Dienststellen der Stadt Wien setzen SAP zumindest im Bereich der Kostenrechnung, manche jedoch durchaus auch schon in vielfältigen anderen integrierten Bereichen bereits produktiv ein.

Das Projekt hat somit als solches im Jahr 2002 begonnen und findet im Jahre 2010 seinen offiziellen Abschluss.

MW: *Eine durchaus beeindruckende Projektlaufzeit. Wenn wir versuchen, das Thema Projektauftrag hier noch ein wenig genauer zu beleuchten, was würden Sie hier als wesentliche Eckpunkte dieses Auftrags anführen?*

EM: Wir erhielten als MA 6 den Kernauftrag, SAP für betriebswirtschaftliche Basisfunktionen einzurichten, was bedeutet, eine Kostenrechnung aufzubauen, welche sich aus den Teilbereichen einer Kostenartenrechnung, einer Kostenstellenrechnung und einer Kostenträgerrechnung, mittels derer die Produkte und Leistungen der einzelnen Dienststellen kosten- und leistungsrechnungsmäßig abgebildet werden, zusammensetzt. In diesem Zusammenhang entwickelten wir einen Produktkatalog über die gesamte Stadt, welcher in etwa 20 Produkte umfasst. Wir wählten bewusst eine derart geringe Anzahl an Produkten, um die Vergleichbarkeit und Verwendbarkeit für alle Abteilung auf einer relativ abstrakten Ebene sicherzustellen.

Der alternative Ansatz hätte bedeutet, einen umfassenden Produktkatalog zu entwickeln, welcher in etwa 3000 Produkte umfasst hätte, bis hin zu beispielsweise Reisepass als eigenem Produkt. In diesem Zusammenhang hätten wir uns aber der Problematik gegenüber gesehen, dass hier wohl jeden Tag neue Produkte hinzukommen und wohl ständig am System gerüttelt werden hätte müssen.

Auf dieser Basis sahen wir uns veranlasst, im System 20 Basisprodukte zu entwickeln und zu hinterlegen, welche einzelne generische Leistungen, wie

„Ausbildung", „Produkte" oder „Vorhaben", sozusagen als Platzhalter für später konkretisierte Inhalte umfassen. Im Rechnungsamt werden beispielsweise die durchgeführten Rechnungen als ein „Produkt" definiert. Unter Vorhaben sind hier alle Maßnahmen zu verstehen, welche einen definierten Beginn und ein definiertes Ende aufweisen: Bei uns im Rechnungsamt eben z. B. die Einführung von SAP im Magistrat der Stadt Wien.

MW: Wenn ich es richtig verstanden habe, bieten Sie sozusagen „generische Produkte" wie eben ein Vorhaben im Rahmen Ihres Templates an; und wie dieses konkret im Rahmen des Roll-outs inhaltlich bei den einzelnen Dienststellen ausgestaltet wird, bestimmen die einzelnen Dienstellen im Rahmen der individuellen Konkretisierung.

EM: Genau. In Deutschland bestehen Bestrebungen, die Voranschlagserstellungen produktorientiert durchzuführen, wobei wir hier aber noch nicht so weit sind, zumal zum einen die Anforderungen der Statistik-Bekanntgabe seitens der Europäischen Union und die aktuellen gesetzlichen Vorschriften dem entgegenstehen.

Maastrichtkriterien nach Kostenrechnung sehe ich hier bisher noch nicht. Hierfür fehlen ganz einfach die notwendigen Rahmenbedingungen.

Letzten Endes liegt einer Kostenrechnung ja auch eine andere Zielsetzung zugrunde als einer Bilanz, und man möchte hier wohl auch gar nicht alle Details veröffentlicht sehen.

• *Welche Ziele und Nichtziele wurden definiert und dokumentiert?*

MW: Stichwort Zielsetzungen: Welche Zielsetzungen wurden für das Projekt definiert und gegebenenfalls auch dokumentiert?

EM: Es gilt hier, alle drei aus unserer Sicht relevanten Säulen des Rechnungswesens im öffentlichen Bereich mit SAP abzudecken und zu realisieren:

• Die Finanzbetrachtung anhand des Werkzeugs der Kameralistik, also somit die öffentliche Darstellung im Sinne eines Cash-Managements oder einer Einnahmen-Ausgaben-Rechnung

• Die Vermögens- und Erfolgsbetrachtung anhand der doppelten Buchhaltung, der sogenannten Doppik

• Die betriebliche Betrachtung mittels der Kostenrechnung

Alle drei Bereiche sollen hier abgedeckt und dargestellt werden, zumal man – basierend auf den unterschiedlichen Zielsetzungen der einzelnen Systeme – klarerweise unterschiedliche Aussagen erhält.

Der Magistrat der Stadt Wien beschäftigte sich bereits seit 1999 punktuell mit SAP bzw. wurde SAP seit diesem Zeitpunkt in verschiedenen Abteilungen eingeführt. Es hatte sich allerdings klar gezeigt, dass eine solche dezentrale und voneinander losgelöste und isolierte Vorgehensweise ohne straffen Zeitplan weniger als suboptimale Ergebnisse erzielte, sodass als eines der wesentliche Projektziele unter anderem eine koordinierte und flächendeckende „Breiten-"Ausrollung der betriebswirtschaftlichen Basisfunktionalitäten mittels eines zu erstellenden, die wesentlichen Anforderungen abdeckenden Templates darstellte.

Darüber hinaus wurde als ein weiteres wesentliches Ziel die schrittweise Ablöse weiterer zusätzlicher Module des Rechnungswesens durch SAP definiert, um hier neben der Breitenwirkung auch in die Tiefe zu dringen. Dies umso mehr, als durch einen umso integrierteren Einsatz hier zusätzliche Vorteile realisiert werden können und konnten.

Wesentlich war hier sicherlich auch, dass ein Werkzeug benötigt wurde, um die gesamten Leistungen der Stadt Wien darzustellen, zu bewerten und letzten Endes auch zu vergleichen und nach außen zu tragen.

MW: Wurden zu Beginn spezifische Kennzahlen oder KPIs – sogenannte Key Performance Indicators – definiert, um den Projekterfolg als solchen messen und beurteilen zu können?

EM: Selbstverständlich wurde im Rahmen der Voruntersuchung eine Nutzenrechnung aufgestellt. Es bestand aber hier glücklicherweise von Seiten der Konzernspitze von Projektbeginn an das Verständnis, dass durch die integrierte und flächendeckende Einführung von SAP im ersten Schritt als Basis die Infrastruktur geschaffen wird, um in der Folge – und somit auch bewusst zeitlich nachgelagert – darauf aufbauend mittel- bis langfristig Nutzenpotentiale heben zu können. Das Heben dieser Nutzenpotentiale wird zudem in Folge im Bereich der Verantwortung der Linienführungskräfte der jeweiligen Teilorganisation gesehen. Es war offensichtlich, dass während der Projektlaufzeit hier durchaus Mehraufwand entstehen wird.

Entlastend wirkte hier sicherlich auch, dass seitens der Führung niemals Personalabbaupläne im Zusammenhang mit unserem Projekt genannt wurden bzw. angedacht waren.

MW: *Was war bzw. ist Ihre Rolle im Rahmen des Projekts?*

EM: Meine Rolle ist die sogenannte Projektabwicklung, das heißt, ich darf den Projektleiter, Herrn Hofrat Franz Döller, Direktor des Rechnungsamtes, in der operativen Tätigkeit in allen Gremien vertreten und somit als „operativer Projektleiter" fungieren, um dafür zu sorgen, dass das Projekt effizient und effektiv abgewickelt wird.

In diesem Zusammenhang geht mir ein umfassender Stab an Projektmitarbeiterinnen und Projektmitarbeitern unterstützend zur Hand. Unser Projekt umfasst derzeit ca. 90 Personen inklusive externer Beratung, die im Rahmen des Projektes zu Werke gehen. Und das fordert täglich.

Zumal dies zusätzlich zu meiner Nebentätigkeit, die ich ansonsten noch wahrzunehmen habe, anfällt, da ich ja im Rechnungsamt grundsätzlich für Haushalt und Buchführung als Fachbereichsmanager zuständig bin, und in diesem Zusammenhang alle Anfragen, alle gesetzlichen Gegebenheiten oder Änderungen, die sich in diesem Zusammenhang ergeben, ebenfalls meiner Verantwortung obliegen und quasi nebenbei noch in meinen Aufgabenbereich fallen.

Darüber hinaus halte ich einen intensiven Kontakt zur Finanzverwaltung aufrecht und bin in diesem Rahmen tätig bei der Erstellung des Voranschlags und des Rechnungsabschlusses und zwischenzeitlich bin ich für alle haushaltsrechtlichen Fragen zuständig, die im Rechnungswesen oder im Buchhaltungsbereich anfallen.

• *Welche Tätigkeiten zur Vorbereitung wurden für das Projekt durchgeführt?*

MW: *Ein umfassendes Aufgabenportfolio, welches Sie hier wahrnehmen. Wenn wir hier noch einmal vertiefend auf die Vorprojektphase eingehen, welche Tätigkeiten wurden hier zur Vorbereitung des Projekts durchgeführt?*

EM: Wir strengten hier unterstützt durch ein Beratungsunternehmen Untersuchungen an, um das geeignete Werkzeug, welches unsere Projektziele am sinnvollsten unterstützen kann, zu evaluieren. Das Resultat dieser Studie zeigte, dass SAP für die Anforderungen der Stadt Wien durchaus ein brauchbares Werkzeug wäre, was wir seitens der Stadt sodann noch weiter untersuchten und vertiefend evaluierten. Die Konzernspitze traf in Folge die Entscheidung für SAP als anzuwendendes Werkzeug.

Basierend auf der Tatsache, dass der primäre Fokus auf dem Thema Rechnungswesen lag, wurde der Finanzdirektor der Stadt Wien beauftragt, dieses Projekt mit SAP als Werkzeug umzusetzen und dies in seinem Bereich zu organisieren, worauf der Auftrag an das Rechnungsamt der Stadt Wien, die Magistratsabteilung MA 6, erging, dieses Projekt aufzusetzen und einen Projektvorschlag zu erstellen. Dieser Projektvorschlag wurde dem Magistratdirektor zur Genehmigung vorgelegt, welcher in Folge der MA 6 den Auftrag für die flächendeckende Einführung von SAP innerhalb der Stadt Wien erteilte.

- *Wie erfolgte die Planung der nachstehenden Punkte: Aufgaben, Zeit, Meilensteine, Ressourcen inkl. Kosten?*

- *Wie wurde das Team ausgewählt, die Organisation umgesetzt und festgehalten?*

MW: *Könnten Sie uns vielleicht noch ein paar weitergehende Ausführungen zur Projektorganisation als solches mitgeben?*

EM: Der Auftraggeber des Projekts ist der Magistratsdirektor, die Finanzierung des Projekts sichert der Finanzdirektor, und der Projektleiter ist der Direktor des Rechnungsamtes, Herr Hofrat Döller.

Die weitere Projektorganisation stellte sich dann so dar, dass wir innerhalb der MA 6 eine eigene Dienststelle für die Projektdurchführung eingerichtet haben, welche wir „SAPport" nannten: orientiert am Gedanken der Unterstützung (auf Englisch „Support") und der Kernaufgabe, SAP in die Dienststellen zu portieren. Diese Dienststelle, deren Aufgabe die fachliche Beratung im Rahmen des SAP-Projekts darstellt, umfasst 30 Mitarbeiter und Mitarbeiterinnen, welche in Massen auf Basis einer internen Ausschreibung innerhalb des Magistrats Wien rekrutiert und besetzt wurden.

Die eigene EDV-Abteilung der Stadt Wien, die Magistratsabteilung MA 14, zogen wir in diesem Projekt als die technische Beratungsunterstützung hinzu, wobei innerhalb dieser Abteilung ca. 20 Mitarbeiterinnen und Mitarbeiter ausschließlich mit SAP beschäftigt sind.

In Folge kauften wir auf Basis einer großen Ausschreibung Beratungsleistungen im SAP-Bereich zur Unterstützung des Projekts zu: Aus diesem Titel sind derzeit in etwa 30 externe Berater im Hause bei der Stadt tätig, welche uns helfen, SAP richtig zum Einsatz zu bringen.

Die verbleibenden zehn Personen, welche noch auf den vorab genannten Personalstand von 90 Projektmitarbeitern fehlen, stellen Overhead-Personal, wie beispielsweise auch der Herr Direktor als Projektleiter, meine Person und Mitarbeiterinnen meiner Abteilung, welche neben ihrer sonstigen Tätigkeit als Teilprojektleiterinnen agieren, dar.

MW: Wie stellen sich die Berichtswege in diesem Projekt dar bzw. welche Arten von regelmäßigen oder auch unregelmäßigen Abstimm- oder Lenkungsmeetings bzw. Ausschusssitzungen wurden als Maßnahmen der Projektsteuerung implementiert und wahrgenommen?

EM: Beginnen wir mit dem Lenkungsgremium SAP, welches viermal im Jahr stattfindet. Darüber hinaus wurden Programmsteuerungssitzungen eingerichtet, welche bis zum heurigen Jahr wöchentlich stattfanden und ab jetzt vierzehntägig abgehalten werden. Darüber hinaus gibt es natürlich noch interne Abstimmmeetings und Jour Fixes, welche wöchentlich anberaumt werden, wie beispielsweise ein sogenanntes „Coaching Board", in welchem die Arbeitsgruppen zusammentreffen und die Arbeitspakete integrativ besprechen und übergreifend Veränderungsanforderungen und Change Requests abwickeln, sodass diese dann bereits vorbereitet in der Programmsteuerung beschlossen werden können.

Neben diesen regelmäßigen Gremien finden natürlich auch Workshops oder Arbeitssitzungen für spezifische Probleme statt, welche anlassbezogen eingeplant werden.

Frage: Beschreiben Sie bitte den Ablauf des Projektes aus folgenden Sichtweisen:

- *Wurde auf den definierten Inhalt und die Zielerreichung auch während des Projektes geachtet?*

- *Wie erfolgte die Steuerung des Projektes inkl. der definierten Maßnahmen?*

- *Gab es geplante und ungeplante Veränderungen und wie sind Sie damit umgegangen?*

MW: Ich kann mir gut vorstellen, auch im Zusammenhang mit dem, was Sie anfänglich geschildert haben – 65.000 Mitarbeiter, 80 Dienststellen, ca. 10 Milliarden Euro Budget pro Jahr –, dass hier eine relativ große Komplexität herrscht, insbesondere auch in der Projektstrukturierungsphase bzw. in der Phase der Konzeptionserstellung. Es wäre für mich gut nachvollziehbar, dass Sie hier der einen oder anderen Herausforderung gegenüberstanden. Wie gingen Sie hier vor?

EM: Wir beschäftigten uns im ersten halben Jahr der tatsächlichen Projektlaufzeit im Jahr 2003 ausschließlich damit, wie das System aussehen soll. Wir schafften uns ein eigenes Laborsystem an, auf welchem wir eigentlich nur herumprobierten. Wir mussten hier ein eigenes umfassendes und tiefgreifendes Verständnis für die Möglichkeiten der Abbildung verschiedenster Anforderungen in SAP entwickeln und diverse Ansätze auch an- und austesten.

Als Ergebnis konnten wir von der SAP-Struktur her ein Einmandanten-System definieren und jeder einzelnen Magistratsabteilung innerhalb der Stadt Wien einen eigenen Buchungskreis zuordnen. Die Geschäftsfelder als solche, welche einzelnen Abteilungen zugeordnet sind, wurden über Fonds abgewickelt. Innerhalb der Kostenrechnung wurden die einzelnen Kostenträger als sogenannte Projektstrukturplan-Elemente innerhalb von SAP abgebildet, welche sodann über die Zuordnung zu sogenannten Funktionsbereichen zu unseren Produkten zusammengefasst wurden. Dies stellt alles in allem die Grundstruktur unseres SAP-Systems dar.

Wir begannen natürlich in diesem Laborsystem ganz klein und konzentrierten uns ganz bewusst im ersten Ansatz auf den Kernauftrag, das heißt die Einrichtung der Kostenrechnung. Es zeichnete sich hier sehr schnell ab, dass es aufgrund der Integration innerhalb des SAP-Systems und der mit einer integrierten Vorgehensweise verbundenen Vorteile Sinn machte, bereits in der ersten Version unseres Templates, welches wir ab dem 01.01.2004 an einen ersten definierten Umfang spezifischer Dienststellen auslieferten, bereits alle Bereiche der Ausgaben innerhalb von SAP abzudecken und so beispielsweise neben der Finanzbuchhaltung für Eingangsrechnungen auch die Materialwirtschaft und verwandte Komponenten im integrierten Betrieb zu fahren.

Die Einnahmen wurden noch automatisch übernommen, aber die Ausgaben wurden zu diesem Zeitpunkt zur Gänze bereits originär in SAP abgewickelt.

Dies wurde innerhalb dieser ersten Monate im Laborsystem eingerichtet und ausgetestet.

MW: Ich verstehe. Stichwort „Auftrag Kostenrechnung": Hier wäre es aus meiner Sicht noch spannend zu beleuchten, in welchem Detaillierungsgrad sich die Ziele (und auch eventuelle Nichtziele) zu Beginn des Projekts darstellten bzw. wie in Folge auch während des Projekts auf den definierten Inhalt und die Ziele geachtet wurde: Sie führten hier beispielsweise die Erweiterung des Umfangs in Richtung Materialwirtschaft an.

EM: Grundsätzlich wurden uns zu Beginn des Projekts sehr grobe Ziele als Vorgaben gesteckt. Prinzipiell bestand das Ziel in der Erfüllung des bereits erläuterten Projektauftrags des zusätzlichen Aufbaus einer – bis dahin so nicht existierenden – Kostenrechnung, nicht hingegen in der Ablösung des bestehenden, eigens auf UNIX-Basis entwickelten Rechnungswesens der Stadt Wien.

Erst im Laufe der Projektdauer kristallisierte sich heraus, dass der Parallelbetrieb von zwei Systemen im Bereich Rechungswesen keine langfristig sinnvolle Option darstellt. Als Konsequenz wurde entschieden, dass versucht werden sollte, über die Projektdauer alle Belange des Rechnungswesens mit einem System, welches sodann SAP heißt, abzudecken.

Dies stellte aber nicht das ursprüngliche Ziel und auch nicht den ursprünglichen Auftrag des Projekts dar, sondern kristallisierte sich im Laufe des Projekts im Projektteam als sinnvolles mit dem Finanzdirektor abgestimmtes Ziel heraus.

MW: Das heißt, wie sich mir jetzt die Situation auf Basis Ihrer Ausführungen darstellt, gab es in diesem Projekt auch die Flexibilität, sich erst im Laufe des Projekts abzeichnende zusätzliche Nutzenpotentiale zu heben und dementsprechend mit Anpassungen der Projektziele auf Chancen zu reagieren, welche man bei der Projektplanung so noch nicht gesehen hatte.

EM: Aufgrund der Erkenntnis, dass wir im Rechnungswesen wieder zu einem Werkzeug finden wollen, riefen wir dann auch im Laufe des Jahres 2006 mehrere Teilprojekte ins Leben, sodass sich die Projektlandschaft

SAP nicht nur auf den sogenannten „Roll-out" (das heißt den Aspekt der einheitlichen Kostenrechnung für alle Dienststellen) fokussierte, sondern auch weitere Funktionalitäten des Rechnungswesens umfasste: So begannen wir den sogenannten „virtuellen Markt" einzurichten, das heißt eine Bestellung per Mausklick innerhalb der Stadt Wien zu ermöglichen, sodass beispielsweise EDV-Belange wie ein PC oder Möbel online und einfach per Mausklick über Web-basierte Anforderungen bei unserer zentralen Einkaufsabteilung geordert werden können.

Somit bildeten sich parallel zum Kostenrechnungsprojekt bereits vier weitere Teilprojekte heraus, welche bislang die Themen

- „virtueller Markt", das heißt die Bestellung auf Mausklick,

- Zahlungsverkehr, das heißt auch die Bankabwicklung SAP-unterstützt durchzuführen und

- das sogenannte „Finanzwarehouse", also das Berichtswesen auf SAP abzubilden, sowie

- als ein weiteres sehr großes Teilprojekt die einheitliche Debitorenbuchhaltung, das heißt auch alle Einnahmen zusätzlich zu der Ausgabenseite mittels SAP abzubilden, umfasste.

Darüber hinaus befinden sich aktuell weitere zusätzliche Teilprojekte in der Antrags- und Prüfungsphase, sodass sich die Anzahl dieser Teilprojekte wohl noch weiter erhöhen wird.

MW: Dadurch scheint sich doch letzten Endes der Projektplan signifikant erweitert zu haben, wenn ich das richtig sehe. Aus meiner Perspektive könnte man hier schon von einer Erweiterung von einem Projekt zu einem Programm sprechen.

EM: Ja, deswegen sprechen wir heutzutage in unserer Struktur auch nicht mehr von einer Projektsteuerung, sondern von einer Programmsteuerung.

MW: Wie ging man hier mit den wahrscheinlich daraus resultierenden fundamentalen Auswirkungen auf Zeit-, Ressourcen- und Budgetpläne um?

EM: Naja, wir haben diese Teilprojekte auf der gleichen Basis wie unseren ursprünglichen Projektvorschlag finanziert und zusätzliche Budgetmittel beantragt. Das genehmigte Projektbudget für den Roll-out beträgt in etwa 80 Millionen Euro.

In der Roll-out-Phase kam es bislang in keinem einzigen Bereich zu einer Zeitüberschreitung, und wir sind uns auch sicher, dass wir plangemäß bis 01.01.2009 alle Magistratsabteilungen mit SAP versorgt haben werden. Zusätzlich sind wir uns sehr sicher, dass die Gesamtkosten die dafür budgetierten etwa 80 Millionen Euro nicht überschreiten werden.

MW: Wie wurde bezüglich einer detaillierten Aufgaben- und Meilensteinplanung im Rahmen dieses Projekts bzw. Programms vorgegangen?

EM: Nach Abschluss der Voruntersuchung und der Beauftragung begannen wir einen Projektplan zu entwickeln, welcher einen Roll-out-Plan basierend auf der Zusammenfassung der Dienststellen nach den acht politischen Geschäftsgruppen, also den Verantwortungsbereichen der einzelnen Stadträte, welche sich von den Themengebieten Finanzen, Personal, Umwelt und Soziales bis zum Wohnbereich erstrecken, vorsieht. Als eine eigene zusätzliche Quasi-Geschäftsgruppe und somit als eigenständige weitere Roll-out-Phase wird hier die Magistratsdirektion vorgesehen. Wir machten uns zur Vorgabe, jährlich zwei gesamte Geschäftsgruppen, unabhängig davon, wie viele Dienststellen hier inkludiert sind, auf SAP umzustellen. Aufgrund der gegebenen politischen Vorgaben kam es ständig zu Umgliederungen bzw. Zusammenlegungen, Trennungen oder Änderungen von Dienststellen, sodass dieser Aspekt einen weiteren wesentlichen Motivator für die Abbildung der Dienststellen als eigenständige Buchungskreise, wie anfangs kurz beschrieben, darstellte.

MW: Weil Sie hier hohe Flexibilität in der Abbildung benötigten.

EM: Genau. Wir richteten hier im ersten Jahr die Geschäftsgruppe Finanzen ein, zumal wir im Rahmen dieser Einführung anhand des Lernens an unserem eigenen Bereich auch wichtige Erfahrungen machen konnten und mussten. Beginnend ab dem zweiten Jahr wurden jeweils zwei Geschäftsgruppen umgesetzt, sodass mit dem Jahr 2007 die letzte Geschäftsgruppe Umwelt, abgewickelt und mit 01.01.2008 produktiv gesetzt wird. Somit verbleibt für das Projektjahr 2008 – wir projektierten hier jeweils ein Jahr an Vorbereitungszeit – mit Produktivstart am 01.01.2009 die Magistratsdirektion der Stadt Wien.

Parallel zur Kostenrechnungsidee etablierte sich bei der Stadt Wien die sogenannte „Verwaltungsmodernisierung", für welche sogenannte „Kontrakte" als Leistungserbringungszusagen zwischen der Verwaltungs- und der politischen Ebene definiert und etabliert wurden. Diese Kontrakte basieren im Wesentlichen auf den einzelnen Leistungen der jeweiligen Geschäftsbereiche bzw. Dienststellen und letztendlich auf den jeweiligen produzierten Produkten. Man kann den Kontrakt auch als den Auftrag der politischen Ebene an die Verwaltung betrachten, mit welchem die Verwaltung arbeiten darf bzw. in der Leistungserbringung auch an diesen gebunden ist.

Diese Komponente wurde bereits, mit Ausnahme der Magistratsdirektion, in allen Dienststellen umgesetzt. Die visuelle Darstellung der Kontrakte erfolgt mittels der sogenannten „Balanced Scorecard", wobei basierend auf einem schriftlichen Auftrag und einer Produktdarstellung eine grafische Darstellung abgebildet wird.

MW: Darf ich hier noch einmal auf das Thema des Ablaufs des Projekts aus verschiedenen Perspektiven zurückkommen: Sie haben hier bereits sehr eindrucksvoll dargestellt, wie sich der Umfang und Verantwortungsbereich des Projekts bzw. des Programms erweiterte. Wie erfolgte in diesem Setting die Steuerung des Projekts und insbesondere des Projektumfangs inklusive der definierten Maßnahmen? Ich denke, es ist prinzipiell sehr schön, wenn hier im Laufe des Gesamtprojekts ein weiteres Teilprojekt hinzukommen kann, zumal wenn dessen Abwicklung sich im Rahmen des ursprünglichen Budgets realisieren lässt und dadurch der Gesamtnutzen erhöht werden kann. Ich würde hier gerne noch beleuchten, wie sich im Kontext dieser geplanten Veränderungen die operative Projektsteuerung im Detail vollziehen ließ.

EM: Für die genannten zusätzlichen Teilprojekte wurden eigene Projektteams geschaffen. Hierzu definierten wir aus den fachlich verantwortlichen Abteilungen Verantwortliche, welche diese Arbeitspakete abwickelten und zusätzlich über sogenannte „Integrationsverantwortliche" die Verbindung zum Roll-out-Projekt herstellten: Immer unter der Voraussetzung, dass die Anforderungen der Teilprojekte auch zum übergeordneten Gesamtziel des Roll-outs passen und darin sowohl budget- als auch kapazitätsmäßig sinnvoll abbildbar sind.

Die oberste Maxime war hier ganz klar, dass die Funktionalität des auszu-

rollenden Templates durch Zusatzfunktionen anderer Teilprojekte keinesfalls negativ berührt oder eingeschränkt wird.

Dies funktioniert bei uns über den Mechanismus „Change Request":
Alles, was hinsichtlich des Templates im System verändert werden soll,
wird im Rahmen eines „Change Requests" dokumentiert, wodurch die
Anforderungen, die möglichen Lösungsansätze, eventuelle mögliche organisatorische Lösungen dazu und der damit verbundene eventuelle Aufwand transparent und nachvollziehbar festgehalten werden. In der Programmsteuerung wird in Folge jeder einzelne „Change Request" und das
weitere Vorgehen besprochen: Im Genehmigungsfall wird eine Entscheidung für eine der angeführten Umsetzungsvarianten getroffen und ein
seitens der jeweiligen Arbeitsgruppe vorgeschlagenes Fertigstellungsdatum
fixiert.

Über diesen Mechanismus konnten wir die Ursprungsdefinition kun-
den- und empfängerorientiert weiterentwickeln, sodass aus dem sogenannten „Blueprint" des Templates, dem originären Soll-Konzept, sich
im Zuge einer individuellen Weiterentwicklung und spezifischen Anpassung „Dienststellen-Soll-Konzepte" entwickeln konnten. Innerhalb dieses
jeweiligen konkreten fachlichen und technischen dienststellenbezogenen
Konzepts wird der jeweilige detaillierte Umsetzungsplan für die individuelle Abteilung konkretisiert und feingeplant, sodass die Produktivsetzung
jeweils zum 01.01. des Folgejahres umgesetzt werden kann.

Somit unterteilt sich jedes Roll-out-Vorhaben pro Magistratsabteilung in
die Phasen

• Entwicklung des Dienststellenkonzepts,

• Umsetzung und Realisierung der technischen Entwicklung bis zum
  Entwicklungsstopp, welcher meistens mit 31.08. des jeweiligen Jahres
  angesetzt wurde bzw. wird,

• gefolgt von den Integrationstests und eventuell notwendigen Anpassungen und Abänderungen bis ca. Oktober des jeweiligen Jahres,

• darauf aufbauend die Stammdatenbereitstellung bzw. Stammdaten-
  übernahme sowie die Übernahme allfälliger Bewegungsdaten,

• Endanwenderschulungen,

• technische Produktivstartvorbereitung und

• Produktivstart mit 01.01. des Folgejahres.

Dieser mittlerweile eingespielte und eingeübte Ablauf fand und findet somit jedes Jahr mit jeweils wechselnden fachlichen Gesprächspartnern unterschiedlicher Dienststellen statt. Dies funktioniert auch – nach einer Einschwingphase im ersten Jahr – mittlerweile wirklich klaglos.

Selbstverständlich standen wir hier nicht an und entwickelten auch das Template als solches weiter: So enthält es zum gegenwärtigen Zeitpunkt neben dem Kern der Kostenrechnung beispielsweise auch Prozesse der Materialwirtschaft, der Instandhaltung, des Fuhrparkmanagements etc. Aus den Forderungen spezifischer Abteilungen ergab sich hier – neben der Berücksichtigung im spezifischen „Dienststellenkonzept" – somit auch ein Rückfluss in das generelle Template, welches in Folge zukünftigen Dienststellen angeboten wurde und wird.

MW: Wie darf man sich den Abstimm- und Entscheidungsprozess vorstellen, wenn eine Dienststelle eine spezifische Zusatzanforderung stellte, welche im aktuellen Template so bislang nicht realisiert war?

EM: Jährlich wurde als Fixpunkt die Sollkonzeptfertigstellung definiert: Dieses Sollkonzept wurde und wird als solches auch durch mich persönlich abgenommen. Es gab kein Sollkonzept, welches nicht durch meine persönlichen Hände ging. Ich sehe mich hier auch ganz persönlich in der Verantwortung, dass alle Anforderungen oder Wünsche von Seiten einzelner Dienststellen explizit von mir persönlich genehmigt (oder abgelehnt) werden müssen.

In diesem Genehmigungsprozess entscheide ich, unterstützt durch meine Beraterinnen und Berater, ob diese zusätzlichen Anforderungen aus den verfügbaren Ressourcen in diesem Jahr heraus realisiert werden können oder ob es zu einer eventuellen späteren Realisierung in einem Folgejahr kommen wird.

Die Regel lautet hierbei, dass der Leistungsumfang, welcher im ersten Rollout-Jahr angeboten wurde, die Basisfunktionalität darstellt, welche auf jeden Fall jede Dienststelle ohne Kosten zur Verfügung gestellt bekommt. Implementierungen darüber hinaus können nicht garantiert werden, da dies in Abhängigkeit von budgetären oder personellen Restriktionen zu beurteilen ist. In diesem Zusammenhang habe ich mir explizit das Pouvoir vorbehalten, innerhalb dieses Möglichkeitsspielraums selbst zu entscheiden.

Alle Projektveränderungen größerer Natur – also somit nicht jeder einzelne „Change Request", sondern signifikante Veränderungen –, die entweder Auswirkungen auf das System haben oder Auswirkungen auf das Budget hätten, sind prinzipiell im vierteljährlichen Lenkungsgremium genehmigungspflichtig. Bei finanziellen Auswirkungen im Sinne von Budgetüberschreitungen im selben oder im Folgejahr bedarf es zudem der Zustimmung des Finanzdirektors der Stadt Wien; nachdem der Finanzdirektor hier allerdings zugleich der Vorsitzende des Lenkungsgremiums ist, tut man sich mit solchen Entscheidungsfindungen hier vergleichsweise leicht, da dies in einem Gang erledigt werden kann.

Anforderungen einzelner Dienststellen können – falls hier eine Erfüllung aus dem allgemeinen Projektbudget heraus aktuell nicht möglich erscheint – eventuell im Falle von Zusatzanforderungen, welche explizit von dieser Abteilung gefordert werden –, auch durch die Dienststelle selbst bezahlt werden oder aber sie sind zeitlich zumindest zum Teil zu verschieben bzw. nicht zu realisieren.

MW: Wie war hier die Resonanz der Dienststellen auf diese Vorgehensweise?

EM: Im Wesentlichen ausgezeichnet: Die Dienststellen akzeptierten diese Vorgehensweise. Diese Akzeptanz wurde sicherlich auch zu einem großen Teil dadurch gefördert, dass wir den Dienststellen die Leistungen im ersten Jahr kostenfrei zur Verfügung stellten. Somit wurden der gesamte Implementierungsaufwand und die Lizenzkosten für die Nutzung der SAP-Software im ersten Jahr bewusst zentral getragen. Nach Ablauf dieses Jahres erfolgt eine Verrechnung der laufenden SAP-Lizenzwartungskosten und allfälliger zusätzlicher Beratungsunterstützung an die einzelnen nutzenden Magistratsabteilungen.

Dadurch konnte zum einen sichergestellt werden, dass man im Zuge der Implementierung alle Wünsche der Dienststelle gleich zu Beginn kommuniziert bekommt, da natürlich versucht wurde, möglichst umfassend alle Anforderungen kostenfrei realisieren zu lassen. Zum anderen wurde dadurch aber auch eine durchaus kompromissbereite Haltung seitens der Dienststellen begründet, wenn seitens der Gesamtprogrammsteuerung die eine oder andere zusätzliche Anforderung nicht zur Gänze auch noch in diesem Jahr realisiert werden konnte.

Das stellte sich summa summarum in der Tat als sehr angenehm dar. Zumal wir die meisten Wünsche der Dienststellen erfüllen konnten.

MW: Sahen Sie sich im Laufe des Gesamtprojekts bzw. Programms mit notwendigen Change-Management-Themen konfrontiert, und welche positiven Erfahrungen bzw. Verbesserungspotenziale würden Sie hier rückwirkend als bemerkenswert festhalten?

EM: Natürlich gab es auch – zwar selten, aber doch – die eine oder andere Thematik, in der es zu notwendigen Veränderungen auf der Geschäftsseite bzw. in den Arbeitsprozessen kommen musste. Ein sehr plakatives Beispiel stellt hier im Personalbereich das Thema Vollzeitaufzeichnung dar. Für die Zwecke einer Kostenrechnung, insbesondere der Leistungsverrechnung und damit verbunden der Produkt- und Kostenträgerbewertung, stellt eine Zeitaufzeichnung – unabhängig vom eingesetzten Softwareprodukt – eine Grundvoraussetzung dar. Dies war bislang im Magistrat in weiten Bereichen überhaupt nicht üblich, abgesehen von der Verwendung einer Gleitzeitkarte und einer Stempeluhr wurde bis dahin die inhaltliche Verwendung der Arbeitszeit nicht erfasst bzw. dokumentiert.

Heute stellt es im Magistrat Wien geübte Praxis dar, dass jede Mitarbeiterin und jeder Mitarbeiter in allen Dienststellen, welche bereits SAP einsetzen, in einem zu definierenden Zeitintervall – sei es täglich, wöchentlich oder monatlich – erfasst, für welches Produkt sie oder er wie viel Zeit im Arbeitsalltag aufwendet. Somit können wir auf eine flächendeckende Vollzeitaufzeichnung verweisen.

MW: Ich kann mir durchaus vorstellen, dass dies eine starke kulturverändernde Maßnahme darstellte.

EM: Anfangs gab es vehemente Gegenstimmen seitens der Personalvertretung, dass der einzelne Bedienstete zu transparent würde.

Letztlich stellt sich aber die Anforderung als Notwendigkeit zur Erfüllung des politischen Willens dar, die Leistungen der Stadt Wien zu berechnen, zu präsentieren und nach außen darzustellen. Hierzu bildet die Zeitaufzeichnung einen unerlässlichen und unverzichtbaren ersten Schritt: Dies wurde schlussendlich auch seitens der Bediensteten verstanden, zumal die Notwendigkeit seitens der Konzernspitze klar dargestellt und kommuniziert wurde.

Für das Rechnungsamt selbst stellte dies de facto keine problematische Thematik dar, weil wir bereits im Vorfeld – auf einer gröberen Basis – jährlich eine solche Produktkostenrechnung erstellten.

Wesentlich war hier sicherlich auch, dass die Zeitaufzeichnung selbst möglichst flexibel ausgestaltet wurde, wobei bewusst die Entscheidung getroffen wurde, Nichtleistungszeiten, wie z. B. die Mittagspause oder Arztbesuche, nicht gesondert zu erfassen, sondern auf die Produkte zu verteilen, zumal diese auch dadurch getragen werden müssen. Diese Maßnahme erleichterte sicherlich die Akzeptanz der Einführung der Zeiterfassung.

Die geforderte Mindestgenauigkeit stellt somit halbstündliche Einheiten dar, welche zumindest einmal im Monat erfasst werden. Weiters ist die Zeitaufzeichnung zwar pro Mitarbeiter zu führen, was aber wiederum nicht bedeutet, dass jeder Mitarbeiter selbst seine Zeitaufzeichnung zu führen und im System einzutragen hat. Dies kann durchaus auch im Rahmen von Sammelerfassungen erfolgen. Wir haben also ganz bewusst versucht, eine sinnvolle und pragmatische Lösung zu wählen.

MW: Wie ging man mit der Kommunikation dieser Veränderung vor? Sie ließen ja anklingen, dass hier auch Ängste und Widerstände auftraten.

EM: Wir führten im Zuge des Projekts immer wieder Informationsveranstaltungen durch, in denen wir die einzelnen Geschäftsgruppen über die anstehende SAP-Implementierung und die damit verbundenen Schritte und Anforderungen an die einzelnen Dienststellen informierten. Wir legten beispielsweise auch klar dar, wie hier in Folge z. B. die Zeitaufzeichnungen aussehen werden. Es gelang uns glücklicherweise, die Konzernspitze in Form des Magistratsdirektors für solche Informationsveranstaltungen zu gewinnen: Wenn der Konzernchef hinter dem Vorhaben steht, tut man sich klarerweise um einiges leichter.

MW: Das heißt, das Top-Management-Commitment war in diesem Zusammenhang für alle Beteiligten und Betroffenen spürbar und erlebbar.

EM: Es war das klar erkennbare Ziel der Stadt und ihrer Führung, dieses Projekt so durchzuführen, und dadurch wurden sehr viele Widerstände der Bediensteten sehr spürbar verringert.

Zudem führten wir frühzeitig Grundsatzschulungen durch, um die einzelnen Personen mit SAP vertraut zu machen und in Folge darauf aufbauend in die spezifisch eingerichteten Prozesse und das Werkzeug im Detail einzuschulen. Hierbei gingen wir dazu über, für die Personen, welche tatsächlich am System arbeiten, Einzelschulungen durchzuführen.

Durch das Gesamtpaket dieser Kommunikationsaktivitäten konnten wir massive Überzeugungsarbeit leisten.

MW: Ich kann mir sehr gut vorstellen, dass dies ein sehr wichtiger Beitrag zum aktiv gelebten Veränderungsmanagement dargestellt hat.

EM: Dies ist sicherlich eine der wesentlichen Erfahrungen, die wir aus dem Projekt gewinnen konnten. Ich sehe rückwirkend zwei wesentliche Faktoren im Zusammenhang mit dem Projektgelingen:

Eine der beiden kritischen „Lessons Learned" wäre, dass es von nicht zu unterschätzender Bedeutung ist, einen „Projektmotor" zu finden, also entweder die Unterstützung einer hierarchisch hoch angesiedelten Person oder aber die Unterstützung eines Mitarbeiters, welcher das Projekt gut verkaufen kann und aktiv unterstützt. Und als ein weiterer, wenn man so will, „Key-Success-Factor" stellte sich das dafür beschlossene und zur Verfügung gestellte Budget in einer ausreichend dimensionierten Größe dar.

Natürlich stellen darüber hinaus auch motivierte und engagierte Mitarbeiterinnen und Mitarbeiter eine kritische Größe dar, welche einerseits zu dem Projekt stehen und andererseits auch über die Projektdauer dem Projekt zur Verfügung stehen und weitgehend in ihrer Funktion bleiben und somit stabile Rahmenbedingungen bereitstellen, weil man hier ansonsten mit signifikantem Know-how-Verlust zu kämpfen hätte.

- *Wie erlebten sie die Zusammenarbeit im Team und mit dem Auftraggeber?*

MW: Dies bringt mich zum Stichwort „Team und Zusammenarbeit im Team" bzw. auch mit dem Auftraggeber. Wie erlebten Sie diese Zusammenarbeit? Was wäre in diesem Zusammenhang aus Ihrer Perspektive hervorhebenswert?

EM: Ich muss hier vermerken, dass häufige personelle Wechsel im Bereich der externen Berater leider immer wieder zu Turbulenzen im Projektablauf führten. In manchen Modulen, wie z. B. im Bereich „Supplier Relationship Management", fanden diese Wechsel de facto jährlich statt, was immer wieder zu einem erneuten Beginn führen musste. Es stellte sich letzten Endes als sehr mühsame Sache dar, den jeweiligen neuen Berater wiederum zum einen in die magistratsspezifischen Strukturen und Eigenheiten und zum anderen in die bereits erfolgten Festlegungen und getroffenen Einstellungen sowie in die Projekthistorie einzuweisen, sodass dieser dann darauf aufbauend produktiv wirken konnte.

Der Wechsel der Projektmitglieder muss somit als ein Thema betrachtet werden, welches – unabhängig davon, ob es sich um einen externen oder einen internen Mitarbeiter handelte – sich immer als sehr mühsam und schwierig darstellte. Das verursachte jedes Mal durchaus größere Probleme.

MW: Etwas, was man, wie ich mir vorstellen kann, sehr stark im Kontext der fast siebenjährigen Laufzeit des Projekts betrachten muss. Sehen Sie in diesem Kontext vielleicht auch noch andere bestimmte positive und vielleicht auch nicht so positive Erfahrungen bei einer rückwirkenden Betrachtung der Zusammenarbeit im Laufe des Projekts bzw. im gesamten Projektteam? Ich kann mir vorstellen, dass es insbesondere in einem Projekt, welches diese lange Projektlaufzeit aufweist, es das eine oder andere Mal durchaus zu differenzierten Erlebnissen kommen kann. Sie haben ja in diesem Zusammenhang bereits das eine oder andere angesprochen und erwähnt.

EM: Gerade diese Thematik stellt sicherlich einen – wie soll ich sagen – sehr schwierigen und heiklen Bereich dar:

Wir bauten, wie bereits kurz angesprochen, die neu geschaffene Dienststelle „6er SAPport" personell mittels Stellenausschreibungen aus den diversesten Dienststellen des Magistrats auf. In diesem Zusammenhang wurde die Leitung dieser Dienststelle mit einem Leiter besetzt, welcher bislang nicht im Rechnungswesen, sondern im technischen Bereich, also der EDV-Abteilung der Stadt Wien, der MA 14, tätig war. In diesem Zusammenhang kam es bedauerlicherweise immer wieder zu wahrgenommener Konkurrenz zwischen der Abteilung „SAPport" als fachlicher Beratungseinheit, welche der MA 6 zugeordnet ist, und der Abteilung SAP-

Anwendungsentwicklung als technischer Beratungseinheit und als Teil der MA 14, der zentralen EDV- und IT-Abteilung der Stadt Wien. Und diese Konkurrenz besteht hier wohl auch leider immer noch. Hier gäbe es sicherlich Verbesserungspotenzial für allfällige Folgeprojekte, falls sich hier eine ungeteilte gemeinsame Gesamtverantwortung für beide Abteilungen etablieren ließe.

Sicherlich war es von Anfang an einerseits eine bewusste Entscheidung, sowohl die MA 6 als auch die MA 14 bewusst einzubinden und ins Boot zu holen und nicht die eine oder andere Abteilung gänzlich in die jeweilig andere Magistratsabteilung zu integrieren. Letzten Endes stellt dies aber eine immer wieder sehr schwierige Konstellation dar.

Beispielsweise ist im Zusammenhang mit Aufgabenabgrenzungen zwischen diesen beiden Dienststellen eine sehr explizite und genau definierte Aufgabenverteilung und -definition als Basis vonnöten: Alles, was fachliche Anforderung, Definition, Konzeption und auch Stammdatenerfassung betrifft, liegt bei der MA 6; alles, was mit der Thematik der technischen Einrichtung, beginnend mit dem sogenannten „Customizing" – das heißt der spezifischen Parametrisierung der Prozesse und Abläufe – zu tun hat, liegt im eindeutigen Verantwortungsbereich der MA 14.

Es stellt sich hier auch nicht als mögliche Variante dar, dass eine dieser beiden Abteilungen die führende Rolle, z. B. im Kontext dieser Aufgabenteilung, übernimmt. Deshalb wählten wir die Lösung der Bildung eines „Dreigestirns" unter Hinzunahme externer Berater: Im Rahmen des Projekts wird somit immer, auch z. B. gegenüber jeder Kundendienststelle im Rahmen eines SAP-Roll-out-Vorhabens, in Form dieses „Dreigestirns" bzw. Dreier-Teams aufgetreten; diese drei Personen wickeln in dieser Form alle Teilaspekte unserer Projekte ab, sodass jeder gleichberechtigt an jedem Schritt beteiligt ist.

MW: Das heißt, im Rahmen dieses Projekts findet man letztlich auch eine sehr enge abteilungsübergreifende Zusammenarbeit vor?

EM: Ja. Wie gesagt, gerade anhand dieser beiden Bereiche, welche ja wirklich exklusiv für dieses Projekt arbeiten und wirklich exklusiv nur für die Projektumsetzung tätig sind, könnte ich mir wirklich eine sinnhafte Zusammenführung unter einer gemeinsamen Leitung vorstellen.

MW: Sie sprachen auch schon an, wie Sie mit geplanten Veränderungen im Projekt umgingen. Ich kann mir vorstellen, dass es in einem Vorhaben dieser Größenordnung möglicherweise das eine oder andere Mal ungeplante Veränderungen gab: Wie erfolgte der Umgang damit?

EM: Als ungeplante Veränderungen sind hier sicherlich zum einen politische Veränderungen zu nennen, welche auch zu Veränderungen der Geschäftsgruppen führten, als dass beispielsweise eine Dienststelle neu eingerichtet, geteilt oder vielleicht mit einer anderen zusammengelegt wurde respektive von einer Geschäftsgruppe einer anderen Geschäftsgruppe zugeordnet wurde. Wir erlebten zwischenzeitlich in Wien auch Wahlen, was zwangsläufig zu Veränderungen der politischen Struktur der Stadt Wien führte.

Vom Vorgehen her wurden auch diese ungeplanten Veränderungen über „Change Requests" anhand des bisher beschriebenen Verfahrens abgewickelt. Bislang führten diese ungeplanten Veränderungen noch zu keiner Projektverzögerung bzw. auch zu keiner Beeinflussung des Einsatzes.

Bislang kam es hier nur bei einer Dienststelle zu einer zeitlichen Verschiebung der SAP-Einführung, was sich daraus erklären lässt, dass diese Dienststelle immer mit der politischen Führung von einer Geschäftsgruppe zur nächsten sozusagen „mitwanderte" und insofern wieder aus dem Roll-out-Plan genommen wurde; es handelt sich hierbei um die Feuerwehr, welche historisch zuerst der Geschäftsgruppe Personal, dann Gesundheit und nun aktuell der Geschäftsgruppe Finanzen zugeordnet ist. Als Konsequenz findet hier die Umsetzung entgegen der ursprünglichen Geschäftsgruppenzuordnung nun mit 01.01.2009 statt. Dies stellt ein plakatives Beispiel von ungeplanten Veränderungen, welche aus Wechseln in der politischen Landschaft resultieren, dar. Hier gilt es, rasch und flexibel unterjährig zu reagieren.

Unsere Rückzugsposition im Sinne einer sehr schnell abdeckbaren Minimalvariante stellt auf jeden Fall das zum Einsatzbringen des angesprochenen Templates dar, welches wir in schnellster Zeit realisieren können, dadurch können wir auch wirklich sehr flexibel agieren. Die zusätzliche Realisierung allfälliger spezifischer Anforderungen der jeweiligen Dienststelle kann eventuell unter extremen kurzfristigen Zeitdruck allerdings vielleicht nicht zur Gänze abgedeckt werden.

Frage: Was waren die positiven Erfahrungen in Ihrem Projekt?

• *Arbeit mit und im Team*

• *Umgang mit Konflikten*

MW: Wenn Sie hier jetzt aus Ihrer Sicht über die bisherigen Erfahrungen im Projekt reflektieren: Welche positiven Erfahrungen würden Sie gerne noch einmal im Zusammenhang mit der Arbeit im Team hervorheben?

EM: Eine persönliche Erfahrung, welche ich aus dem Projekt gewinnen durfte, ist: Wenn die einzelnen Personen motiviert sind und wissen, wie das Ziel aussieht und wo sich das Ziel befindet, dann kommt es auf der persönlichen Ebene zu Erfahrungen, die ganz einfach unschätzbar sind – unabhängig davon, ob es sich hierbei um externe Berater oder um interne Projektmitarbeiter handelt. Die persönliche Beziehung, die man im Laufe der Zusammenarbeit aufbaut, und der gemeinsame Weg, den man im Zuge der Projektarbeit verfolgt, stellen einfach eine unheimlich schöne persönliche und bereichernde Erfahrung dar.

Und wenn man dann am 01.01. wieder hier steht und sagen kann: „Wir haben es wieder einmal geschafft: Wir haben alle Dienststellen erfolgreich umgesetzt!" Das stellt ganz einfach unschätzbare Momente dar – und letztendlich bietet dies auch für die Mitarbeiter die größte Motivation!

Wenn in diesem Kontext dann noch die finanziellen und sonstigen Rahmenbedingungen eingehalten werden, hebt das dieses Gefühl natürlich noch um ein paar Stufen an. Und ich darf hier nicht ohne Stolz hervorheben, dass wir in dieser Hinsicht im Projekt wirklich sehr gut unterwegs sind. Und diesen Weg wollen wir natürlich fortsetzen!

MW: Sicherlich. Das kann ich sehr gut verstehen. Würden Sie in diesem Zusammenhang vielleicht auch noch das eine oder andere Verbesserungspotenzial sehen? Gemäß dem Spruch: „Wo viel Licht ist, ist auch viel Schatten"?

EM: Nein, das, was wir hier in diesem Projekt an Zusammenarbeit zustande gebracht haben, stellt sich wirklich außergewöhnlich gut dar.

Natürlich kann man immer noch besser und schneller werden, aber für die Anforderungen, welchen wir uns gegenüber sehen, sind wir sehr gut unterwegs.

MW: *Wie beurteilen Sie rückblickend den Umgang mit Konflikten, zusätzlich zu dem, was Sie hier bereits kurz anklingen ließen? Überall, wo unterschiedliche Gruppierungen zusammenkommen bestehen unterschiedliche Ziele und daraus entstehen Ziel- und Interessenkonflikte: Welche Erfahrungen konnte Sie in dieser Hinsicht machen?*

EM: Den meisten Zielkonflikten sahen wir uns klarerweise im Zusammenhang mit den Anforderungen der Dienststellen gegenüber.

Der vielleicht insgesamt schwierigste Part im gesamten Projekt wurde hier wohl durch die Situation begründet, dass bereits seit 1999 einzelne Dienststellen SAP im Einsatz hatten. Diese ersten vereinzelten SAP-Einführungen waren damals nicht zentral gesteuert, sondern wurden vor der Initialisierung unseres Projektes dezentral und nicht abgestimmt vorgenommen.

Diese bereits vorgenommenen Implementierungen so in das neue einheitliche System zu portieren, dass sich dies zum einen in unser Template und die damit verbundene Struktur einfügt und zum anderen in die Dienststelle, sodass der Kunde hierdurch keine Verschlechterung seiner subjektiv empfundenen Servicierung und Abdeckung seiner individuellen Funktionalitäten erlebt: Dies bildete wohl die größte Herausforderungen im gesamten Projekt, zumal es sich hier im Zuge dieser Migrationen als notwendig herausstellte, das eine oder andere individuelle „Mascherl" im Sinne eines „Zusatzschnörkels" abzulehnen, sodass sich aus Sicht der Dienststelle der neue Funktionalitätsumfang reduziert darstellte. Hier gab es im Rahmen dieser intern als „Migrationsdienststellen" bezeichneten Abteilungen des Öfteren einfach wegen budgetärer Restriktionen die Notwendigkeit, eine Realisierung aus dem allgemeinen Projektbudget abzulehnen; wie beispielsweise im Zuge der SAP-Umstellung der Magistratsabteilung MA 14 selbst.

Als generelle Policy war es mir hier immer sehr wichtig, dass hier Dienststellen in diesem Zusammenhang nicht unterschiedlich behandelt werden. Weder in der Lizenzierung noch in der Tragung der internen oder externen Kosten.

MW: *Wie gingen Sie im Detail vor? Ich denke, hier kann es sich ja durchaus um potentiell sehr heikle Situationen handeln.*

EM: Zuerst kam es zu einer Abstimmung auf der Ebene der Arbeitsteams im Projekt selbst; falls hier eine Lösung herbeigeführt werden konnte, unterschritt dies dann sozusagen ohnehin meine Wahrnehmungsschwelle, da dies im Bereich der operativen Projektarbeit abgewickelt wurde. Falls es jedoch zu keiner Einigung kam, wurde das an meine Ebene zur Entscheidung weitergereicht. Falls die Dienststelle in der Folge mit meiner Entscheidung nicht konform ging, sah das Prozedere die Eskalationsinstanz an die Leitungsebene vor. Auf dieser Ebene wurde somit eine finale Festlegung und Entscheidung herbeigeführt.

Alles in allem kann ich in diesem Zusammenhang aber von relativ wenigen wahrnehmbaren tatsächlichen Konflikten berichten.

• *Change im Projekt*

MW: Bezüglich des Themas „Erfahrung mit Change/Veränderung bzw. Change Management im Projekt" führten Sie hier bereits die Einführung einer Vollzeiterfassung als ein sehr spannendes Beispiel in dieser Hinsicht an: Wie würden Sie Ihre Erfahrungen im Rahmen dieses Projekts bezüglich des Changes im Projekts in positiver Hinsicht und mit Blick auf allfällige Verbesserungspotentiale sehen?

EM: Die positive Erfahrung im Zusammenhang mit solchen Änderungen stellt für mich dar, dass wenn die Betroffenen wissen, wofür sie das tun, hierfür sehr viel mehr Verständnis herrscht, als man vielleicht vorher angenommen hätte. Wenn man also gut argumentieren kann, wofür die Dinge notwendig sind, tut man sich im Endeffekt relativ leicht.

Ich denke, es gelang uns im Projekt sehr gut darzustellen, dass unser Vorgehen auch im Detail sinnvoll ist und worin dieser Sinn besteht.

Ich nehme es auch so wahr, dass – unter anderem vielleicht auch ausgelöst durch dieses Projekt – sich hier ein Bewusstseinswandel, welcher natürlich seine Zeit benötigt, vollzieht: Selbstverständlich stellt es sich in manchen Abteilungen schwieriger dar, eine mögliche sinnvolle Verwendung einer Kosten- und Leistungsrechnung darzustellen. Die Einführung der Kostenrechnung setzt hier aber auch einen Diskussions- und weiteren Überlegungsprozess über erbrachte Leistungen, den damit verbundenen messbaren oder vielleicht auch nicht messbaren Nutzen in Gang. Um ein Beispiel zu bringen: Welchen Nutzen bringt das Aufstellen einer

241

Geschwindigkeitsbeschränkung von 30 km/h? Wer ist der Auftraggeber, wer ist der Kunde? Wie messen Sie den Nutzen? Und ist derjenige, der den Nutzen des Produkts erhält, auch bereit, dafür (und zwar in welcher Höhe) zu zahlen?

Dies stellt einen gedanklichen Veränderungsprozess dar, wo wir uns auf die Reise begeben haben, und in dessen Rahmen es noch den einen oder anderen Umbruch und Wandel in unseren Köpfen zu vollziehen gibt.

Abteilungen, welche leicht greifbare Produkte erbringen und verkaufen, wie z. B. die Müllabfuhr oder die Friedhofsgärtnerei, sehen sich hier zwangsläufig viel weniger Anpassungsbedarf gegenüber bzw. liegt diesen dieser gedankliche Ansatz zwangsweise viel näher.

MW: *Ich kann gut nachvollziehen, dass hierdurch auch begleitend de facto ein Kulturwandel, verbunden mit einer notwendigen Veränderung des „Mindsets", eingeleitet wurde: Dies stellt letztendlich keine Kleinigkeit dar und benötigt natürlich seine Zeit und auch Raum.*

EM: Dies führt mich noch zu einem Thema, welches ich im Zusammenhang mit der Projektstruktur bislang ausgespart habe:

Die inhaltlichen theoretischen Vorgaben an das Kostenrechnungssystem selbst stellten bewusst nicht einen Teil unsers Projektes dar, sondern wurden als Aufgabe und Verantwortung der Magistratsdirektion selbst definiert. So entwickelte auch die Magistratsdirektion beispielsweise die inhaltlichen Vorgaben für die Zeiterfassung. Weiters agierte die Magistratsdirektion als die begleitende Dienststelle, welche es als in ihrer Verantwortung liegend sah, dass die Kostenrechnung in den Dienststellen sinnvoll umgesetzt und genutzt wird.

Somit stellten und stellen wir im Rahmen des Projekts hier „nur" das System und die Systemeinführung zur Verfügung, wohingegen die Magistratsdirektion das Konzept und das System als solches an die Dienststellen „verkaufte", sodass wir uns bewusst auf die Rolle eines internen unterstützenden Dienstleiters zurückziehen konnten, um die Vorgaben der Magistratsdirektion – und damit auch der Konzernspitze – gemeinsam mit den betroffenen Dienststellen zu erfüllen.

Es war uns hier sehr wesentlich, dass wir das System als solches nicht aktiv positionieren und mit Nachdruck verkaufen müssen, sondern de facto nur als angebotene und nachfragbare Unterstützung zur Verfügung stehen. So bieten wir auch beispielsweise die einzelnen Komponenten des Templates an, welche die jeweilige Dienststelle nutzen können, jedoch nicht müssen: Falls sich eine Magistratsabteilung aus eigenem Willen gegen die Nutzung der Zeiterfassung in SAP entscheidet, stellt dies ihre freie Entscheidung dar; als Konsequenz dieser durch die Dienststelle zu tragenden Entscheidung wird die Kostenrechnung in SAP zwangsläufig keine vernünftigen Ergebnisse liefern – die Entscheidung liegt hier klar bei der nutzenden Dienststelle.

Wir stellen ein Werkzeug zur Verfügung, welches die Dienststelle nutzen kann, um die Anforderungen der Magistratsdirektion an die inhaltlich umzusetzende Kostenrechnung zu realisieren. Falls eine Dienststelle diese Anforderungen der Kostenrechnung nicht umsetzen möchte bzw. glaubt, hier auf theoretisch-konzeptioneller Ebene der Kostenrechnung Anpassungsbedarf zu haben, ist dies mit der Magistratsdirektion abzuklären, welche zugleich die Konzernspitze stellt.

MW: Ich kann mir gut vorstellen, dass ein solches Vorgehen die konkrete Projektarbeit sehr erleichtert. So müssen Sie als Projektleitung in dieser Hinsicht nicht mit Druck vorgehen, was bekanntlich oftmals nur Gegendruck auslösen würde.

EM: Ja, das hat sich für die Projektumsetzungsgeschwindigkeit als eminent wichtig herausgestellt.

• *Abschluss*

MW: Was sind Ihre Erfahrungen mit dem Thema „Projekt-Abschluss"? Sie können zwischenzeitlich ja bereits auf einige Projektabschlüsse verschiedenster Roll-out-Phasen zurückblicken: Welche positiven und vielleicht auch nicht so positiven Aspekte sehen Sie hier?

EM: Nach den ersten Erfahrungen nahmen wir sehr bald und intensiv eine Praxis an, die Dienststellen sehr frühzeitig mit dem Ergebnis des eingerichteten Systems zu konfrontieren: Sei es im Zuge von Präsentationen, aber auch im Rahmen von ausführlichen Testphasen, um die Anwender bereits frühzeitig vor der Produktivsetzung im Rahmen intensiver Auseinandersetzungen mit den implementierten Prozessen zu ausführlichen Rückmeldungen zu veranlassen.

MW: Wenn ich Sie richtig verstehe, versuchten Sie über diese Maßnahme im Rahmen eines iterativen Vorgehens frühzeitig und vorausschauend die Basis für eine problemlose Abnahme des eingerichteten Systems durch den Kunden zu schaffen?

EM: Ja, genau. Eine tatsächliche Dienststellenabnahme führen wir dann immer gegen Ende November des jeweiligen Projektjahres durch, sodass der Produktivstart mit 01.01. auf Basis des abgenommenen Systems erfolgte. Selbstverständlich fand sich hier in der Folge auch nach Produktivstart noch der eine oder andere Anpassungsbedarf, welcher sich allerdings in Summe im Bereich üblicher Feinjustierungen hielt.

MW: Wie darf ich mir die Phase der Nachbetreuung nach dem Produktivstart vorstellen?

EM: In den sechs Monaten zwischen Projektbeginn und Produktivsetzung – mittlerweile konnten wir dies aufgrund unserer Lernkurve auf drei Monate reduzieren – erfolgt ein sogenanntes „Finetuning" in Zusammenarbeit mit der Dienststelle. Im Anschluss an diese „Finetuning-Phase" findet der formale Abschluss des jeweiligen Teilprojekts statt, wodurch auch die Zuständigkeit der Betreuung auf die sogenannte „Hotline" übergeht.

Frage: Wo konnten Sie im Projekt Verbesserungspotenziale erkennen?

* *Arbeit mit und im Team*

* *Umgang mit Konflikten*

* *Change im Projekt*

* *Abschluss*

Anmerkung: Positive und verbesserungswürdige Aspekte werden im jeweiligen Themenbereich (Arbeit mit und im Team, Umgang mit Konflikten, Change im Projekt, Abschluss) im vorhergehenden Abschnitt behandelt und integral miteinander verbunden dargestellt.

Frage: Was würden sie aus heutiger Sicht anders machen?

* *Vorprojekt und Analyse*

MW: Wenn Sie aus der jetzigen Perspektive auf das Projekt zurückblicken und wenn Sie hier auf verschiedene Phasen noch einmal reflektierend Bezug neh-men: Was würden Sie aus heutiger Sicht anders machen? Und zwar ganz be-wusst gegliedert in einzelne Gesamtprojektphasen, wie beispielsweise die Phase „Vorprojekt und Analyse“?

EM: Nein, da würde ich explizit bewusst nichts anders machen, da ich überzeugt bin, dass gerade die intensive Beschäftigung im Rahmen des ersten halben Jahres mit dem Test- und Laborsystem uns erhebliche Start-vorteile verschaffte. Ich würde wieder exakt so vorgehen.

• *Projektstart und Auftrag*

MW: *Wie stellt sich diese Nachbetrachtung hinsichtlich der Phase „Projekt-start und Auftrag“ dar?*

EM: Beim Projektstart hätte ich mir alles in allem noch mehr Überzeu-gungsarbeit gewünscht. Gerade auch mehr Information in der Anfangs-phase hätte aus meiner Sicht der anfänglichen Unsicherheit in den Dienst-stellen doch sehr entgegenwirken können, zumal wir uns aufgrund dieser Unsicherheit zu Beginn nicht alle so schnell, einig und gemeinsam in eine Richtung bewegten, wie ich es mir gewünscht hätte.

Ich hätte mir auch gewünscht, dass wir uns zu Beginn einen noch kleine-ren Teilbereich als erstes Lernobjekt herausgegriffen hätten, um anhand dessen notwendige erste Erfahrungen zu sammeln und aufzubauen. So wäre vielleicht die exemplarische Einführung anhand einer Dienststelle in sechs Monaten noch vor der ersten Geschäftsgruppe ein weiterer sinnvol-ler Lernschritt gewesen.

• *Planung und Durchführung*

MW: *Was würden Sie aus heutiger Sicht im Zusammenhang mit der Phase „Planung und Durchführung“ anders andenken oder machen?*

EM: Dort, wo wir leider immer wieder die meisten Sorgen hatten, war im externen Beratungsbereich. Die Thematik des oftmaligen Beraterwechsels erwähnte ich bereits. Dies muss unter dem Hintergrund des anfänglich sowohl qualitativ als auch quantitativ notwendigen, externen Know-how-Zukaufs betrachtet werden.

Es war für uns von Anfang an klar abschätzbar, dass wir zu Beginn signifi-kante Beratungsunterstützung benötigen würden. Gemäß unserer bereits zu Projektbeginn klar definierten Zielsetzung, das im eigenen Haus verfügbare Know-how in diesem Bereich signifikant auf- und auszubauen, konnten wir die notwendige Beratungsunterstützung des ersten Jahres auf aktuell ein Zehntel dieses Ausgangswerts in diesem Jahr reduzieren.

Unbeschadet dessen werden wir auch in Zukunft weiterhin Beratungsleistungen benötigen und zukaufen, zumal wir planen, weitere vorgelagerte Systeme in SAP abzubilden und zu integrieren. Dies wird sich allerdings in einer vergleichsweise überschaubaren Dimension gestalten. Bis jetzt benötigten wir im Gesamtprojekt insgesamt ca. 7000 Beratungstage an Unterstützung, wobei davon ca. 1000 Beratungstage im Jahre 2006 verwendet wurden und im Jahr 2007 in Summe ca. 500 Beratungstage zum Einsatz kommen werden. Anfangs bewegte sich der Umfang pro Jahr eher bei ca. 2500 Beratungstagen jährlich.

• *Abschluss und Reflexion*

MW: Und was würden Sie aufbauend auf Ihren reichhaltigen Erfahrungen in der Phase „Abschluss und Reflexion" anders machen?

EM: Ich würde die Dienststellen noch stärker und konsequenter darauf drängen, das System nach ihren definierten Anforderungen und Spezifikationen abzunehmen: Ich würde also die Abnahmephase formaler ausgestalten und noch stärker forcieren.

Zudem würde ich eine straffere Organisation des bislang teilweise durchaus „gleitend" gehandhabten Übergangs zwischen Systementwicklung bzw. Einrichtung und Produktivbetrieb einziehen, sodass hier ganz klare Regeln gelten. Ich würde mir eine harte Zeitgrenze als einheitliche Regelung vorstellen, ab welcher der unwiderrufliche Übergang von der Projektorganisation an die Hotline-Betreuung erfolgt, um die Projektressourcen nach Projektabschluss konsequenter aus der Verantwortung zu nehmen und zu entlasten.

MW: Herr Menner, ich danke Ihnen vielmals für das sehr interessante Gespräch und die spannenden Einblicke, die Sie uns in Ihr umfassendes Projekt ermöglicht haben!

Anschlussfragen

- Wie kann aus Ihrer Sicht in komplexen Großprojektumgebungen mit langjähriger Projektlaufzeit die laufende Koordination und ein hohes Commitment aller intern und extern Beteiligten sichergestellt werden?

- Was leiten Sie für sich und Ihre Anwendungsbereiche aus der dargestellten Projektvorgehensweise hinsichtlich der fallweisen Anpassung von Projektzielen und gegebenenfalls auch Erweiterung des Projektumfangs ab?

- Anhand welcher konkreten Beispiele würden Sie die Bedeutung von Kommunikation und Information als erfolgskritischen Faktor im Rahmen dieses Projekts festmachen?

4.6 TELEKOM Austria AG

Interview mit: Herrn Dipl.-Ing. Herbert Frech, Regionalleiter Westösterreich, Telekom Austria AG (nachfolgend abgekürzt mit HF)

Geführt von: Prof. (FH) Peter J. Mirski am 09.08.2007 (nachfolgend abgekürzt mit PJM)

Frage: Bitte geben Sie uns einen kurzen historischen Überblick über das Unternehmen, die Tätigkeiten und die Produkte.

HF: Gerne, mein Name ist Herbert Frech. Ich bin seit etwas mehr als zehn Jahren Regionalleiter der Telekom Austria bzw. deren Vorunternehmen. Telekom Austria ist der Exmonopolist für Telekommunikationsdienstleistungen in Österreich, früher war das die große Telegraphenverwaltung. 1996 wurde das Unternehmen aus dem Bundeshaushalt ausgegliedert und 1998 von der Post getrennt. Seit 1998 ist Telekom Austria ein eigenständiges Unternehmen.

Wie in allen anderen europäischen Ländern war die Telekommunikation Bundesangelegenheit und damit in der Hoheit des Bundes und in die staatliche Verwaltung eingebunden, ein klassisches Monopol. Telekommunikationsdienstleistungen durften nur vom Monopolisten angeboten werden. Da es damals noch keine Mobilkommunikation gab, beschränkte sich das Angebot im Wesentlichen auf Telefonie und Datendienstleistungen.

Im Jahr 1998 wurde die Telekom Austria ein selbständiges Unternehmen, noch immer zu 100 Prozent im Besitz des Bundes, im Jahr 2000, im November, ging die Telekom Austria an die Börse. Es wurden über 50 Prozent Aktien an der Börse gehandelt. Seit Anfang der 90er-Jahre ist auch die Mobilkommunikation immer mehr in den Mittelpunkt gerückt, und wir als Telekom Austria bieten selbstverständlich seit Anbeginn Mobilkommunikationsdienstleistungen an. 1998 war ebenfalls ein markantes Datum. Es wurde mit 01.01.1998 der Telekommunikationsmarkt liberalisiert, d. h., seit diesem Zeitpunkt gibt es in Österreich kein Monopol für Telekommunikationsdienstleistungen mehr.

Projektname	PROJEKTAUFTRAG		
Projektnummer			
Projektauftraggeber:	Sailer Martin	**Projektstarttermin:**	06.09.2007
Projektleiter:	Lauterer Werner	**Projektendtermin:**	30.05.2008
Projektteammitglieder:			
		Projektrolle: Mitglieder/Mitarbeiter	
Projektziele:			
Erweiterung der Gesamtlösung aus: LIC+, NMC, Internet, Housing, Firewall Solution und VoIP PABx (PCVermittlung,CallCenter, OTUC, GSM-Integration)			
Projektnichtziele:			
Eingriff in die Organisationsstruktur des Kunden			
Meilensteine:		**Termin:**	
Unterschriften:			
Auftraggeber		**Projektleiter**	

Abb. 6: Projektauftrag TELEKOM Austria
Quelle: eigene Darstellung

Frage: Geben Sie bitte einen Überblick über Ihr Projekt, welches sie nachfolgend vorstellen möchten.

• *Beschreiben Sie den Inhalt des Projektes.*

• *Wie erfolgte die Planung der nachstehenden Punkte: Aufgaben, Zeit, Meilensteine, Ressourcen inkl. Kosten?*

• *Welche Ziele und Nichtziele wurden definiert und dokumentiert?*

• *Wie wurde das Team ausgewählt, die Organisation umgesetzt und festgehalten?*

HF: Ich möchte gerne über die Umstellung der klassischen bürokratischen Postorganisation hin zu einer echten Projektorganisation berichten. Als Beispiel für das Ergebnis kann ich gerne auf ein Vertriebsprojekt eingehen – so wie wir es heute umsetzen.

Wie man sich leicht vorstellen kann, war das Umstellungsprojekt eines, das mit gewaltigen Veränderungen verbunden war! Man braucht sich nur vorzustellen, dass in der staatlichen Verwaltung die Kameralistik und deren Budgetierungsmethodik vorherrschend war, und jetzt gibt es ein integriertes Controllingsystem und Jahresabschlüsse nach allen Regeln der Bilanztechnik. Man könnte fast sagen, dass es früher kein Controlling gegeben hat, das gibt es erst seit 1998.

Bezogen auf Projekte ist zu sagen, dass sie früher eher zufällig, ohne Standards abgewickelt wurden, sozusagen nach Bedarf. Ebenfalls sollte man sich vorstellen, dass es bis zur Mitte der 90er-Jahre in der Telekom Austria praktisch nur Techniker gab. Es waren weder Kaufleute noch andere Professionen vorhanden, weil es eben nicht notwendig war. Für die technische Abwicklung war Projektmanagement im klassischen Sinne ebenfalls nicht notwendig; die Realisierungszeiten waren eher sekundär. Kunden hatten keine Möglichkeit, bei einem anderen Provider die entsprechenden Dienstleistungen zu bekommen, sie waren auf die Telekom Austria, damals Post- und Telegraphenverwaltung, angewiesen, und die Umsetzung und Realisierung von Projekten bzw. Dienstleistungen war eher ein Hoheitsakt, daher war kein Projektmanagement notwendig.

Doch ist der Telekommunikationsmarkt interessanterweise einer der kompetitivsten. Daher wurde eine weitreichende Veränderung angestrebt. Die

Zielerreichung wurde mit der Umstellung auf eine Projektorganisation tatsächlich erreicht.

• *Welche Tätigkeiten zur Vorbereitung wurden für das Projekt durchgeführt?*

HF: Das Projekt wurde sehr professionell aufgesetzt. Wir hatten eine exakte Planung sowie ein erfahrenes Projektteam zur Verfügung. Viele Aspekte sind an dieser Stelle dennoch vertraulich.

Frage: Beschreiben Sie bitte den Ablauf des Projektes aus folgenden Sichtweisen:

• *Wurde auf den definierten Inhalt und die Zielerreichung auch während des Projektes geachtet?*

• *Wie erfolgte die Steuerung des Projektes inklusive der definierten Maßnahmen?*

• *Wie erlebten Sie die Zusammenarbeit im Team und mit dem Auftraggeber?*

HF: Ich denke da an ein klassisches mittleres Vertriebsprojekt. Da macht es Sinn, ein komplettes Projektmanagement mit Projektauftraggeber, Projektleiter, Projektteam und allen anderen Faktoren, die notwendig sind, aufzusetzen. Zielerreichung und Inhalt spielen hier natürlich eine riesige Rolle. Schließlich muss der Kunde ja auch zufrieden sein, das ist heutzutage das Wichtigste. Eine Risikoanalyse wird von Anfang an mitgeführt, aber erst nachdem sozusagen der Projektleiter mit seinem Projektteam steht. Da kann man das „Big Picture" mit den Leuten entwerfen, die auch für die Umsetzung verantwortlich sein werden. Bei den Projektleitern haben wir höchst zertifiziertes Personal. Der Umgang mit Projektstandards, wie beispielsweise der Definition von Zielen und Nichtzielen, gehört einfach dazu. Das gilt auch für das Thema Konfliktmanagement. Es ist selbstverständlich, dass es zu Spannungen kommen kann. Insbesondere in Zeiten, in denen die Einhaltung von Budgets das Um und Auf des Erfolges darstellen. Alle unsere Projektleiter sind gut geschult und kennen in der Regel die notwendigen Leistungspartner intern sowie extern und wissen sehr, sehr genau über die Abläufe Bescheid – was bei einem so großen Unternehmen wirklich nicht leicht ist.

- *Gab es geplante und ungeplante Veränderungen und wie sind sie damit umgegangen?*

HF: Natürlich gab es Veränderungen im Projektverlauf. Das hat einfach auch mit der Größe und den vielen rechtlichen Rahmenbedingungen zu tun, natürlich auch mit der Öffentlichkeit. Wir mussten einfach alle Möglichkeiten einsetzen, die eine moderne Managementlehre bietet, um uns auf den Konkurrenzkampf einzustellen und später im Wettbewerb bestehen zu können.

Frage: Was waren die positiven Erfahrungen in Ihrem Projekt?

- *Arbeit mit und im Team*

- *Umgang mit Konflikten*

- *Change im Projekt*

- *Abschluss*

HF: Insgesamt kann ich aus meiner Sicht sagen, dass das gesamte Umstellungsprojekt ein Erfolg war. Dennoch sind Spannungen vorprogrammiert, allein wenn man bedenkt, wie viele Menschen in dieser Zeit die Telekom verlassen haben und wie viele im gleichen Atemzug eingestellt wurden, um den Wandel zu einer Projektorganisation zu schaffen. Wenn man wiederum konkret an Vertriebsprojekte denkt, wie sie heute ablaufen, ist das schon ein beachtlicher Unterschied. Was zum Beispiel das Team und die Zusammenstellung angeht, macht der Projektleiter dem Auftraggeber Vorschläge und geht dann auch selbst auf die Teammitglieder zu. Das läuft sehr gut, zumal sich die Mitarbeiter gut kennen.

Frage: Wo konnten Sie im Projekt Verbesserungspotenziale erkennen?

- *Arbeit mit und im Team*

- *Umgang mit Konflikten*

- *Change im Projekt*

- *Abschluss*

HF: Bei der Teamarbeit bekomme ich als Auftraggeber die Spannungen erst mit, wenn es eskaliert – nur wenn es Schwierigkeiten gibt, kommt der Projektleiter zum Projektauftraggeber. Das ist einerseits eine Entlastung für mich, andererseits besteht die Gefahr, dass man zu spät involviert wird und die Aufräumarbeiten dadurch unnötig aufwendig werden. Je besser ich die Projektleiter kenne, desto eher funktioniert diese Einschätzung.

Wenn es Projektveränderungen gibt – Stichwort Change – haben wir laufende Projektausschusssitzungen, bei denen sich alle Projektmitglieder treffen. Dort werden die Projekte besprochen, die Veränderungen festgelegt. Basis ist das sogenannte Untersystem – ein Farbcode mit den Farben Grün, Orange und Rot. Wenn beispielsweise ein Projekt auf Orange liegt, d. h., mögliche Schwierigkeiten sind zu erwarten, dann wird das sofort mit dem Projektauftraggeber abgestimmt. Veränderungen gibt es sicher dann, wenn ein Meilenstein oder ein Termin oder ein Teilprojekt auf Rot kommt.

Ein totaler Projektabbruch – sozusagen ein vorzeitiger Projektabschluss – ist dabei eine der letzten bzw. überhaupt die letzte mögliche Option.

Frage: Was würden Sie aus heutiger Sicht anders machen?

* *Vorprojekt und Analyse*

* *Projektstart und Auftrag*

* *Planung und Durchführung*

* *Abschluss und Reflexion*

HF: Aus meiner Sicht sind die Bereiche Vorprojekt, Analyse etc. sehr gut umgesetzt und werden auch entsprechend gelebt. Insbesondere trifft das auf die Beauftragung, Planung etc. zu. Ich meine eher, dass wir im Bereich der Steuerung des Projektportfolios noch Verbesserungsbedarf haben. Denken Sie nur daran, dass unser Unternehmen eine sehr starke Tradition im öffentlichen Bereich hat. Wenn es nun darum geht, Projekte abzubrechen, nur weil sich herausstellt, dass sie wenig rentabel sind, muss man bedenken, dass es bis vor wenigen Jahren absolut nicht üblich war, auf Kostendeckungsbeiträge insgesamt zu schauen. Daher ist es immer noch, zumindest kulturell gesehen, relativ schwierig, ein Projekt, das sich weniger rechnet, gegenüber einem Projekt zurückzustellen, bei dem der Ertrag vielleicht höher ist. Dennoch sind die Hauptentscheidungsfaktoren stark finanztechnisch bestimmt. Der Vorteil ist, dass das inzwischen generell schon vor Projektbeginn überlegt wird und sich daher Umschichtungen eher nur aus Unvorhergesehenem heraus ergeben.

Ein weiterer Punkt, den man verbessern könnte, wäre ein nationales Projekt-Office. Das gibt es für die gesamte Telekom nicht. Was es aber sehr wohl regional gibt, ist so eine Art regionales Projekt-Office. Da versucht man zu Jahresbeginn, die anstehenden Projekte abzuschätzen. Aber natürlich erleben wir auch in der Praxis, dass im Laufe des Jahres das eine oder andere Projekt auftaucht, von dem man nichts gewusst hat. Dann muss man einfach die Ressourcenverteilung neu überlegen und neu festlegen, was innerhalb einer Region schon geht. Aber auf nationaler Ebene ist das kaum zu schaffen. Wenn, dann informell. Hier könnte man durchaus weitere Schritte setzen. Insbesondere bei großen Projekten, bei denen in der Regel sehr viele Leistungspartner involviert sind. Das heißt, es müssten dann natürlich auch Ressourcen aus anderen Bereichen einfließen, und da fehlt zum Beispiel diese bereichsübergreifende Ressourcenkompetenz. Diese ist formal noch nicht installiert.

Letztlich könnte man auch beim Projektabschluss weiter optimieren. Nach dem Projektabschluss gibt es das Nachcontrolling. Das ist ganz wichtig. Insbesondere bei Kundenprojekten machen wir sogar Umfragen beim Kunden oder den Leistungspartnern – wie ist das Projekt gelaufen? Wie haben Sie sich im Projekt gefühlt etc.?

Diese Ergebnisse werden gesammelt, im Intranet abgebildet, und es kann mehr oder weniger jeder Telekommitarbeiter, für den dieses Thema von Relevanz ist, darauf zurückgreifen. Das ist eigentlich großartig, aber es wird meiner Ansicht nach zu wenig verwendet. Vielleicht sind das schon zu viele Informationen, und der Zeitdruck, unter dem wir stehen, spielt da auch eine Rolle.

Mit einer Sache bin ich aber sehr zufrieden, auch wenn ich da wirklich skeptisch war: die Schulung nahezu aller Projektleiter – manchmal bis zur höchstmöglichen Zertifizierung. Mittlerweile bin ich ein glühender Verfechter eines Projektmanagements und der entsprechenden Ausbildung. Und ich setze bei Projekten, von denen ich will, dass sie optimal umgesetzt werden, nur die bestausgebildeten Projektmanager ein.

PJM: Herzlichen Dank für das Interview!

Anschlussfragen

- Haben Sie schon Veränderungen miterlebt, die durch die Privatisierung eines Staatsbetriebes ausgelöst wurden? Sind Sie der Meinung, dass nur gravierende Einschnitte spürbare Verbesserungen für Kundinnen und Kunden bewirken können?

- Haben Sie den Eindruck, dass Projektmanagement in Industriebetrieben zu ernst genommen wird? Entstehen auch Nachteile durch eine Überformalisierung?

- Wann sollte aus Ihrer Sicht die Projektleitung von Spannungen und Unstimmigkeiten in Projekten informiert werden?

Menschen und Bilder
Interviewpartner

Prok. Dipl.-Ing. Herbert Frech
Herbert Frech studierte an der Technischen Universität Wien. Seit 1982 ist er in verschiedenen leitenden Positionen in technischen und kaufmännischen Bereichen der Telekom Austria und deren Vorläuferorganisationen tätig. Seit 1998 ist er Gesamtprokurist und Regionalleiter für Tirol und Vorarlberg bei der Telekom Austria AG und in dieser Funktion für den Gesamterfolg bei den Business Kunden verantwortlich.

Ernst Menner, MBA
Nach Absolvierung einer Handelsakademie trat er 1983 in den Dienst der Stadt Wien ein und war von Beginn an im Rechnungsamt tätig. 1987 wechselte Ernst Menner in die Programmierung und 1990 in die Organisation des Rechnungswesens. Seit 2003 ist er für die Projektabwicklung der SAP-Einführung bei der Stadt Wien zuständig. 2005 graduierte Ernst Menner an der SAP Business School Vienna zum MBA.

Prok. Mario Moser
Mario Moser begann 1993 eine Lehre als Offsetdrucker bei der Firma Alpina Druck. Heute ist er Prokurist der Alpina Druck und trägt die alleinige Verantwortung für die Bereiche Prozess- und Qualitätsmanagement. Weiters ist er als Vortragender und Lehrender in diversen Bildungseinrichtungen tätig.

Dipl.-HTL-Ing. Jürgen Nachbaur
Projektmanager ILF Innsbruck; er besuchte die Höhere Technische Bundeslehranstalt Feldkirch/Rankweil für Tiefbau. 1982 wurde er Tiefbauingenieur, 1999 Baustellenkoordinator SiGe und seit 2006 ist er Diplom-Ing. (HTL). Er arbeitet seit 1981 beim ILF beratende Ingenieure in Rum/Tirol.

Dr. Barbara Schratz
ist Sozialwissenschaftlerin im Programm Development und Leiterin des Formal Education Expert Team. Barbara Schratz arbeitet seit 1997 bei SOS-Kinderdorf International. Ihre Aufgabenschwerpunkte sind MitarbeiterInnenfortbildung und Personalentwicklung, Forschung und Forschungsmanagement sowie Strategie und Policy-Entwicklung.

Paul Winkler
Er ist Head of Strategic Projects bei der austriamicrosystems AG und verfügt über umfassende Erfahrung als Projektleiter und Programmmanager in internationalen Unternehmen. Eine seiner besonderen Qualitäten ist es, durch unkonventionelles Verhalten und Vorgehen auf diplomatische und dennoch direkte Art und Weise traditionelle Abläufe und Strukturen aufzubrechen oder zu provozieren.

Autoren

Prof. (FH) Dr. Dietmar Kilian
Er war über 20 Jahre in führenden Funktionen internationaler IT-Unternehmen wie SAP, Digital Equipment, Nixdorf Computer tätig, bevor er in seine heutige Funktion als Bereichsleiter und Lehrender am MCI in Innsbruck wechselte. Neben dieser Tätigkeit ist Dietmar Kilian geschäftsführender Gesellschafter der PDA Group GmbH (www.pdagroup.at).

Martin Hauser
Wirtschaftspädagoge, Organisationsentwicklungsberater und Gruppendynamiker. Er arbeitet seit 15 Jahren als selbständiger Berater, Trainer und Coach in der Organisations- und Personalentwicklung. Er begleitet OE-Prozesse und leitet Seminare und Lehrgänge in den Bereichen Führungskompetenz, Projektmanagement, Kommunikation, Teamentwicklung und Zeitmanagement (www.poe3.at).

Prof. (FH) Peter J. Mirski
ist Studiengangsleiter für die Studienrichtungen „Management, Communication & IT" sowie Leiter des Rechenzentrums am Management Center Innsbruck, Internationale Fachhochschulgesellschaft mbH. Er ist praktisch als auch forschend und lehrend in den Bereichen Projektmanagement, eCollaboration, eLearning sowie Human Computer Interaction tätig.

Jodok Moosbrugger
ist selbständiger Berater. Er absolvierte eine Lehre als Karosseriebauer und Autospengler, studierte Erziehungswissenschaften an der Universität Innsbruck und machte eine Ausbildung in Psychotherapie, Gruppendynamik und bioenergetischer Analyse. Er ist Lehrbeauftragter im Universitätslehrgang für Personal- und Organisationsentwicklung der Universität Innsbruck.

Markus Weigl, MSc
ist Betriebswirt und Geschäftsführer der Unternehmensberatung MWCC Markus Weigl Consulting & Coaching, international tätiger Unternehmensberater und Begleiter in organisationalen und persönlichen Transformationsprozessen sowie systemisch- konstruktivistischer Coach, langjähriger Projekt- und Programmmanager sowie Manager und Führungskraft in projektorientierten Unternehmen (www.mwcc.eu).

Glossar

Im Projektmanagement werden wie in vielen Management-Disziplinen unterschiedliche Begriffe verwendet, die es ermöglichen, dass alle am Projekt beteiligten Personen vom selben sprechen. Die einheitliche Verwendung der Projektmanagementbegriffe ist aus dieser Sicht unabdingbar, daher wurden nachfolgend einige wesentliche Begriffe im Projektmanagement übersichtlich beschrieben. Weiterführend können Sie Begriffsdefinitionen in „Angermeier, G. (2005), Projektmanagement-Lexikon, München" und unter folgendem Link des Projekt-Magazins finden: www.projektmagazin. de/glossar. Die nachfolgenden Beschreibungen wurden überwiegend diesem Glossar des PM-Magazins entnommen.

Ablaufplan

Ein Ablaufplan ist die Dokumentation der logischen und zeitlichen Planung des Projektablaufes. Er kann im einfachsten Fall aus den Einträgen der Terminkalender der Projektbeteiligten bestehen, im aufwändigsten Fall in einem vollständigen Netzplan. Die gängigste Form des Ablaufplans ist das Balkendiagramm (Gantt-Diagramm).

Abnahmeprotokoll

Im Abnahmeprotokoll werden die Ergebnisse der Abnahmeprüfung festgehalten. Es ist die Basis für Nachforderungen durch den Auftraggeber und für die abschließende Ausfertigung des Abnahmedokumentes. Das Abnahmeprotokoll sollte klar unterscheiden zwischen den vertraglich vereinbarten Leistungen, die für eine Abnahme unbedingt erforderlich sind, und Restleistungen, die nicht abnahmehindernd sind. Das Abnahmeprotokoll kann für spätere Regressforderungen entscheidend sein, z. B. bei der feuerpolizeilichen Abnahme eines Gebäudes.

Anordnungsbeziehung

Eine Anordnungsbeziehung ist nach DIN 69900-1 eine „quantifizierbare Abhängigkeit zwischen Ereignissen oder Vorgängen". „Quantifizierbar" bedeutet dabei, dass die Anordnungsbeziehung die Zeitdifferenz zwischen den bezogenen Zeitpunkten benennt. Üblich sind die Angaben minimaler und maximaler Zeitdifferenzen. Je nach Netzplantechnik wird dies unterschiedlich gehandhabt. Beispielsweise wird bei der Metra-Potenzial-Methode eine minimale Zeitdifferenz mit einer positiven Zahl, eine maximale mit einer negativen Zahl dargestellt. Andere Methoden geben explizit beide Zeitdifferenzen als positive Zahlen an.

Arbeitspaket

Ein Arbeitspaket beschreibt eine in sich geschlossene Aufgabenstellung innerhalb des Projekts, die von einer einzelnen Person oder organisatorischen Einheit bis zu einem festgelegten Zeitpunkt mit definiertem Ergebnis und Aufwand vollbracht werden kann. In der DIN 69901 wird das Arbeitspaket als das „kleinste, nicht weiter zergliederte Element im Projektstrukturplan" definiert, „das auf einer beliebigen Projektstrukturebene liegen kann".

Auftraggeber

Der Auftraggeber eines Projekts ist der wichtigste Projektbeteiligte (Stakeholder). Er erteilt den Auftrag und ist der Vertragspartner, der über den Erfolg des Projekts endgültig entscheidet. Unterschieden wird zwischen internem und externem Auftraggeber. Der interne Auftraggeber entstammt demselben Unternehmen wie der Auftragnehmer und hat damit eine besondere Verpflichtung gegenüber dem Projekt. Ein externer Auftraggeber steht mit dem Auftragnehmer in einem gesetzlich geregelten Vertragsverhältnis, auf das die Regelungen des BGB und des HGB in vollem Umfang anzuwenden sind.

Auftragnehmer

Der Auftragnehmer ist Verkäufer eines Produkts oder einer Dienstleistung. Er ist Vertragspartner des Auftraggebers, der die im Lastenheft spezifizierte Leistung kauft. Der Projektverantwortliche ist gegenüber dem Auftraggeber des Projekts in der Rolle des Auftragnehmers. Zugleich ist er Auftraggeber für Dienstleister und Lieferanten, die dem Projekt zuarbeiten. Mit dem Verhältnis von Auftraggeber- und Auftragnehmerrollen beschäftigen sich im Projektmanagement das Vertragsmanagement und das Beschaffungswesen.

Balkendiagramm

Das Balkendiagramm visualisiert die Ablaufstruktur der Vorgänge. Diese werden über einer Zeitlinie als horizontale Balken oder Linien gezeichnet und können durch Beziehungen verknüpft werden. Das Balkendiagramm ist somit die zeitlich normierte, der Netzplan die logisch strukturierte Darstellung des Projektablaufs. Das Balkendiagramm entspricht dabei am ehesten dem Vorgangs-Knoten-Netzplan.

Berichtswesen

Das Berichtswesen ist Bestandteil des Projektinformationsmanagements. Aufgabe des Berichtswesens ist es, die Ergebnisse der Projektarbeit zu dokumentieren und vor allem zu kommunizieren. Es liefert die Datenbasis für das Projektcontrolling und für die Projektsteuerung. Das Berichtswesen ist damit ein kritisches Element für das Projektmanagement, gleichzeitig wird es aber von denjenigen, die Berichte und Protokolle zu schreiben haben, als notwendiges Übel empfunden. Die Gründe hierfür sind der nicht unerhebliche Zeitaufwand für deren Erstellung und die Hemmung, über nicht abgeschlossene Arbeiten und ungelöste Probleme zu berichten. Um den Zeitaufwand für Berichte möglichst gering zu halten und sie leichter auswertbar zu gestalten, können stark formalisierte Berichtsvorlagen bis hin zu einfachen Formularen eingesetzt werden. Zusätzlicher Druck zur rechtzeitigen Abgabe von Berichten wird oftmals durch die Verbindung mit der Freigabe von Finanzmitteln ausgeübt.

Beyond Budgeting

Beyond Budgeting stellt einen relativ neuen Controllingansatz im Bereich Budgetierung dar, in dem von starren Budgetvorgaben zugunsten einer leistungs- und zielorientierten Flexibilität abgegangen wird. Das hierbei verfolgte Ziel stellt eine verbesserte Ausrichtung der einzelnen Organisationseinheiten auf die Unternehmensziele und eine damit verbundene hohe Anpassungs- und Innovationsfähigkeit dar. Es sollen dadurch auch unterjährig sich bietende Chancen und sich erst kurzfristig abzeichnende Nutzenpotentiale genutzt werden können, welche ansonsten bei starren Budgets mangels Nachjustierbarkeit verloren gegangen wären.

Blueprint

Ein Blueprint (englisch für „Blaupause") bildet das fachliche und technische Feinkonzept. Der Blueprint sollte abgeschlossen und auch inhaltlich durch die Auftraggeber abgenommen werden (am besten mit schriftlicher Bestätigung), bevor die Realisierungs- und Implementierungsphase des Projekts beginnt. Ein gutes schriftliches Konzept sorgt vorab für Klarheit und Verbindlichkeit und spart im Nachgang Ressourcen.

Capability Maturity Model

Das Capability Maturity Model (CMM) wurde in den 90er-Jahren vom Verteidigungsministerium der USA entwickelt, um die Qualität von Software-Zulieferern standardisiert beurteilen zu können. Es beschreibt den „Reifegrad der Fertigkeit" (Capability Maturity) in fünf Stufen, angefangen vom einfachen, unstrukturierten Programmieren bis hin zum standardisierten und beständig optimierten Software-Entwicklungsprozess.

Customizing

Unter Customizing wird die Parametrisierung bzw. Feineinstellung eines IT-Systems hinsichtlich verschiedener möglicher Ausprägungen von z.b. Geschäftsprozessen oder Bearbeitungsvorgängen verstanden. Durch das Customizing wird das System auf die individuellen Bedürfnisse der Endbenutzer eingerichtet und eingestellt.

Detailplanung

In der Detailplanung wird das Projekt mindestens bis auf Arbeitspaketebene hinsichtlich Termine, Dauer, Ergebnisse, Aufwand, Ressourcen und Zuständigkeiten geplant. Gegebenenfalls werden Arbeitspakete sogar in Aufgaben gegliedert. Die Detailplanung setzt voraus, dass der Projektablauf weitgehend prognostizierbar ist. Dies ist z. B.

bei Bauprojekten der Fall, wo die Detailplanung auch einen eigenen Status besitzt. Bei Bauprojekten entstehen als Ergebnis der Detailplanung der Werkplan (Maßstab 1:50) und das Leistungsverzeichnis für die Ausschreibung. Vielfach ist jedoch der Projektablauf umso unsicherer, je weiter er in der Zukunft liegt, insbesondere bei Forschungs- und Entwicklungsprojekten. Weit verbreitet ist daher die rollende Planung, bei der immer nur für einen begrenzten und überschaubaren Zeitraum im Voraus die Detailplanung durchgeführt wird. Dies setzt voraus, dass die Grobplanung des Projekts unempfindlich gegenüber Änderungen in der Detailplanung ist. Falls davon nicht ausgegangen werden kann, sollte man lediglich kurzfristige Projekte planen und die langfristigen Zielsetzungen in einem Programm formulieren.

Earned Value Analysis

Die Earned Value Analysis ist die Erhebung und Berechnung der Leistungskennzahlen eines Projekts im Rahmen des Earned Value Managements. Aus den drei Basisgrößen Earned Value, Planned Value und Actual Cost werden die Cost Variance, die Schedule Variance als absolute Größen und der Cost Performance Index sowie der Schedule Performance Index als relative Größen ermittelt.

Ende-Anfang-Beziehung

Der Begriff „Ende-Anfang-Beziehung" ist eine Eindeutschung des englischen Begriffes „finish-to-start relationship", die sich durch ihre Verwendung in Projektmanagement-Software etabliert hat.

Exception handling

Unter Exception handling wird eine Vorgehensweise verstanden, in welche der Fokus beim Management von (technischen bzw. Geschäfts-)Prozessen auf die erfolgreiche Bearbeitung der im Prozess auftretenden Ausnahmen (englisch: exceptions) gelegt wird.

Finetuning Phase

In einer Finetuning Phase werden – meistens im unmittelbaren Anschluss an die Produktivsetzung und oftmals über einen Zeitraum von ca. drei bis sechs Monaten – aus den Erfahrungen des laufenden Betriebs Möglichkeiten zur inkrementellen Verbesserung des erfolgreich und fehlerfrei laufenden (IT-)Systems gewonnen und im laufenden Betrieb ohne große Beeinträchtigung sogleich umgesetzt und berücksichtigt.

Fortschrittsbericht

Der Fortschrittsbericht dokumentiert ergebnisorientiert den seit dem letzten Bericht erfolgten Projektfortschritt. Die Fortschrittsberichte sind Bestandteil der Projektinformation. Das Projektinformationsmanagement gibt vor, in welchen Abständen bzw. zu welchen Ereignissen ein Fortschrittsbericht angefertigt werden muss. Fortschrittsberichte können als Teil des Qualitätsmanagements aufgefasst werden, da in ihnen die erreichten Ergebnisse dokumentiert werden. Ein Fortschrittsbericht muss insbesondere Angaben über die abgeschlossenen Arbeitspakete enthalten, um ein sinnvolles Projekt-Controlling überhaupt erst zu ermöglichen.

Gantt-Diagramm

Das Gantt-Diagramm, benannt nach dem von Lawrence Gantt um 1900 erfundenen System zur Kontrolle von Arbeitsleistung, stellt den Termin- und Ablaufplan eines Projekts als Balkendiagramm dar. Die originale Darstellungsart zeigt keine Anordnungsbeziehungen zwischen den einzelnen Vorgangsknoten (Balken) auf. Teilweise bezeichnet „Gantt-Diagramm" deshalb einen Balkenplan ohne Anordnungsbeziehungen, teilweise werden „Gantt-Diagramm" und „Balkendiagramm" auch synonym verwendet.

Hedging

Hedging bezeichnet ein Finanzgeschäft zur Absicherung eines realwirtschaftlichen Transaktionsgeschäfts gegen Risiken wie beispielsweise Wechselkursschwankungen oder Veränderungen in den Rohstoffpreisen.

Kick-off-Veranstaltung

Die Kick-off-Veranstaltung steht am Beginn eines Projekts oder einer Projektphase. Dabei ist der Zeitpunkt nicht eindeutig festgelegt. Eine sehr frühe Kick-Off-Veranstaltung dient in erster Linie dem Projektmarketing und der Motivation für das Projekt, während ein späterer Zeitpunkt gewählt wird, z.B. nach Erstellung des Pflichtenhefts, wenn es um die Abstimmung des konkreten Arbeitsbeginns und die Information der Beteiligten geht.

Konfliktmanagement

Konflikte sind Alltag in der Durchführung von Projekten. Der Projektleitung obliegt es, durch vorausschauendes Handeln Konflikte zu vermeiden und bestehende Konflikte so zu lösen, sodass Krisen vermieden und das Projektziel nicht gefährdet wird.

Krise

Krisen sind von der ursprünglichen Wortbedeutung her nichts anderes als Entscheidungssituationen und somit der Normalfall eines Projekts. Jeder Abschluss eines Arbeitspaketes, jeder Meilenstein sind Krisen, bei denen eine Entscheidung gefordert ist. Neben diesen alltäglichen Krisen sind die Projektbeteiligten mit vorhergesehenen, aber nicht geplanten Krisen konfrontiert, wenn eines der dokumentierten Risiken eintritt. Mit Hilfe von vordefinierten Krisenszenarien oder Fall-back-Lösungen („Plan B") sind auch diese Krisen in der Regel zu bewältigen. Problematischer sind Krisen, die durch nicht vorhersehbare Ereignisse hervorgerufen werden. Wenn der Auftraggeber beispielsweise die Zielvorgaben unvermittelt ändert, im Projektteam Konflikte ausbrechen oder sich äußere Rahmenbedingungen erheblich verändern, kann die Krise schnell zu einer scheinbar ausweglosen Situation werden. In diesem Fall kann eine Unterbrechung oder Sistierung des Projektes sinnvoll sein, um mit einer Projektanalyse zu klären, ob und wie das Projekt fortgeführt werden kann.

Lenkungsausschuss

Der Lenkungsausschuss ist das oberste beschlussfassende Gremium der Projektorganisation (Aufbauorganisation). In ihm sollten alle Projektbeteiligten (Stakeholder) in geeigneter Weise vertreten sein. Die Minimalbesetzung des Lenkungsausschusses besteht aus dem Projektleiter und dem Auftraggeber. Es muss von Anfang an festgelegt sein, wie der Lenkungsausschuss Entscheidungen trifft. Der Lenkungsausschuss sollte sowohl zu festgelegten Berichtszeitpunkten als auch zu Meilensteinentscheidungen tagen.

Personalaufbauplan

Ein Personalaufbauplan stellt die konkreten Schritte und Maßnahmen (sowie gegebenenfalls deren budget- und kostenmäßigen Auswirkungen) zum Aufbau des Personals in einer Organisationseinheit dar.

Pflichtenheft

Im Pflichtenheft sind nach DIN 69905 die vom „Auftragnehmer erarbeiteten Realisierungsvorgaben" niedergelegt. Sie beschreiben die „Umsetzung des vom Auftraggeber vorgegebenen Lastenhefts". Weitergehende Vorgaben werden von der DIN nicht gemacht. Während das Lastenheft als Kernbestandteil die Spezifikation des Produkts und den Produktstrukturplan enthält, beschreibt das Pflichtenheft, wie der Auftragnehmer die Leistung zu erbringen gedenkt. Somit ist der Projektstrukturplan mit den Arbeitspaketen Mindestbestandteil des Pflichtenhefts. Ein ausführliches Pflichtenheft kann auch die vollständige Projektplanung umfassen, einschließlich Termin- und Ressourcenplänen. Bei zeitkritischen Projekten wird der Terminplan zum bindenden Vertragsbestandteil (Vertragsterminplan). Der Begriff „proposal", wie er im PMBOK® Guide 2004 im Rahmen des Ausschreibungsprozesses verwendet wird, kommt dem Begriff des Pflichtenheftes am nächsten, stellt aber keine exakte Entsprechung dar, sondern ist nur ein ausführliches Angebot, in dem sowohl die technische Durchführung als auch die Angebotskalkulation enthalten sind.

Projekt-Jour-Fixe

Ein Projekt-Jour-Fixe stellt ein regelmäßiges Projekt-Abstimmmeeting dar, welches – im Sinne eines „fixen Tages" (französisch: jour fixe) – immer zur selben Zeit und wahrscheinlich auch am selben Ort stattfindet. Im Rahmen eines Projekt-Jour-Fixe werden idealtypischerweise der aktuelle Status des Projekts und allfälliger Teilprojekte und Aufgaben, eventuell aufgetretene Probleme und allfällige Maßnahmen besprochen und Entscheidungen bezüglich der weiteren Vorgehensweise getroffen.

Ramp-up-Plan

In einem Ramp-up-Plan werden alle notwendigen Maßnahmen und Schritte festgehalten, um das Projekt in einer frühen Phase bis zur Ermöglichung eines ersten, oftmals auch noch testweise durchgeführten bzw. kapazitativ eingeschränkten Produktivbetriebs erfolgreich umzusetzen.

Roll-out

Unter einem Roll-out wird das Ausrollen eines zuvor erstellten Konzepts, einer Lösung oder eines Templates (einer Vorlage) in die Breite, sprich an andere Empfänger, Organisationseinheiten, Länder, Gesellschaften verstanden.

Skill-Level

Als ein Skill-Level kann die erforderliche fachliche Kompetenz eines Mitarbeiters in einer spezifischen Rolle bzw. Funktion im Sinne des notwendigen praktischen Fähigkeitsniveaus definiert werden.

Temp-Methode

Die Temp-Methode ist ein ganzheitliches Unternehmenssteuerungsmodell für mittelständische Unternehmen, welches auf Basis des EFQM (European Foundation for Quality Management) Modells von Prof. Knoblauch (tempus Consulting) entwickelt wurde. Im Mittelpunkt des Modells steht die ganzheitliche Qualitätsverbesserung des Unternehmens in allen Bereichen.

Vorgang

Mit Vorgang wird innerhalb der Netzplantechnik ein Ablaufelement bezeichnet, das ein bestimmtes Geschehen beschreibt. Hierzu gehört auch, dass Anfang und Ende definiert sind. Vorgänge werden je nach Netzplanart durch Pfeile oder durch Knoten symbolisiert. Im Allgemeinen werden die Arbeitspakete, die bei der Projektstrukturplanung definiert werden, als Vorgänge in der Netzplantechnik verwendet. Die Vorgänge werden dann durch Anordnungsbeziehungen miteinander verknüpft. Vorgänge werden bei der Projektplanung aus den Arbeitspaketen gebildet. Meist ergeben sich mehrere Vorgänge aus einem Arbeitspaket. Aber auch die Zusammenfassung mehrerer Arbeitspakete zu einem einzigen Vorgang (z.B. mit zusammenwirkenden Organisationseinheiten) ist grundsätzlich möglich.